U0173433

山东巨龙建工集团

SHANDONG JULONG CONSTRUCTION GROUP

中国传统民间制作工具大全

第二卷

王学全　编著

中国建筑工业出版社

图书在版编目（CIP）数据

中国传统民间制作工具大全. 第二卷 / 王学全编著
. —北京：中国建筑工业出版社，2022.6
ISBN 978-7-112-27272-3

Ⅰ. ①中… Ⅱ. ①王… Ⅲ. ①民间工艺—工具—介绍
—中国 Ⅳ. ①TB4

中国版本图书馆CIP数据核字（2022）第059375号

责任编辑：仕　帅
责任校对：赵　菲

中国传统民间制作工具大全　第二卷
王学全　编著
*
中国建筑工业出版社出版、发行（北京海淀三里河路9号）
各地新华书店、建筑书店经销
北京锋尚制版有限公司制版
北京富诚彩色印刷有限公司印刷
*
开本：880毫米×1230毫米　1/16　印张：21¼　字数：407千字
2022年8月第一版　2022年8月第一次印刷
定价：**153.00**元
ISBN 978-7-112-27272-3
（39139）

作者简介

王学全，男，山东临朐人，1957年生，中共党员，高级工程师，现任山东巨龙建工集团公司董事长、总经理，从事建筑行业45载，始终奉行“爱好是认知与创造强大动力”的格言，对项目规划设计、建筑施工与配套、园林营造、装饰装修等方面有独到的认知感悟，主导开发、建设、施工的项目获得中国建设工程鲁班奖（国家优质工程）等多项国家级和省市级奖项。

他致力于企业文化在企业管理发展中的应用研究，形成了一系列根植于员工内心的原创性企业文化；钟情探寻研究黄河历史文化，多次实地考察黄河沿途自然风貌、乡土人情和人居变迁；关注民居村落保护与发展演进，亲手策划实施了一批古村落保护和美丽村居改造提升项目；热爱民间传统文化保护与传承，抢救性收集大量古建筑构件和上百类民间传统制作工具，并以此创建原融建筑文化馆。

前言

制造和使用工具是人区别于其他动物的标志，是人类劳动过程中独有的特征。人类劳动是从制造工具开始的。生产、生活工具在很大程度上体现着社会生产力。从刀耕火种的原始社会，到日新月异的现代社会，工具的变化发展，也是人类文明进步的一个重要象征。

中国传统民间制作工具，指的是原始社会末期，第二次社会大分工开始以后，手工业从原始农业中分离出来，用以制造生产、生活器具的传统手工工具。这一时期的工具虽然简陋粗笨，但却是后世各种工具的“祖先”。周代，官办的手工业发展已然十分繁荣，据目前所见年代最早的关于手工业技术的文献——《考工记》记载，西周时就有“百工”之说，百工虽为虚指，却说明当时匠作行业的种类之多。春秋战国时期，礼乐崩坏，诸侯割据，原先在王府宫苑中的工匠散落民间，这才有了中国传统民间匠作行当。此后，工匠师傅们代代相传，历经千年，如原上之草生生不息，传统民间制作工具也随之繁荣起来，这些工具所映照的正是传承千年的工法技艺、师徒关系、雇佣信条、工匠精神以及文化传承，这些曾是每一位匠作师傅安身立命的根本，是每一个匠造作坊赖以生存发展的伦理基础，是维护每一个匠作行业自律的法则准条，也是维系我们这个古老民族的文化基因。

所以，工具可能被淘汰，但蕴含其中的宝贵精神文化财富不应被抛弃。那些存留下来的工具，虽不金贵，却是过去老手艺人“吃饭的家什”，对他们来说，就如同一位“老朋友”不忍舍弃，却在飞速发展的当下，被他们的后代如弃敝屣，散落遗失。

作为一个较早从事建筑行业的人来说，我从业至今已历45载，从最初的门外汉，到后来的爱好、专注者，在历经若干项目的实践与观察中逐渐形成了自己的独到见解，并在项目规划设计、建筑施工与配套、园林营造、装饰装修等方面有所感悟与建树。我慢慢体会到：传统手作仍然在一线发挥着重要的作用，许多古旧的手工工具仍然是现代化机械无法取代的。出于对行业的热爱，我开始对工具产生了浓厚兴趣，抢救收集了许多古建构件并开始逐步收集一些传统手工制作工具，从最初的上百件瓦匠工具到后来的木匠、铁匠、石匠等上百个门类数千件工具，以此建立了“原融建筑文化馆”。这些工具虽不富有经济价值，却蕴藏着保护、传承、弘扬的价值。随着数量的增多和门类的拓展，我愈发感觉到中国传统民间制作的魅力。你看，一套木匠工具，就能打制桌椅板凳、梁檩椽枋，撑起了中国古建、家居的大部；一套锡匠工具，不过十几种，却打制出了过去姑娘出嫁时的十二件锡器，实用美观的同时又寓意美好。这些工具虽看似简单，却是先民们改造世界、改变生存现状的“利器”，它们打造出了这个民族巍巍五千年的灿烂历史文化，也镌刻着华夏儿女自强不息、勇于创造的民族精神。我们和我们的后代不应该忘却它们。几年前，我便萌生了编写整理一套《中国传统民间制作工具大全》的想法。

《中国传统民间制作工具大全》这套书的编写工作自开始以来，我和我的团队坚持边收集边整理，力求完整准确的原则，其过程是艰辛的，也是我们没有预料到的。有时为了一件工具，团队的工作人员经多方打听、四处搜寻，往往要驱车数百公里，星夜赶路。有时因为获得一件缺失的工具而兴奋不已，有时也因为错过了一件工具而痛心疾首。在编写整理过程中我发现，中国传统民间工具自有其地域性、自创性等特点，同样的匠作行业使用不同的工具，同样的工具因地域差异也略有不同。很多工具在延续存留方面已经出现断层，为了考证准确，团队人员找到了各个匠作行业内具有一定资历的头师傅，以他们的口述为基础，并结合相关史料文献和权威著作，对这些工具进行了重新编写整理。尽管如此，由于中国古代受“士、农、工、商”封建等级观念的影响，处于下位文化的民间匠作艺人和他们所使用的工具长期不受重视，也鲜有记载，这给我们的编写工作带来了不小的挑战。

这部《中国传统民间制作工具大全》是以能收集到的馆藏工具实物图片为基础，以各匠作行业资历较深的头师傅口述为参考，进行编写整理而成。本次出版的

《中国传统民间制作工具大全》共三卷，第一卷共计八篇，包括：工具溯源，瓦匠工具，砖瓦烧制工具，铜匠工具，木匠工具，木雕工具，锔匠工具，给水排水工和暖通工工具。第二卷共计八篇，包括：石匠工具，石雕工具，锡匠工具，电气安装工工具，陶器烧制工具，园林工工具，门笺制作工具，铝合金制作安装工具。第三卷共计八篇，包括：金银匠工具，铁匠工具，白铁匠工具，漆匠工具，钳工工具，桑皮纸制造工具，石灰烧制工具，消防安装工工具。该套丛书以中国传统民间手工工具为主，辅之以简短的工法技艺介绍，部分融入了近现代出现的一些机械、设备、机具等，目的是让读者对某一匠作行业的传承脉络与发展现状，有较为全面的认知与了解。中国传统民间“三百六十行”中的其他匠作工具，我们正在收集整理之中，将陆续出版发行，尽快与读者见面。这部书旨在记录、保护与传承，既是对填补这段空白的有益尝试，也是弘扬工匠精神，开启匠作文化寻根之旅的一个重要组成部分。该书出版以后，除正常发行外，山东巨龙建工集团将以公益形式捐赠给中小学书屋书架、文化馆、图书馆、手工匠作艺人及曾经帮助收集的朋友们。

该书在编写整理过程中王伯涛、王成军、张洪贵、张传金、王成波等同事在传统工具收集、照片遴选、文字整理等过程中做了大量工作，范胜东先生、叶红女士也提供了帮助支持，不少传统匠作老艺人和热心的朋友也积极参与到工具的释义与考证等工作中，在此一并表示感谢。尽管如此，该书可能仍存在一些不恰当之处，请读者谅解指正。

目录

第一篇

石匠工具

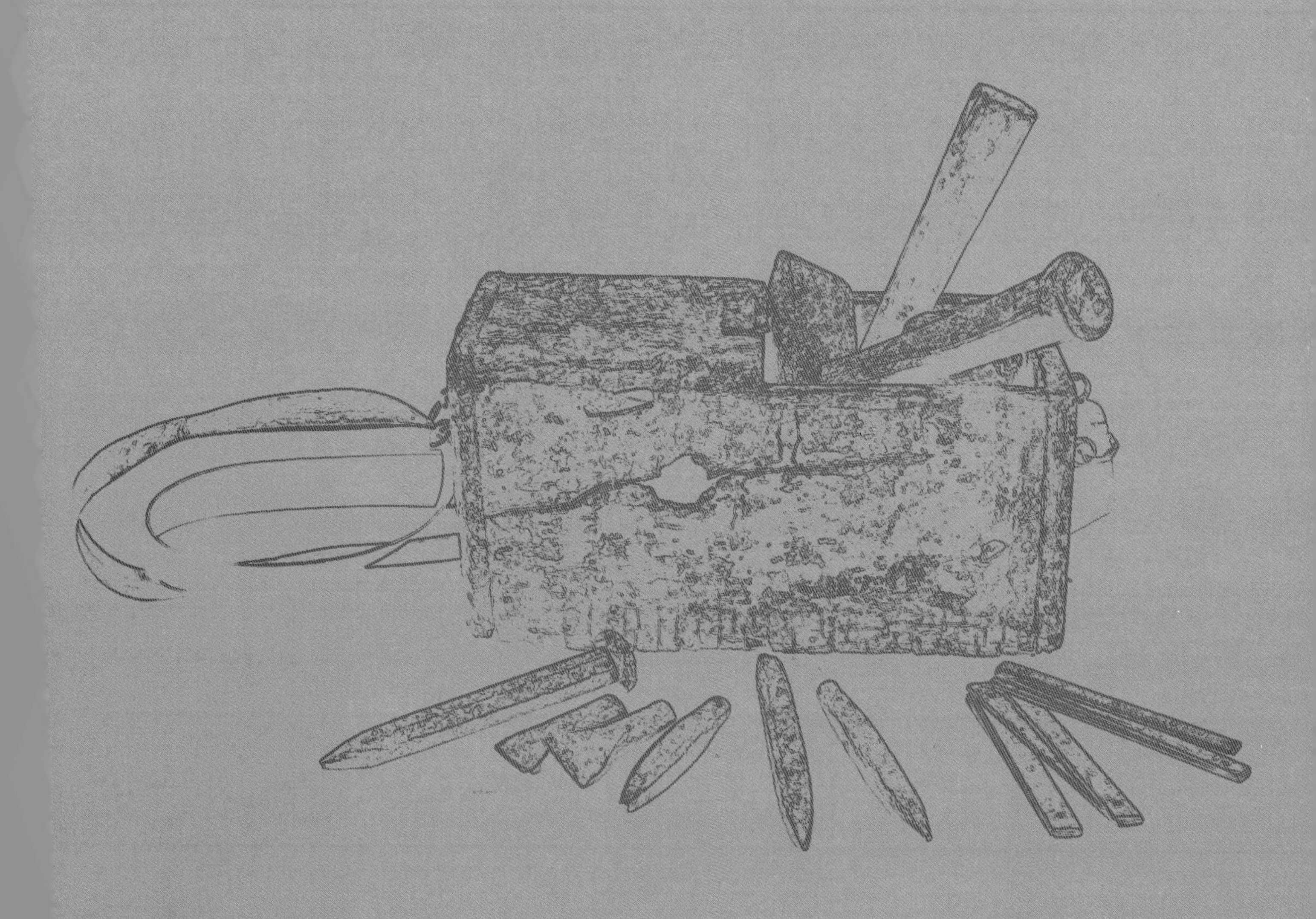

石匠工具

石匠是中原地区“八大匠作”之一。该匠作业态存续时间之久、从业人员之多、行业变迁之大，习俗、行规之繁杂，在手工匠作行业中尤为突出。从石器时代简单的打磨石头到现代石雕与艺术的完美结合，离不开一代代石匠们的默默贡献。许多流传千古的碑文、规模宏大的摩崖石刻，或是过去常见的石碾、磨盘、碌碡都出自石匠那粗大而灵巧的双手。石匠在石桥建筑技术上，对中国古代的砖石结构建筑也起到了功不可没的作用。虽然早在新石器时代，人们就掌握了石头的磨制工艺，但石匠作为一种职业，是出现在第二次社会大分工之后，历经千年传承，传统石匠大体可以分为三个类别，即开采石匠、器具石匠和雕刻石匠。无论是哪种石匠，其匠作工序不外乎采石、开石、砍削、剁、凿、锻、打磨、雕刻等。根据这些工序及工具的功用，我们可以把石匠工具分为：测量工具、开采工具、砍剁工具、琢磨工具四个类别。

▲ 石矿开采断面图

第一章　测量工具

传统石匠测量工具，主要有划规、线坠、拐尺、墨斗、卷尺、折尺、合尺等。

▶拐尺

拐尺

拐尺也叫“曲尺”，是“矩”的代名词，民间也称“弯尺”，有木制、铁制等多种材质，因石材较硬，磕碰容易损坏，石匠多用铁制拐尺。

线坠

线坠也叫“铅锤”，用于测量垂直度，有不同的规格。

石匠常用线坠测量较大石材立面的垂直度。

▼ 线坠

划规

划规也被称作“圆规”“划卡”，常用的有普通划规、扇形划规、弹簧划规和长划规等。

石匠用的划规，一般用中碳钢或工具钢制成，两脚尖部经过淬硬并丸磨。打造圆形的器具都要用到划规，例如石碾、磨盘、碌碡等。

▲ 划规

▼ 卷尺

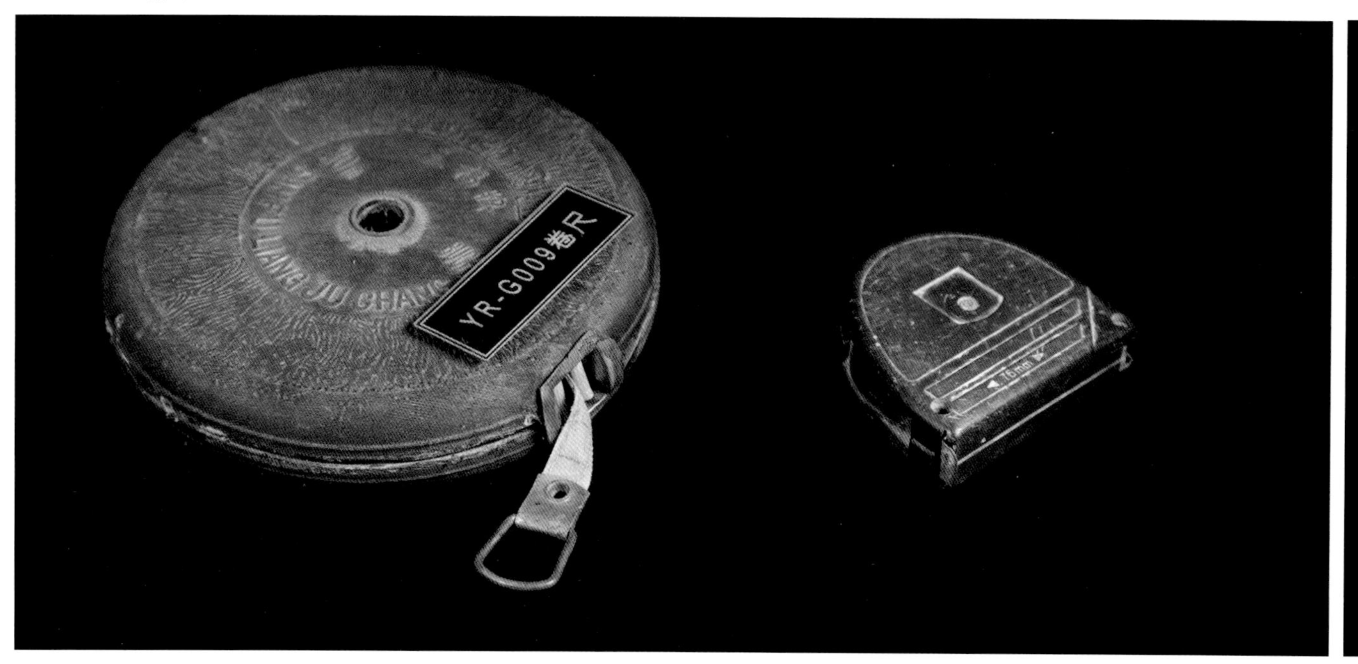

卷尺

卷尺是一种俗称，有钢卷尺、纤维卷尺、皮尺、腰围尺等不同材料形制。建筑行业常用到是皮卷尺和钢卷尺。卷尺也是石匠的必备量具之一。

▲ 墨斗

墨斗

墨斗原是中国传统木工行业的工具，因其功能复合，便于携带，经济实用，也是其他传统工匠行业的必备工具。石匠主要用墨斗濡墨放线、取直等，与木匠功用类似。

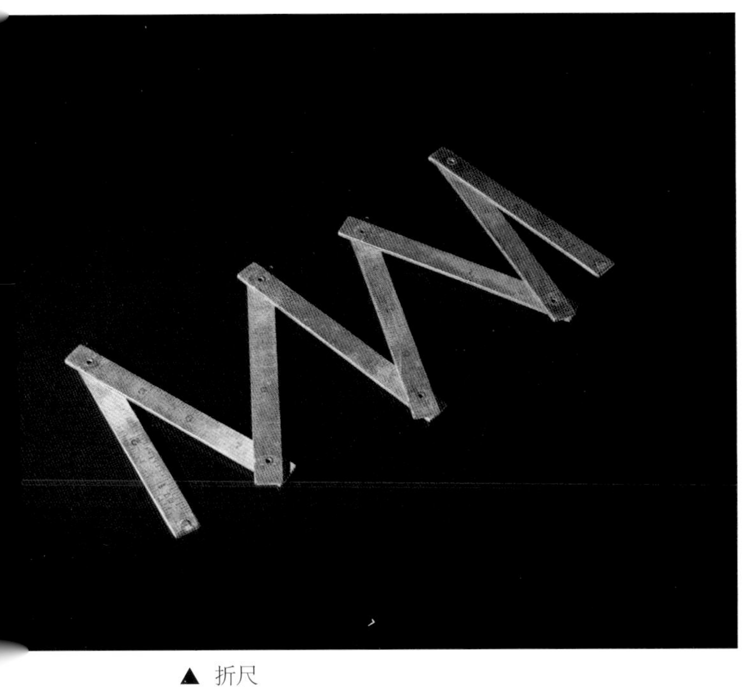

▲ 折尺

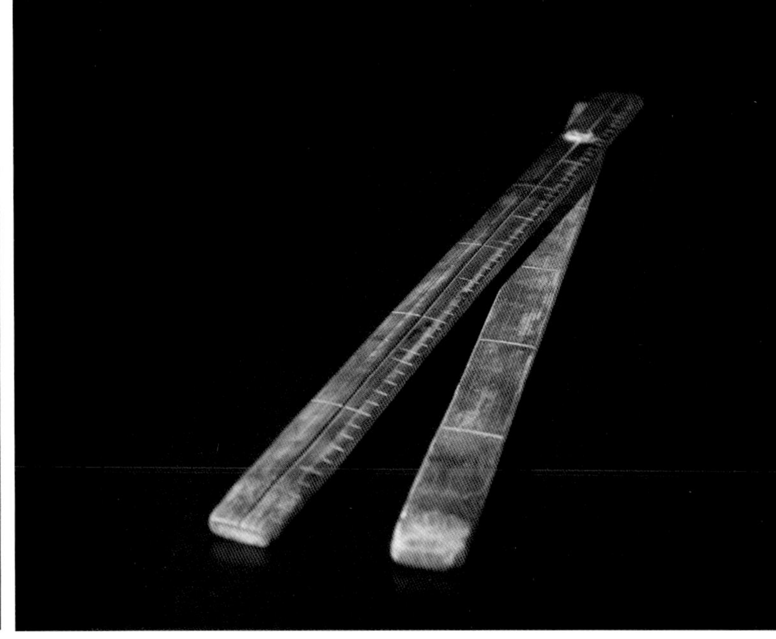

▲ 合尺

折尺与合尺

折尺原特指四折对开的一种木尺，是丈量木材及画线，加工制造家具常用的一种量具，也是常用的教学用具。有的折尺仅为两条，俗称“棉布尺”“合尺”，石匠多用折尺画线、度量等。

第二章　开采工具

采石匠会根据山坡上枯草的粗细、土层的颜色等来判断石头的成色，选好坑穴，开始采石。采石看似简单，实则有讲究，一要看石头的形状，适宜做什么，开采时就考虑其用途;二要看石材的纹路，顺着纹路开采，既省力又多出石料。20世纪80年代前，多靠人力运石料，采石匠用木架子或石抓等工具将石材一步一挪运到山下加工场进行加工或出售。开山采石的工具主要有钢钎、撬杠、石锤、楔等。

▲ 开采石头场景

▼ 花鼓锤

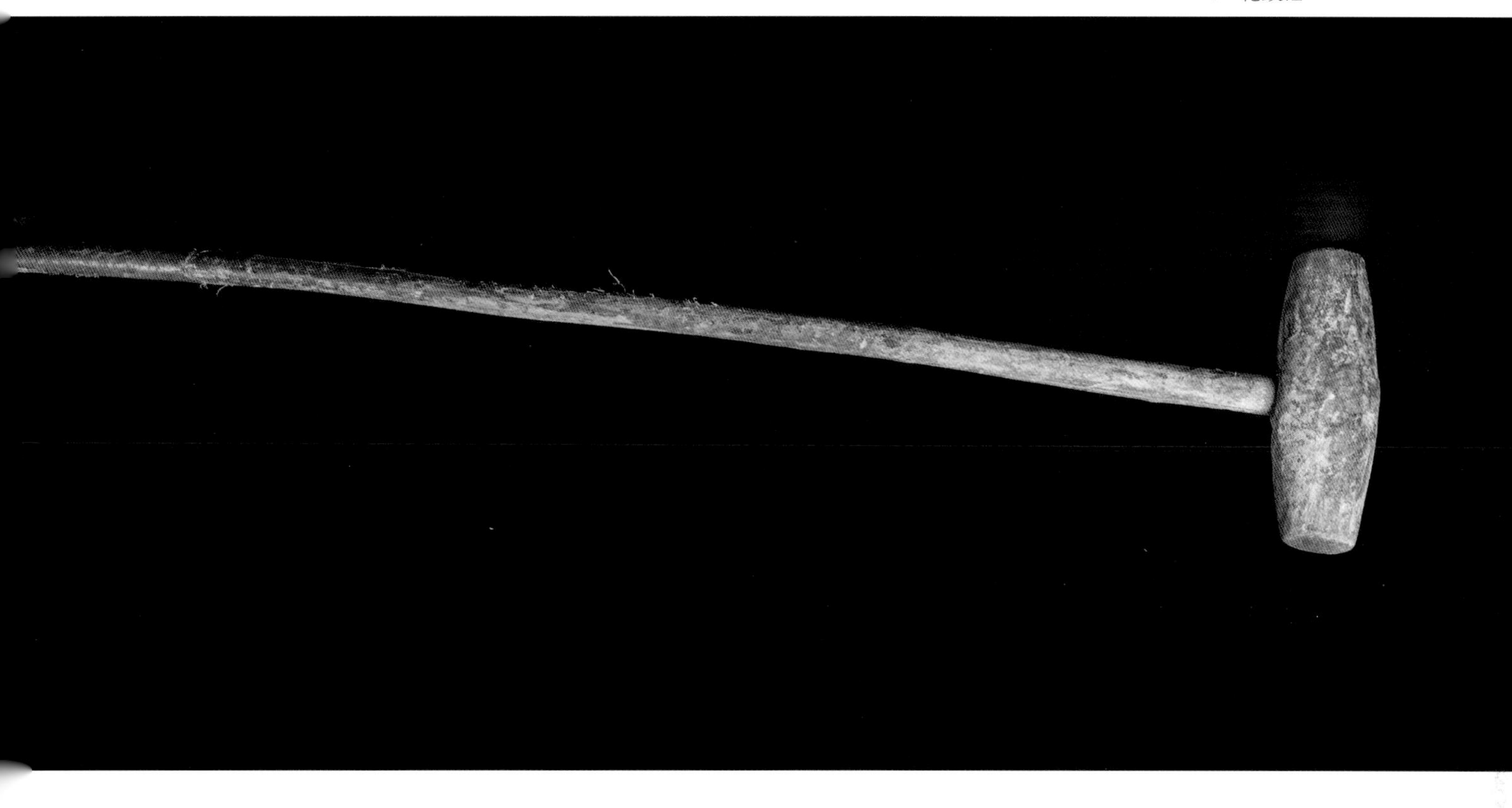

花鼓锤

“花鼓锤”，有的地方也叫“大晃锤”“大锤”，有谚语称“大晃锤，似花鼓，抡大锤，汗如雨”。花鼓锤重8～10kg，中有一圆孔，用楸木棍做锤柄。因楸棍有韧性，抡锤时易产生惯性，能达到省力的目的。打石头时，发出“咚咚”的回音，又因锤头两头圆，中间鼓，形似花鼓，故名“花鼓锤”。

钢钎

钢钎是一种尖头钢棒，俗称“钎子”。石料开采时，由大锤不停地敲打钢钎凿撞岩石，使其形成圆孔，在所凿的孔中装填炸药，用以爆破岩石，使其炸裂成块。钢钎有尖头的也有扁头的，以尖头居多，一般长度1.2m左右。

▲ 钢钎

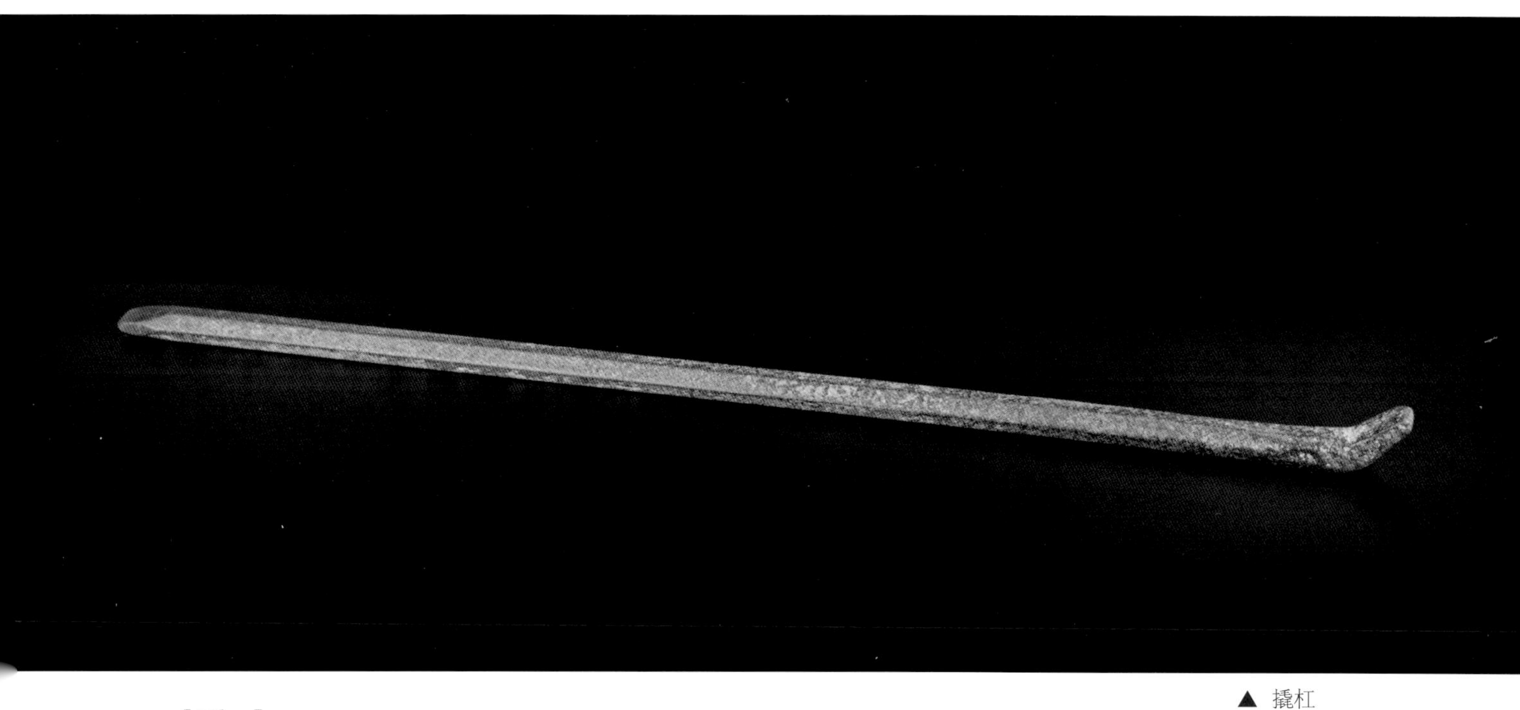

▲ 撬杠

撬杠

撬杠是利用杠杆原理让重物克服地心引力，将重物撬起并移位的一种工具。石匠在开山劈石、搬运石材时经常使用撬杠，石匠的撬杠比一般常见的撬杠要粗长一些。

八磅锤

八磅锤是开采石头用的主要工具。相较于花鼓锤，八磅锤出现的年代要晚一些，作用与花鼓锤类似。

在具体操作中，八磅锤主要配合钢钎、劈楔使用，相较于花鼓锤来说，八磅锤的击打面更大，因此与钢钎、楔子配合使用时，击打更为准确。

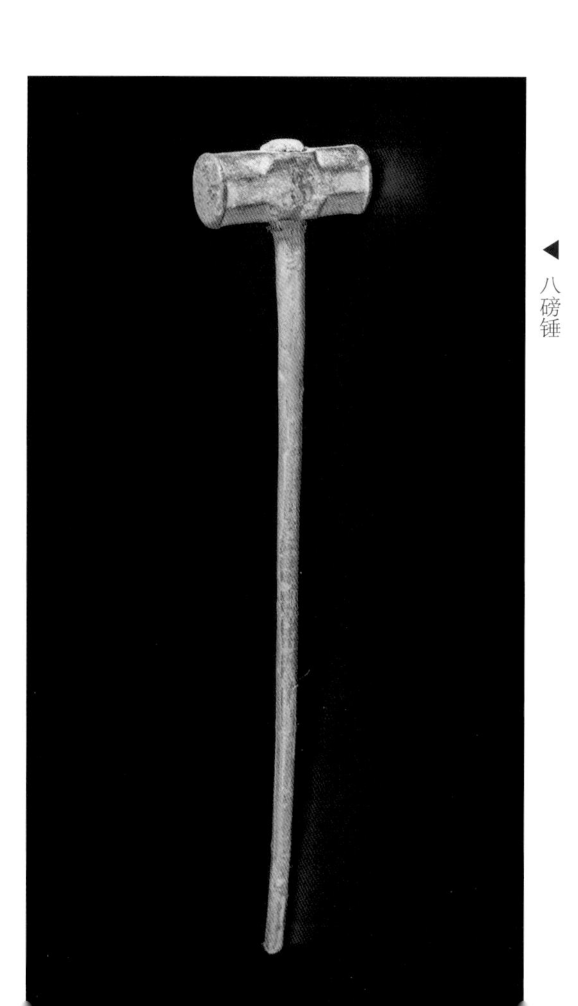

◀ 八磅锤

▲ 劈楔

劈楔

劈楔，也叫“楔子”“石楔”，是一种裂石工具。石匠师傅先用錾子在石材上打一个方形或倒梯形的石孔，将劈楔放入，有时石材较大，需要打上一排劈楔，然后用花鼓锤击打楔子顶部，使岩石产生向下向外撑裂的力量。

除了击打的力度，劈楔的放置位置也十分关键，首先要对石材的质地、纹理等进行观察，这样开出来的石头才会比较理想，这一点要看石匠师傅的经验。

▶ 抬楔

▲ 蹦楔

蹦楔

蹦楔比劈楔小，它适用于较小石材的分解。相较于劈楔来说，蹦楔其刃部也更宽更为锋利，这样对石材的分裂也更为准确。

▼ 抬楔

抬楔

抬楔与劈楔类似，只是作用于石材的位置不同。劈楔一般用于石材平面，击打时为向下；抬楔一般放置于石材侧面，击打为横向击打。

过去开山采石时，石匠师傅会判断沿石的断层处，通过抬楔分解出厚度合适的石材。

石匠箱子

传统的打石匠会有一个比较结实的木箱来装各类工具。一般是一半有盖，一半没有盖，有盖的部分用来放一些小工具，防止掉落，没盖的部分放手锤、剁斧等，木板较厚实，挎带常用过去的传动带或者牛皮带。除大锤、钢钎、风箱外，其他工具一般都放在箱子内。

▲ 石匠箱子

◀ 铉錾子

铉錾子

錾子在多次使用后容易变钝，需要经淬火打至锋利，这道工序叫“铉錾子”。

铉錾子是把錾子尖部放在火炭里，用风箱吹火使錾子烧红，然后用锤子将其打成锐利的尖角，平錾则打成锋利的平口。“铉錾子”非常讲究，一般要铉好几次，当铉好以后，要放在水中冷却，且只能让錾子慢慢入水，因为这样才能让錾子更加坚硬，保持钢性，俗称“有钢火”。冷却后，錾子可以继续使用。淬火的过程，很考验石匠的水平，如果火过了，在使用的时候，錾子尖部会很脆，容易折断，若火不够，则錾子尖部硬度不够，在使用时，容易劈裂。

▲ 风箱

风箱

对石匠来说，风箱是铉錾子时用来鼓风，使炉火旺盛的工具。石匠到主顾家干活，早晨首先得去铉錾子，第一天要去得早，因为要搭炉灶，通常会用黄泥糊一个小灶，接上风箱，在灶内装上炭火，点着就可以铉錾子。

▲ 淬火槽

淬火槽

淬火槽是盛装淬火介质的容器，淬火介质一般用水，淬火槽有石制的，也有铁制的。

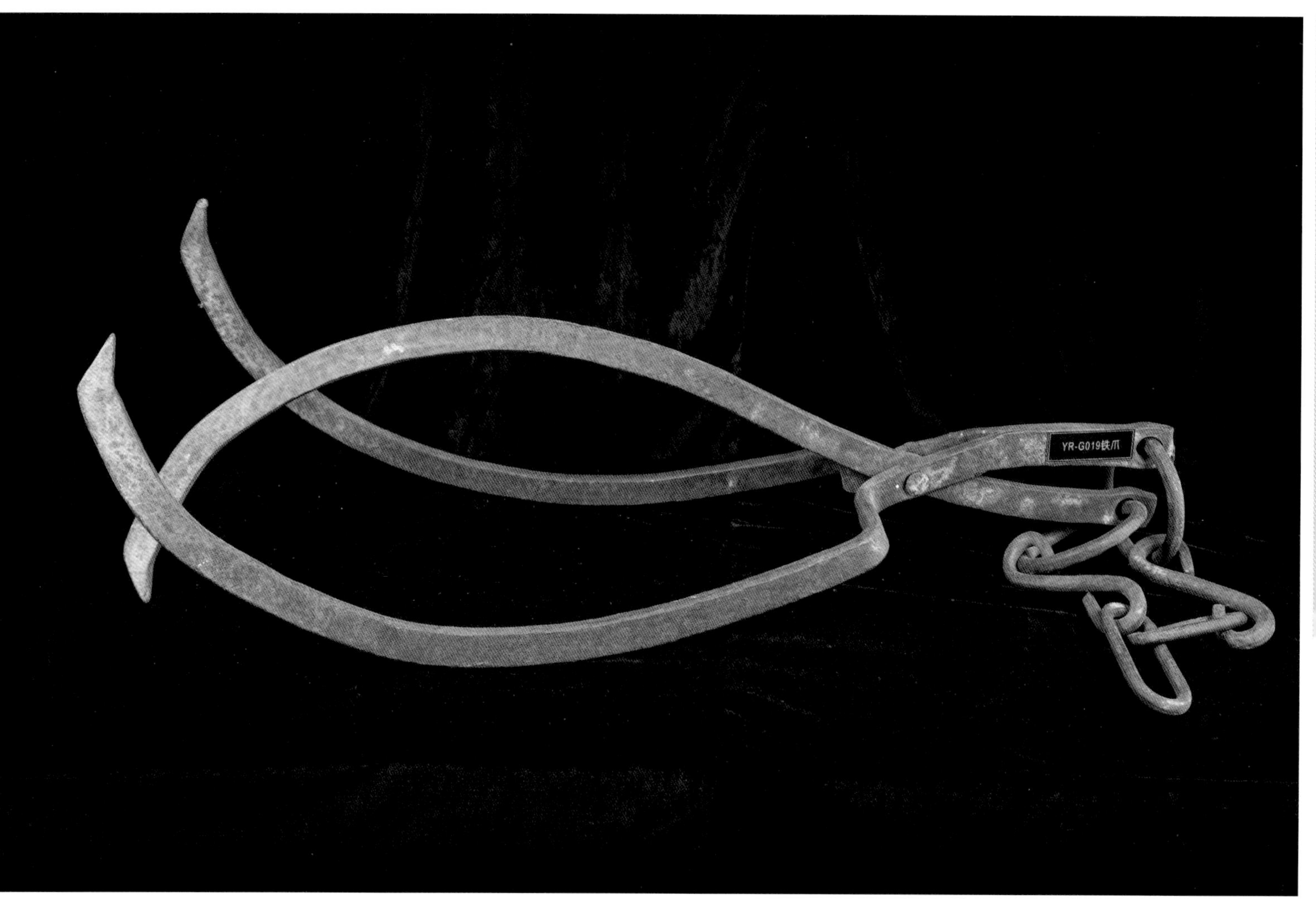

▲ 石抓

石抓

石抓是搬运石头的工具。石抓的设计看似简单却充满了智慧，石头越重，抓取时越不容易松动掉落。

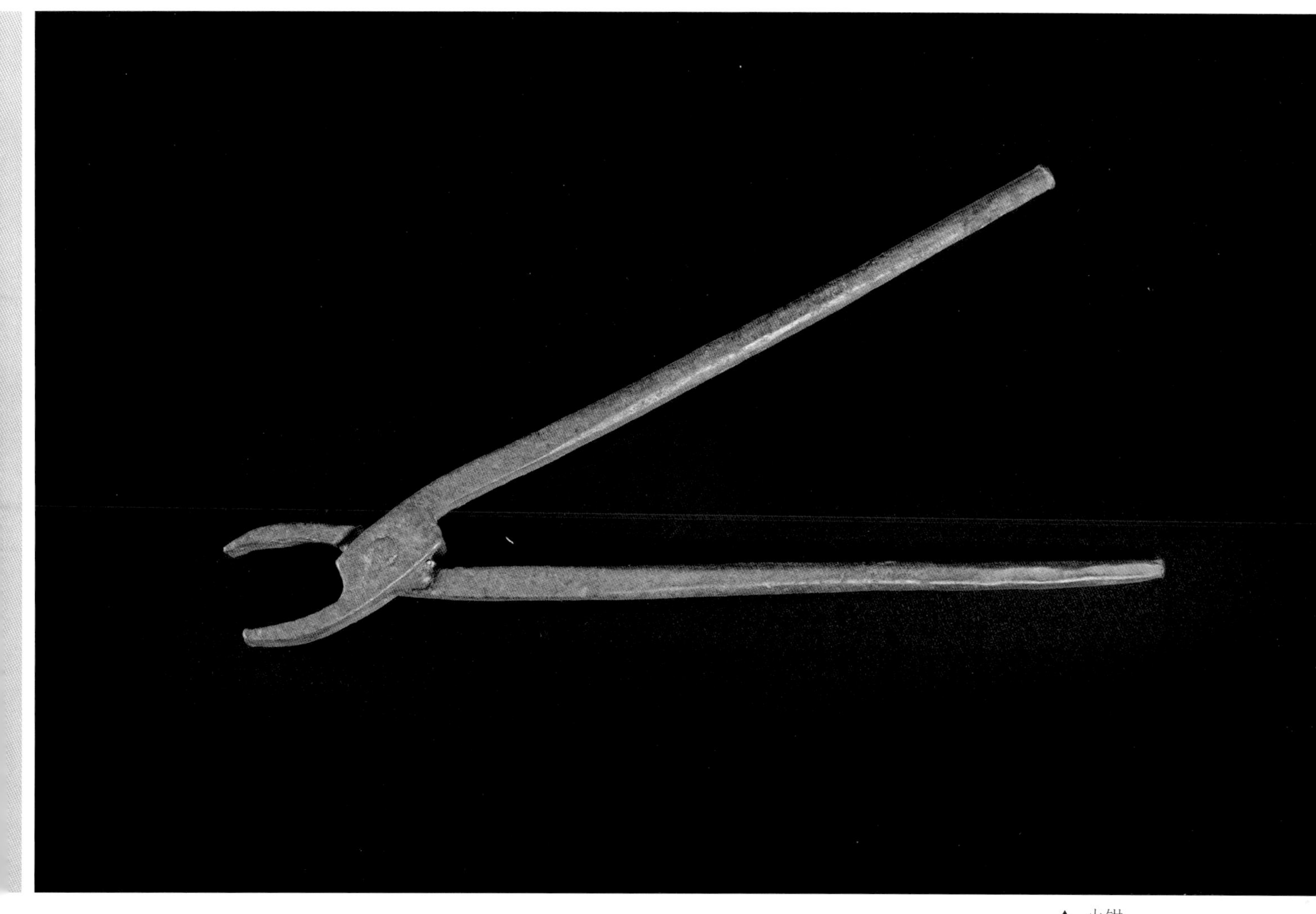

▲ 火钳

火钳

石匠的火钳与铁匠火钳类似，主要用来铉錾子时夹取錾子使用。

第三章　砍剁工具

将开采下来的石头经过裂解后，形成大小合适的石材，下一步就要进行砍剁了，这一步也叫作“做大样”。砍是砍削，是进一步砍出石材大致的形状；剁是剁去器具上的小棱、毛刺，同时还要剁出需要的花纹、沟槽。石匠的手法、用力是否娴熟，就看这一步。

▲ 石匠手锤

▲ 石匠手锤（不同角度拍摄）

手锤

石匠手锤与我们一般认识的手锤有所不同，一般手锤为直角平面或圆面，而石匠手锤是五角斜面的。因为分解出来的石材，其边条是不规整的，要先进行边线的处理，再做面部的处理。石匠主要用手锤两个斜面相交的“棱线”来卡石头边，砸出一条直线，这道工序叫“磕线”，即进行石材边线的粗加工。手锤上下平面的地方可以用来击打錾头。

▲ 剁斧锤

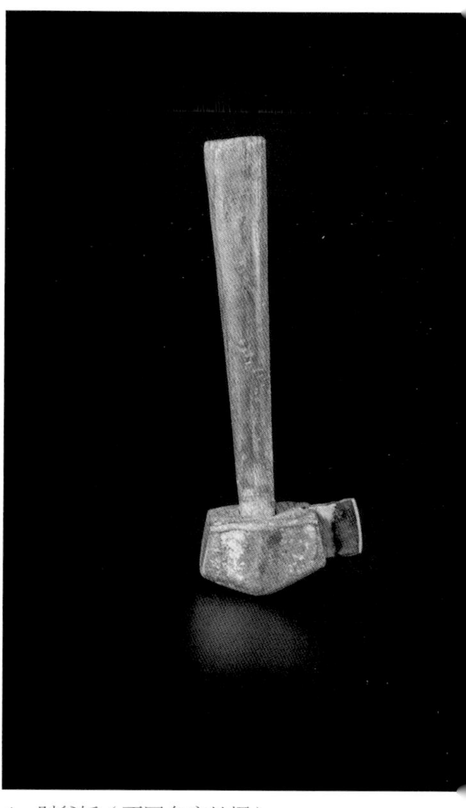

▲ 剁斧锤（不同角度拍摄）

剁斧锤

这种剁斧锤是在一端的平面上开槽，然后嵌入楔铁，楔铁俗称“印子”。有了印子的手锤就兼具剁斧的功能，可以对石材进行砍剁等加工。

▲ 剁斧

剁斧

剁斧是用于处理石材表面的工具。传统石匠讲究“青白石三遍剁”，指的就是直接用剁斧剁砍石面，砍出工整平行的细线，加强石材体面的方向感、韵律感。

▲ 花锤

花锤

花锤，也叫“攒花锤”，俗称“麻锤”“麻头锤”。锤头两端有凸起的点，用以敲击石材表面，做出麻面效果。麻面石材粗犷厚重，具有浑然一体的雕塑感。

▼ 錾子

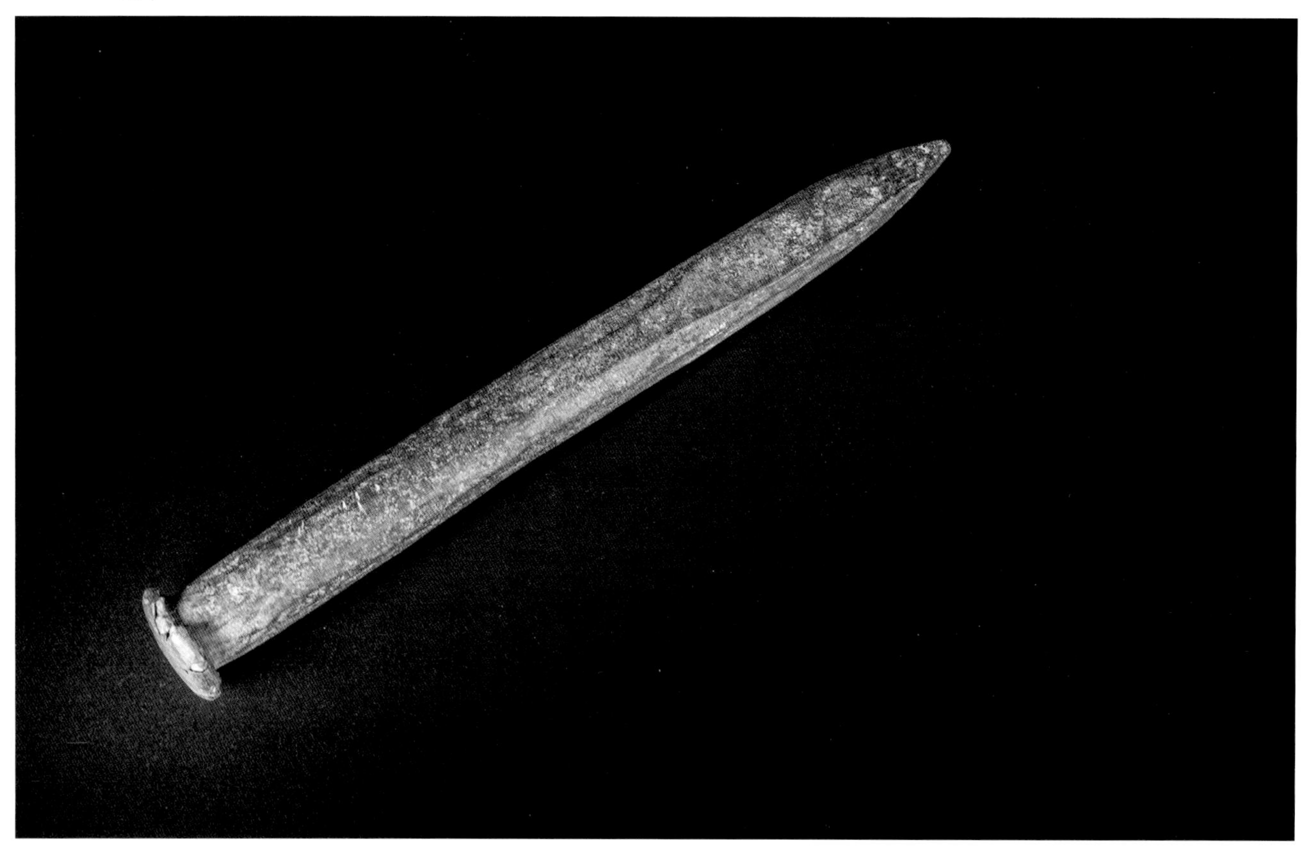

錾子

用锤子打击錾子对石头进行切削加工的方法，叫“錾削”，又称“凿削”。它的工作范围主要是去除毛坯上的凸缘、毛刺，分割材料、錾削平面等。錾子的型号样式有多种，最常见的是尖头錾和平头錾。

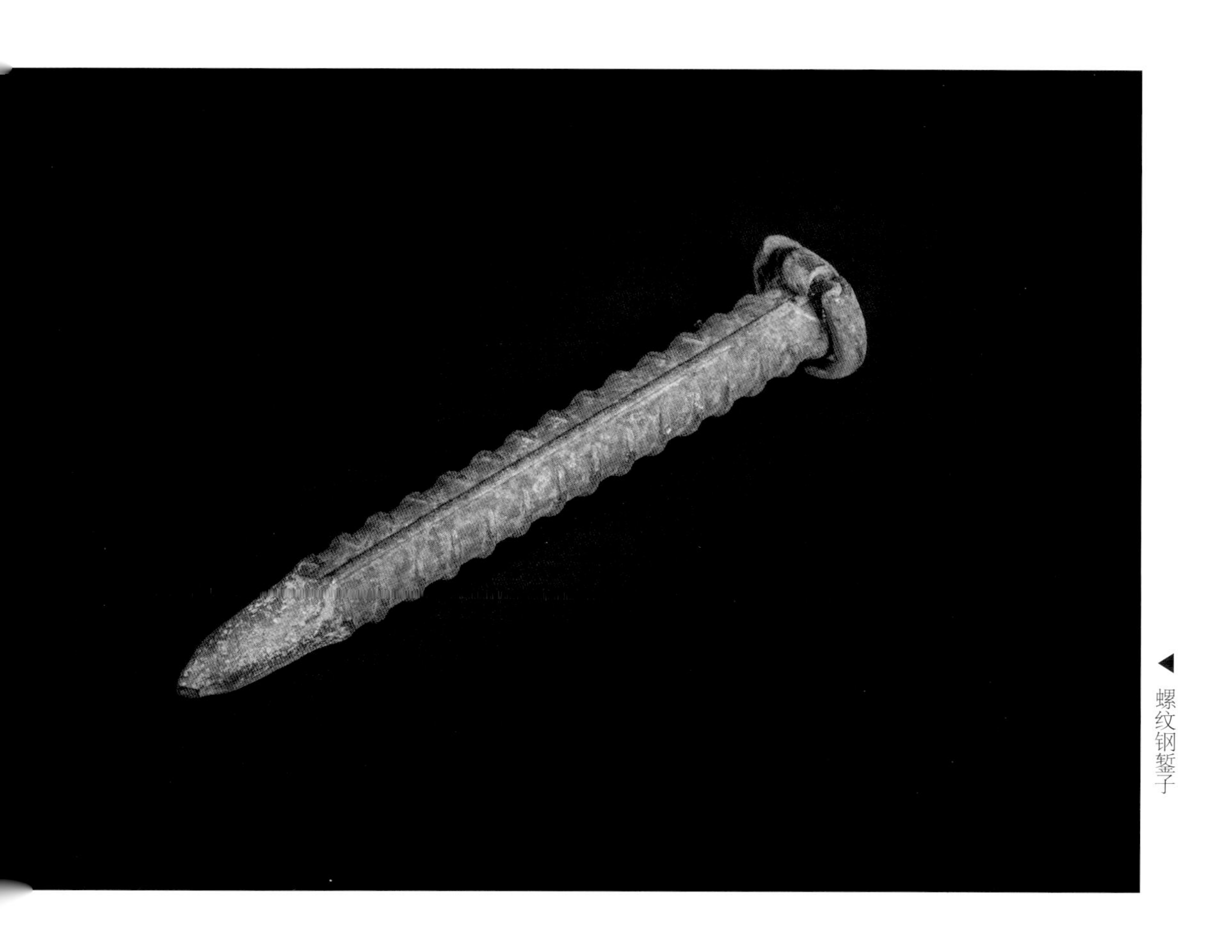

◀ 螺纹钢錾子

螺纹钢錾子

螺纹钢錾子是用螺纹钢制造的一种錾子，它出现的年代较晚。通常，錾头要经过合金硬化处理。因螺纹钢表面有纹理，便于握持，螺纹钢錾子在民间也比较常见。

▼ 錾削石材

石匠用的錾子一般有两种，一种是前文介绍到的，整铁制成的錾子，长度一般在20～30cm不等。还有一种是带裤的錾子，由錾头、裤子、凿油（音译）、箍子四部分组成。錾头是位于前端接触石材的铁尖；裤子是用来装填錾头的铁制件；凿油是一种木质衬垫，是手锤的击打面；箍子是加固凿油与裤子的圆环件，是提高抗击打能力的加固件。

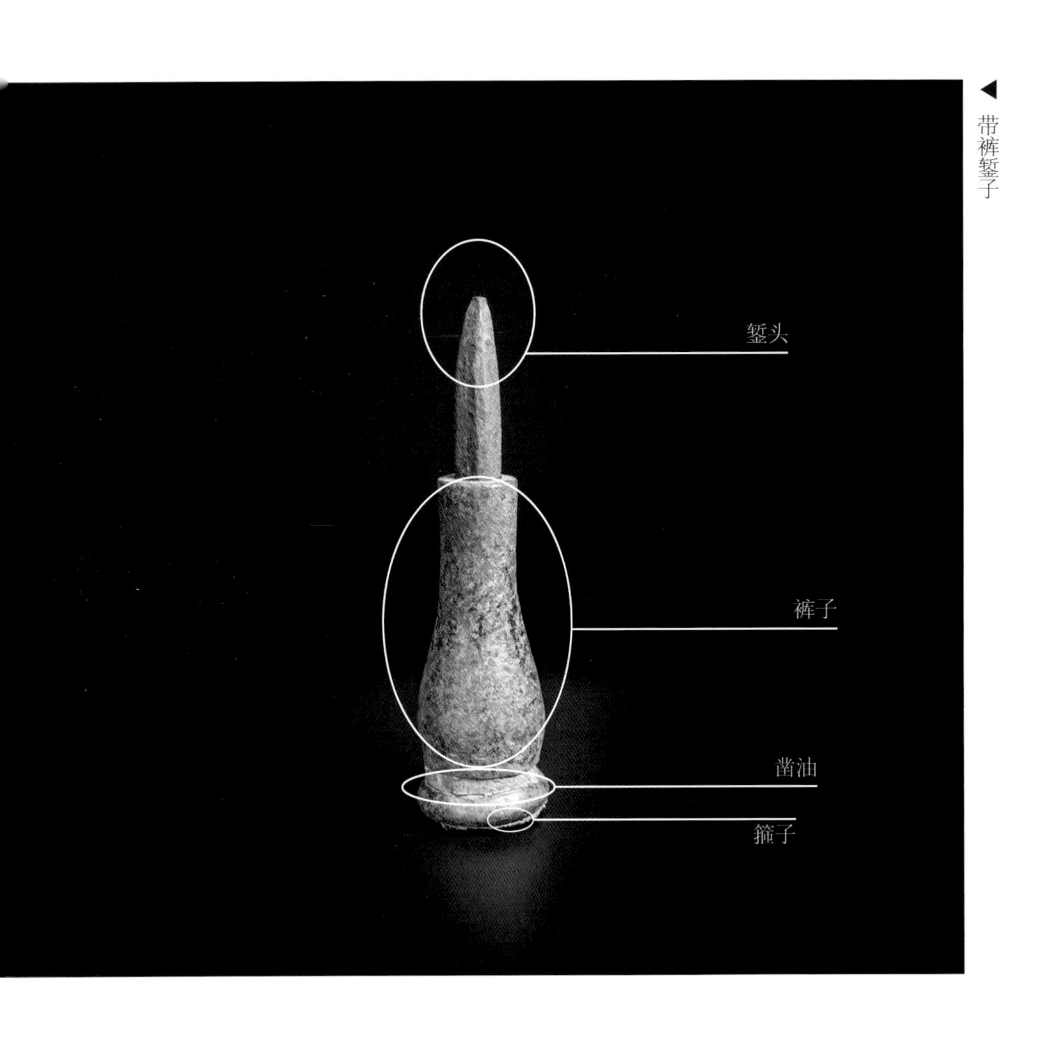

◀带裤錾子

带裤錾子

带裤錾子与錾子用途略有不同，普通的錾子一般用来进行石材的粗加工，干细活的时候，带裤錾子用得多一些，裤子的形状适合手握，上宽下窄的造型扩大了受力面，力度能集中传递到錾头上，木质的衬垫能够起到减震的作用，因此更为精准。石匠师傅在使用时，一手持握，小拇指抵在錾头，保持准度，因为受力面大，一般只需要盯住錾头即可。

带裤錾子组合

带裤錾子的錾头

第四章　琢磨工具

中国石雕、石刻与石制工艺品数量庞大，类别繁多，历史悠久。最早可以追溯到距今一二十万年前的旧石器时代中期。在漫长的发展中，石雕艺术的创作也不断地更新进步。不同时期，石雕在样式风格上也各不相同；不同的审美追求、社会环境和统治意志都影响着石雕创作的艺术风格。将坚硬的顽石，打造成一件件器具、工艺品，甚至艺术品，这不仅需要对石材有精准的把握、对技法能娴熟的运用，更要有丰富的经验和较高的人文素养，其中也离不开几件称手的琢磨工具。

▲ 小手锤

小手锤

小手锤是石雕手锤的一种，主要配合小錾、边錾等小型刻石刀使用，体积较小，一般不足六两重，使用方便灵活。在雕刻细花纹、人物、文字时，使用最为普遍。

▼ 边錾

边錾

边錾，俗称“边子”“扁子”，是处理石材边线的专用工具，下端为楔形，端末有刃口。

用手锤磕线后的边线往往参差不齐，达不到理想的效果，需要用边錾配合手锤凿出一条直线。

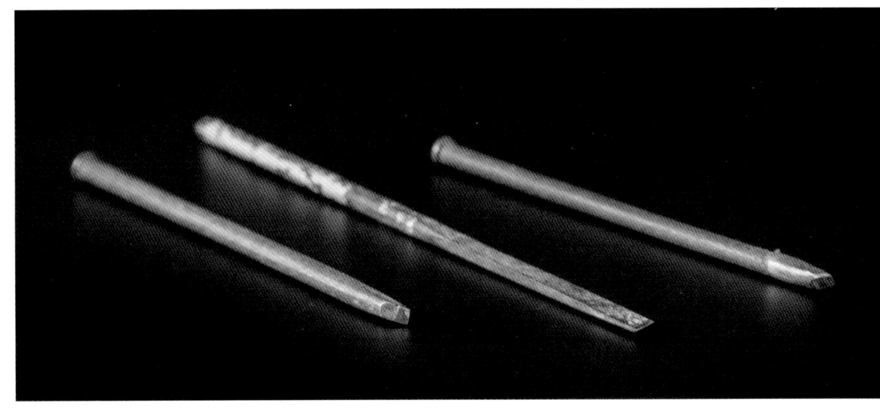

▲ 小錾

小錾

小錾体型较小，规格多样，按刃部形状可分尖錾、平錾、半圆錾和齿錾，是一种常用的雕刻工具。平錾也叫“小边子”，它的作用一是处理较小石材的边线；二是配合手锤直接在石材上进行雕刻，比如刻字，刻人物、花纹等，因此也叫“刻石刀”。

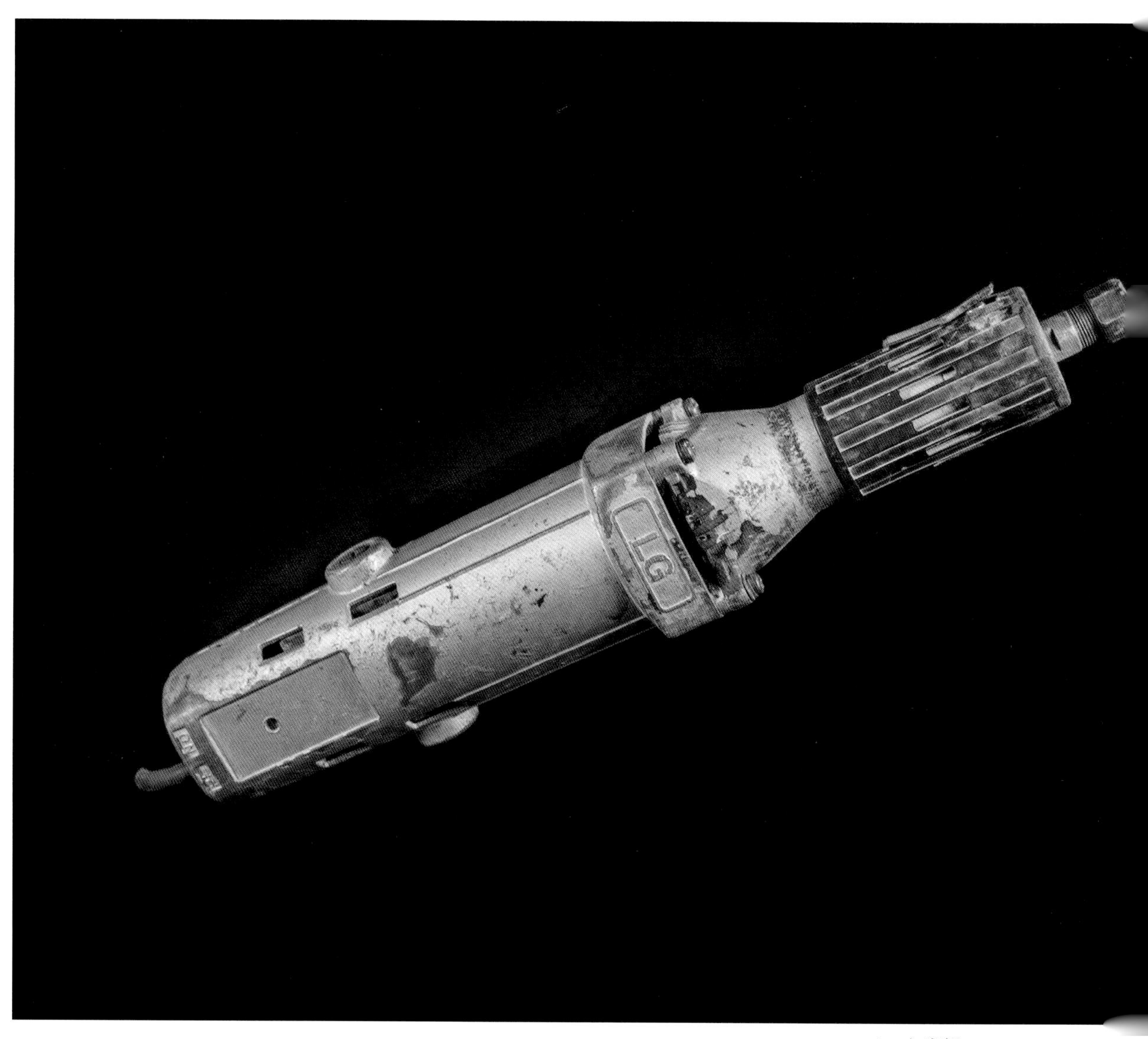

▲ 电磨机

电磨机与磨头

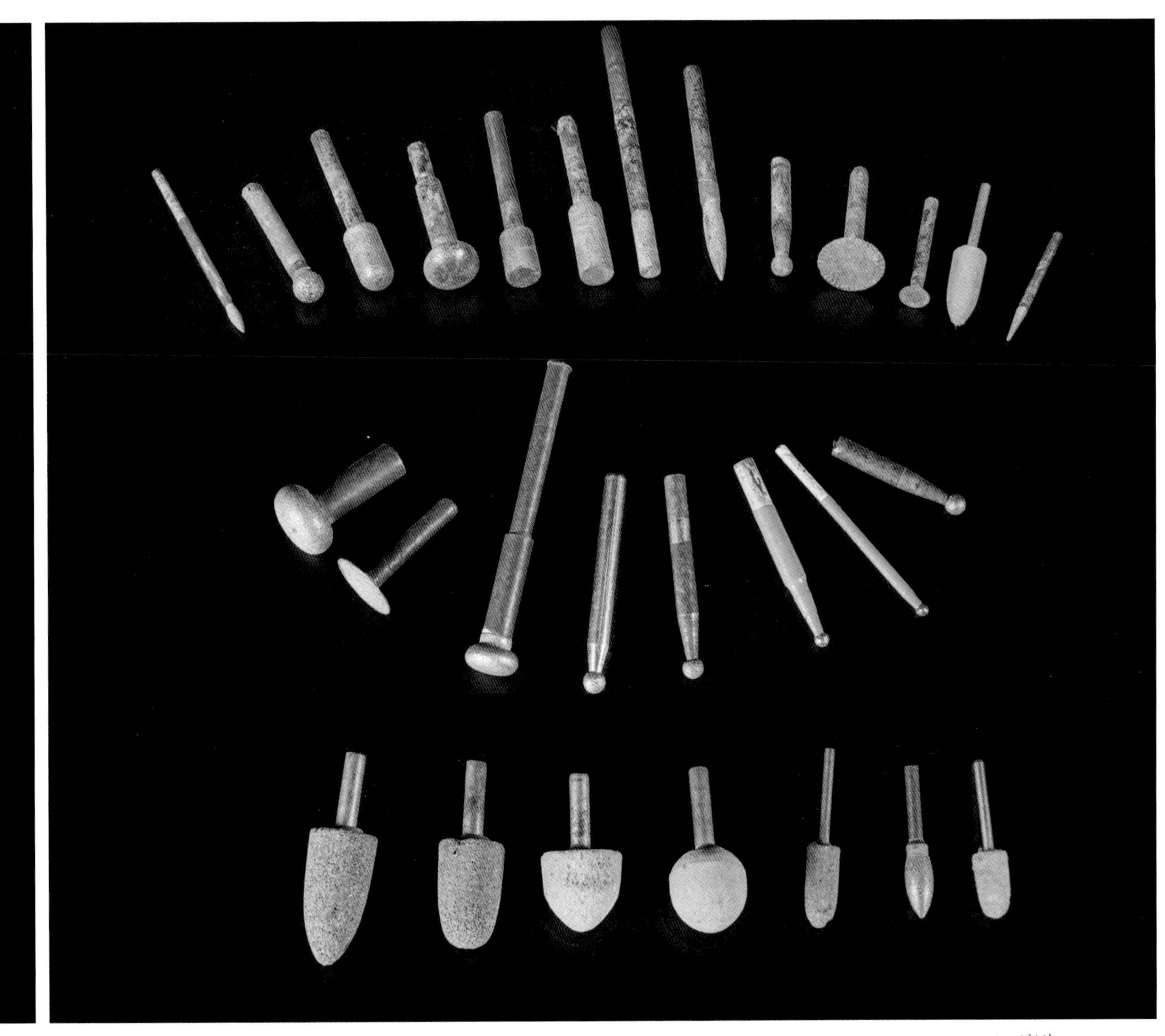

▲ 磨头

电磨机，也叫“电磨”“雕刻机”“雕刻笔”，主体是一个电动机和一条带有笔状套头的软鞭构成。根据使用需要可以适配各种型号的钻头、切割片、打磨头、抛光头等；电磨机虽为电气化工具，但出现的年代较早，电磨机出现后广泛被采用，代替了曾经的边錾与手锤。但一些老石匠，还是善用传统工具，电磨机则只用来打磨抛光。

第二篇

石雕工具

石雕工具

石雕历史久远，最早可以追溯到旧石器时代的石刻岩画；新石器时代由于陶塑取材简单且更易塑型，石雕艺术的发展较为缓慢，但如果把玉雕归属于石雕这一大类的话，这时期的辽河红山文化、山东大汶口文化及太湖流域的良渚文化揭开了中国玉雕的大幕。此外，线刻——这一石雕手法也出现在新石器时代，并在后世得到广泛应用。进入商代中期以后，石雕艺术大放异彩，这一时期的石雕以动物形象居多。周代石雕继承了商代的艺术风格。东周时诸侯割据，百家争鸣，思想的解放促进了石雕艺术的发展，石雕开始进入更为广阔的领域，比如礼乐器中的“石磬”就是一种石制乐器；再比如“肖行印”，就是将石雕技艺移植到印章雕刻中，开创了篆刻艺术；这一时期，原先刻在青铜器上的记事铭文，也与石雕结合，出现了石刻记事。唐代国力强盛，各类艺术大放光彩，石雕艺术也迎来了第一个高峰期，此后经历代传承发展，石雕艺术在建筑、佛像、农具、家具、艺术品等多个领域都有了长足的发展与应用。根据石雕的工序步骤和工具特点，我们可以把石雕工具分为：放样工具、凿坯工具、雕刻工具、琢磨工具四个类别。

第五章　放样工具

石雕在正式实施之前，经过工匠师傅的构思后，首先需要测量画稿。划规、拐尺、墨斗、合尺是石雕取料时会用到的一些基本量具，这一步通常叫作“放样”。

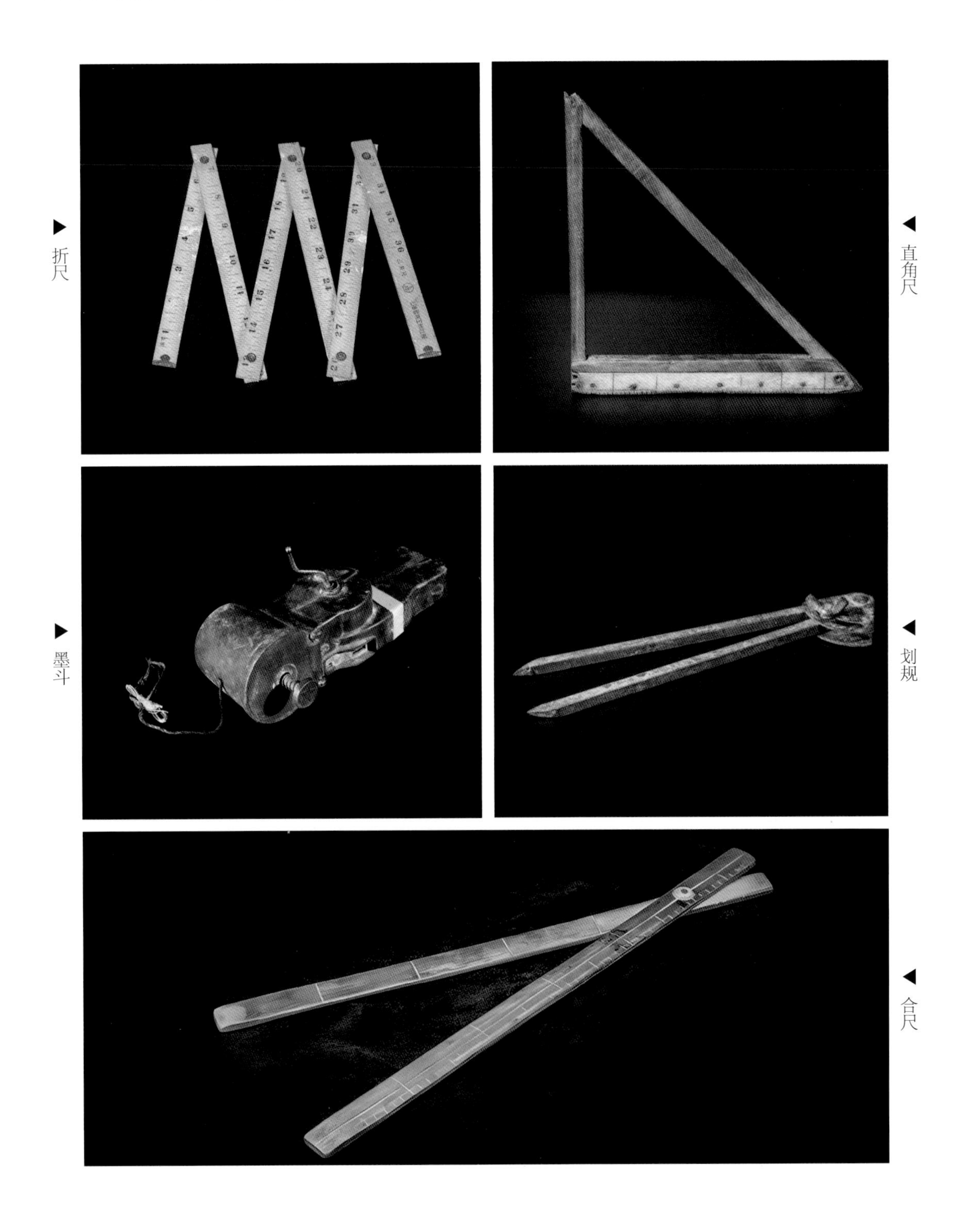

▶折尺

◀直角尺

▶墨斗

◀划规

◀合尺

第六章　凿坯工具

凿坯也叫“开荒”。将石料粗坯凿去多余的部分，直到初具大体轮廓，这一步叫作“开大荒”，进一步打出体与面的关系，这个过程叫作“开中荒”；加工至精细雕刻前，叫作“开小荒”。三个过程有时交替进行，所使用的工具主要有凿、锤、锯等。

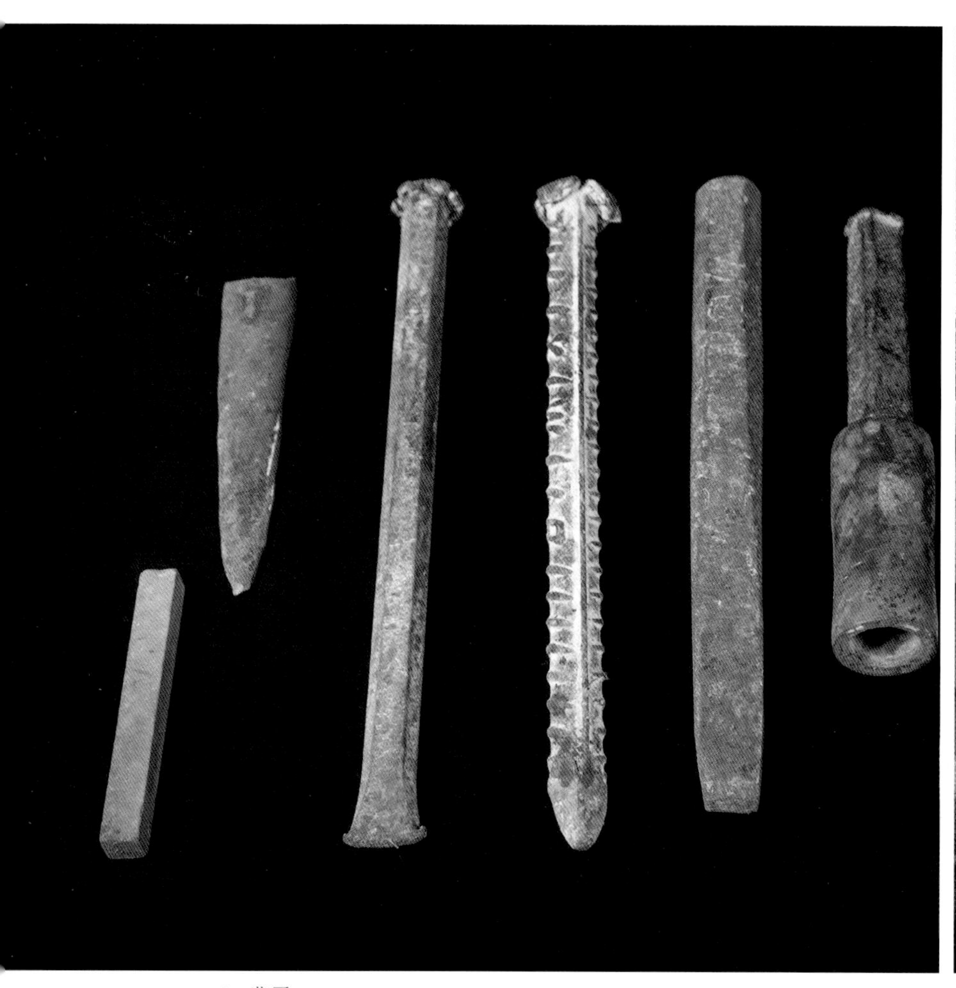

▲ 凿子

▲ 三脚架

石臼

石臼

▶ 凿刻石门楣场景

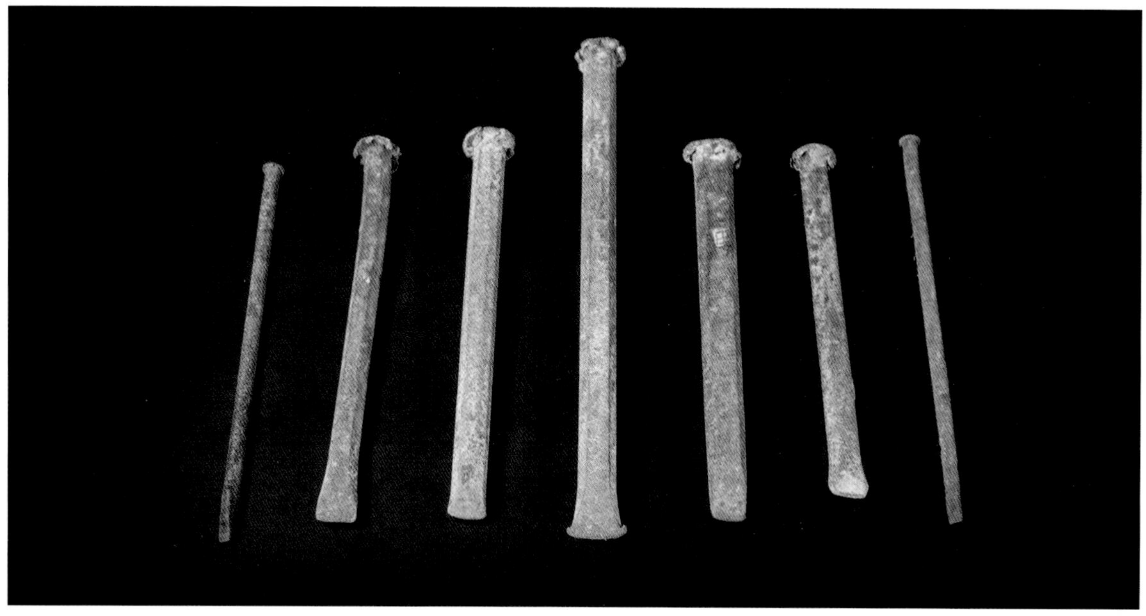

▲ 凿子

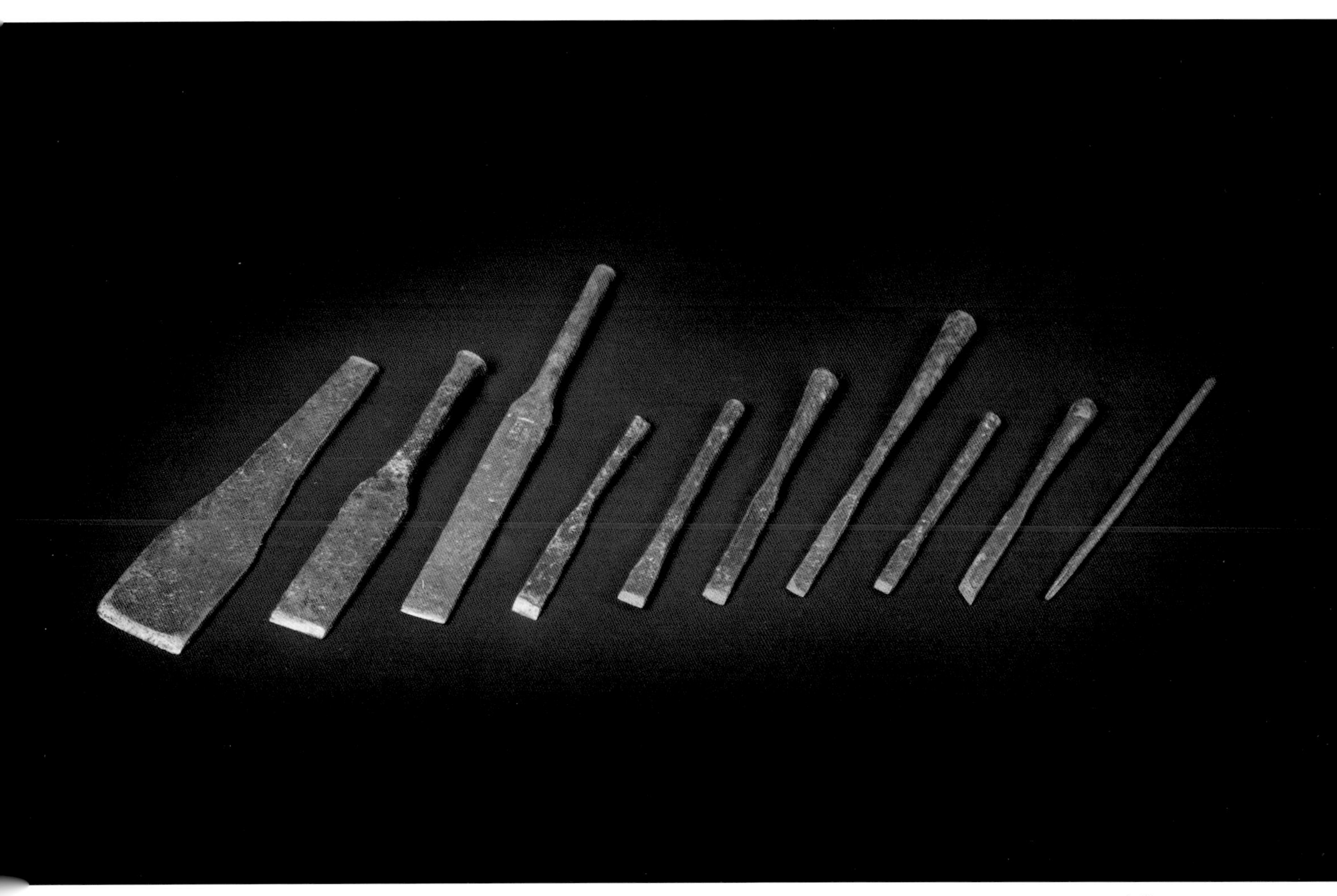

▲ 扁凿

凿子

凿子也叫“錾子”，民间常常混称，也有的称之为“钻子”“钻条”“边子”等，各地叫法不同。按刃口形状可以分为“尖凿”“平凿”“圆凿”等。凿子可以用来打坯、戳坯、镂空及铲平、修光。

砍凿

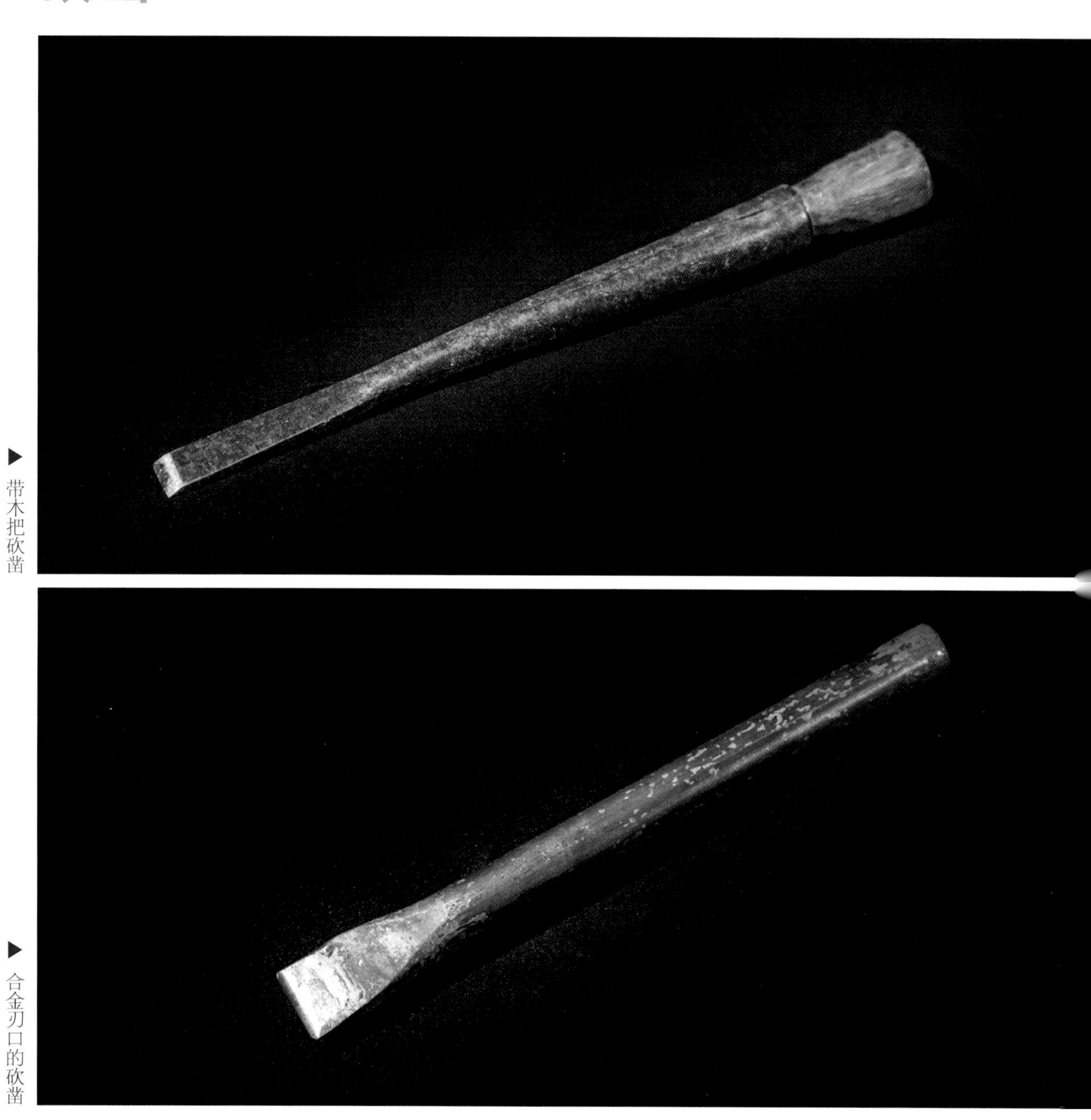

▶带木把砍凿

▶合金刃口的砍凿

砍凿，也叫“开凿”，主要用来切割较厚的荒料。刀口斜面较陡，单面刃，个别情况下也有做成双面刃的，凿身比较厚实，木柄也比较粗短。

狭口凿

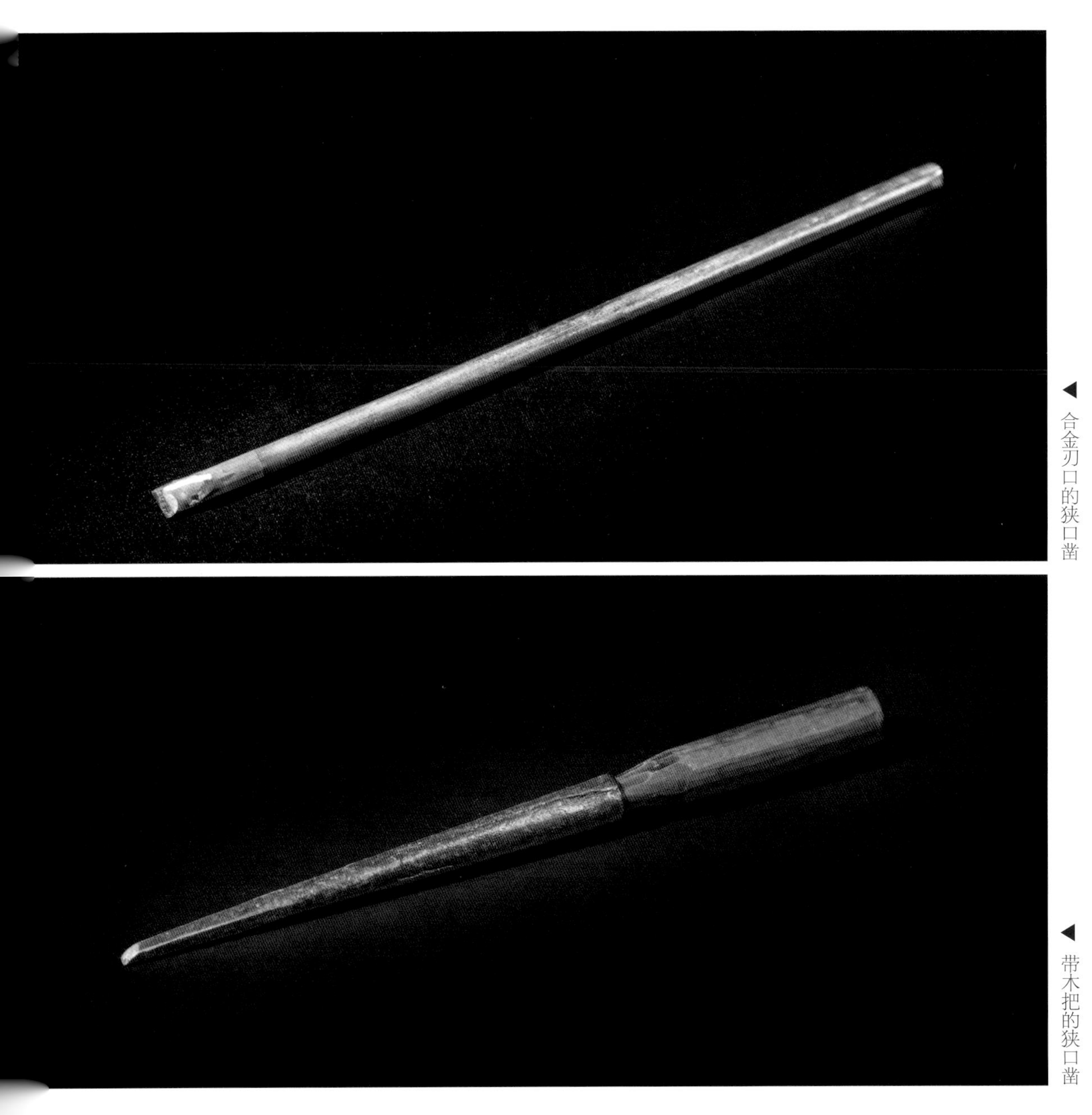

◀ 合金刃口的狭口凿

◀ 带木把的狭口凿

三分以下的狭口凿常用来戳细坯。二分以下的狭口凿，凿身比较细长，一般用作镂空。

▲ 阔口凿

阔口凿

三分以上的阔口凿，主要用于作品中大的块面的铲平修光。

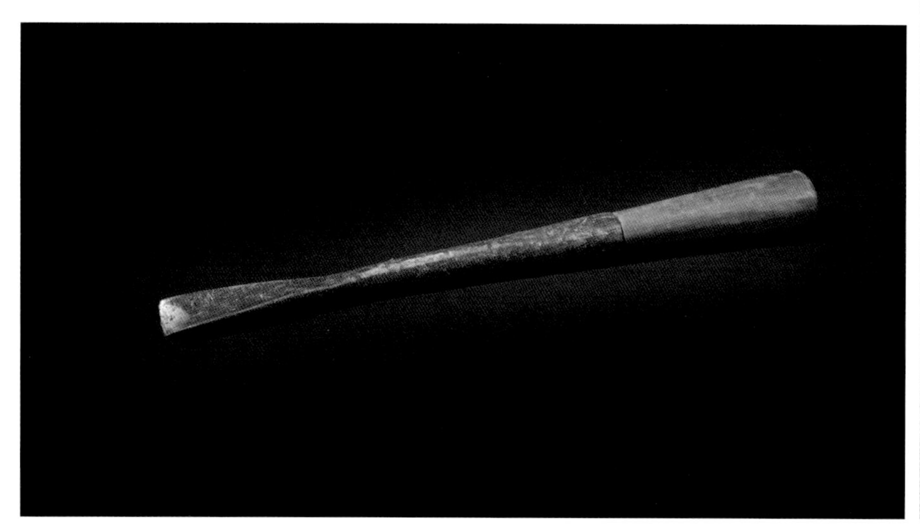

▲ 圆口凿

圆口凿

圆口凿用于雕刻带有一定弧度的地方，诸如炉瓶、人物、动物以及花卉的叶面等。可根据景物的面积及弧度选择其凿口的阔度。

▲ 石雕作品

石雕常用锤子

▲ 八磅锤

石雕锤子常用两头圆、中间方的八磅锤，型号也有大中小不等。打坯开荒需大力时，用锤头的两端；戳细坯时用锤头较宽的侧面轻敲。石雕匠人除了主要用于配合凿子使用的八磅锤，往往还有一些其他样式、功用的锤子备用，以达到省力、快速的目的。

▼ 尖头锤锤头

▲ 榔头锤

▲ 小手锤

尖头锤一头尖，一头带花钉，是兼具尖錾与攒花锤两种功用的锤子；榔头锤也叫“奶头锤”，其圆头可以制作石材上的凹窝；小手锤是一种小型号的八磅锤，戳细坯时力道较小，特别是镂空雕、高浮雕等一些精细部位时小手锤配合小型凿子，使用起来比较方便。

▼ 木板槌

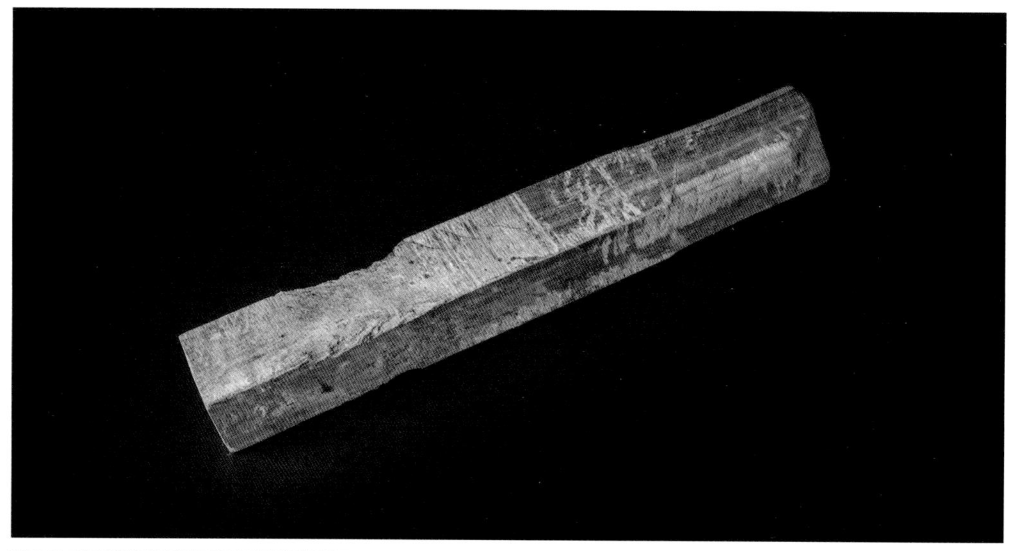

▲ 使用木板槌雕刻红丝砚

木板槌

木板槌，一般为枣木或其他质地较硬的木材简单制作而成。相较于铁质的锤头，木板槌能更好地控制力道，所以精细雕刻时常用木板槌。

第七章　雕刻工具

石雕的第二步是将已经制作好的坯样，进行精雕细刻，使其完整精确地表达出整个作品的内容。这一步与木雕中的修光类似，所以也叫“修光”。所用到的工具主要是雕刻刀（也叫雕刀、修刀）。雕刻刀的样式多种多样，过去多是根据需要定制的，其刃面开头有弧形、圆形、侧弧形，也有斜角单面刃形。刀形依雕刻需要而定，主要有平刀、圆刀、尖刀、半尖刀等。

▲ 石雕雕刻刀具

▼ 平口刀雕刻场景

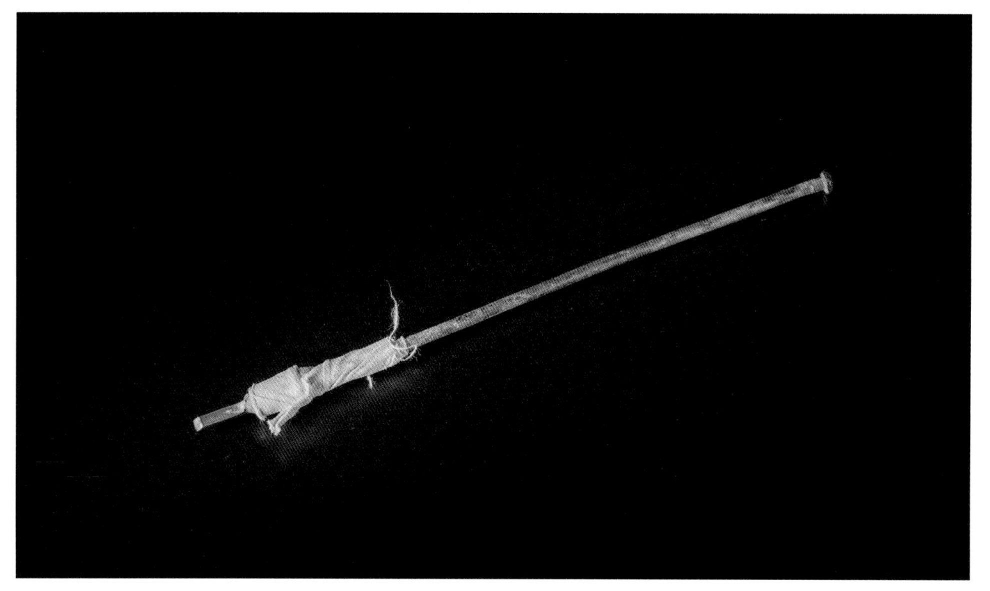

▲ 平口刀

平口刀

平口刀主要用于刨，兼用于戳或镂。在使用方口凿的基础上，用平口刀戳出景物更小的体面，或深入里层镂挖多余石料，以求作品的具体、精确、细腻。

▼ 圆口刀

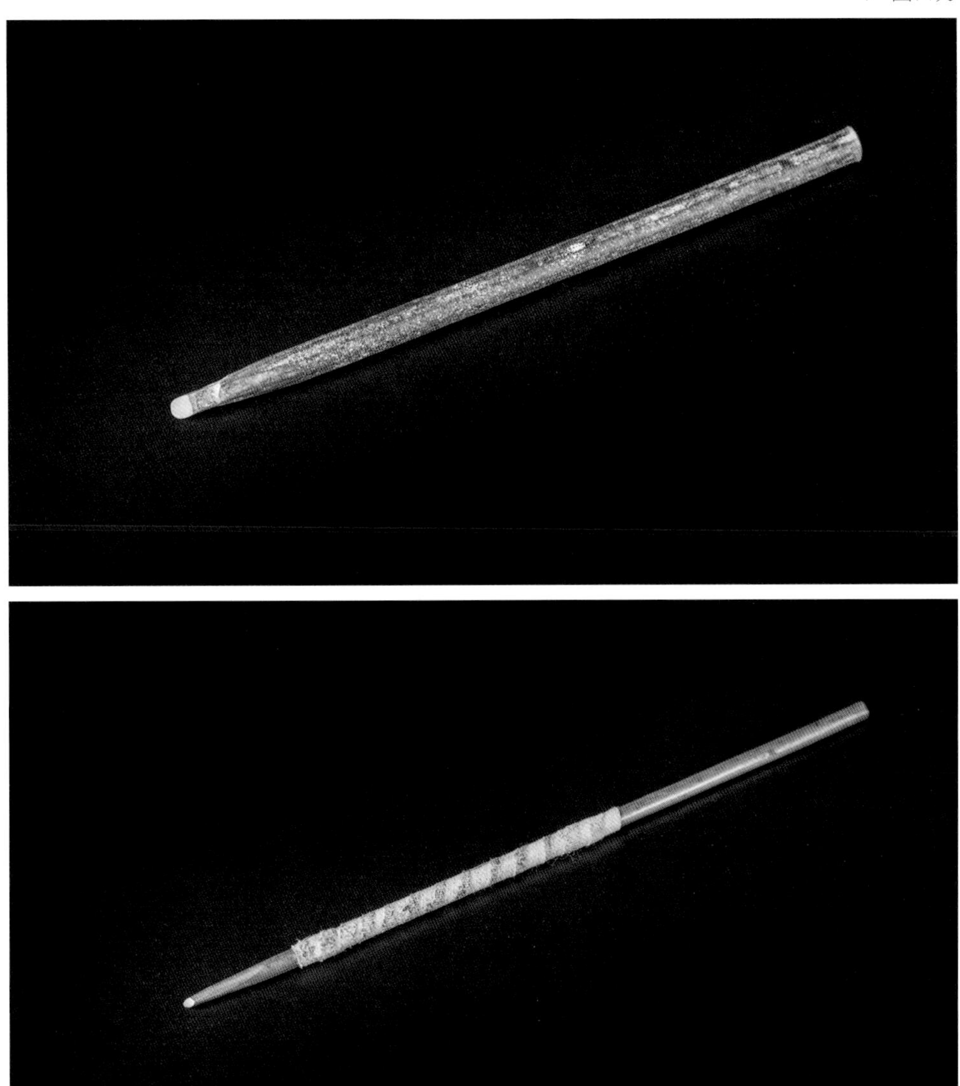

▲ 小圆口刀

圆口刀

圆口刀的功用与圆口凿相仿，用以雕刻弧面，只是大小不同。此刀在人物、动物雕刻中常用来表现肌肉、表情、形体结构和衣褶的变化等。在花卉雕刻中，圆口刀常用来雕刻多姿多态的花瓣、翻卷的叶面及交错的枝丫等。

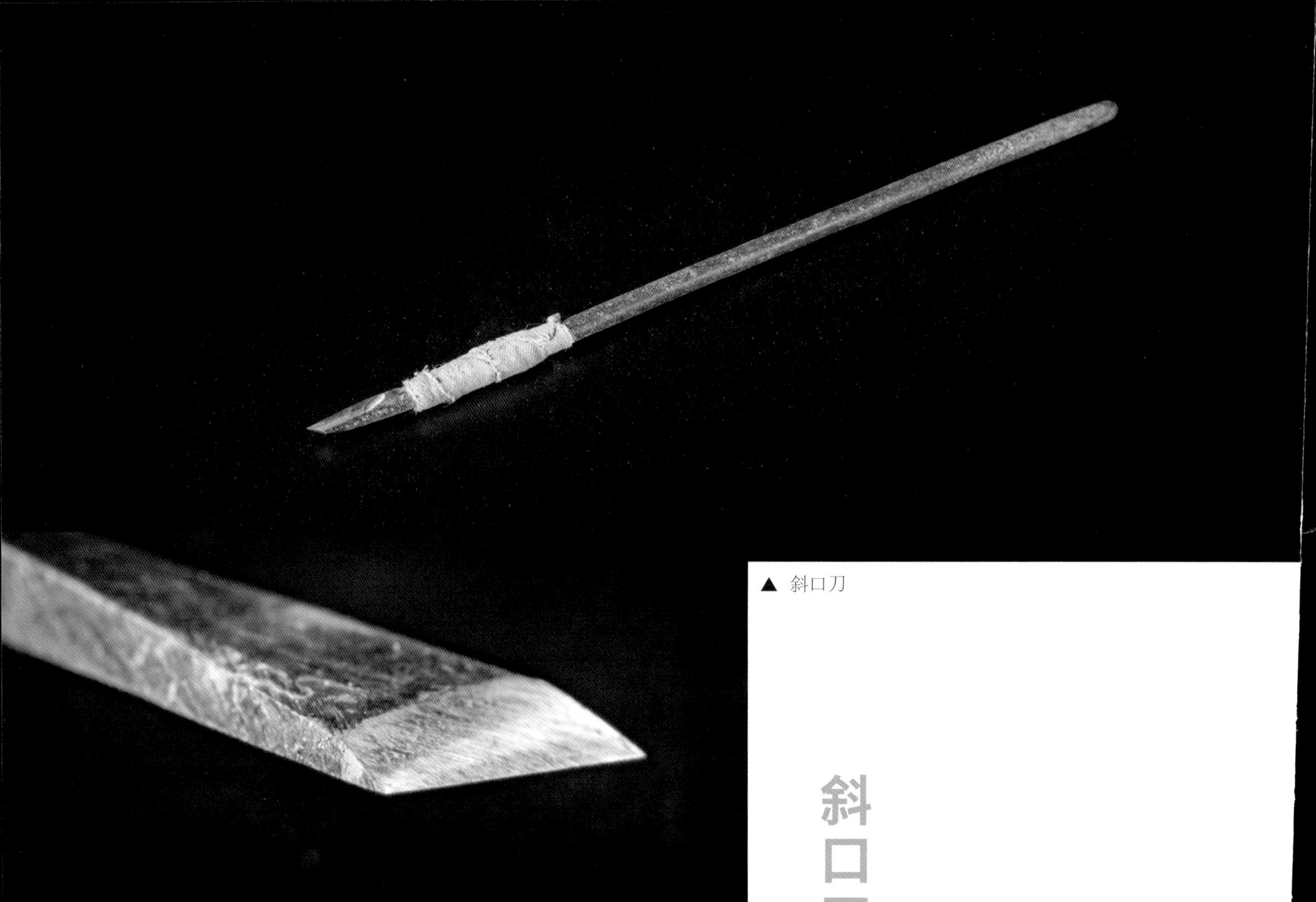

▲ 斜口刀

斜口刀

斜口刀可用刀刃刮，用刀尖刻、剔。花卉、山水等镂空作品中用得较多。一些景物的边缘也需用斜口刀刮薄，以表现其形态。

斜口刀常用来交代结构，表现质感，如人物、动物的开眼，鸟兽的羽毛，鱼虫的鳞片，花卉的叶筋，山水树叶以及花纹图案等。

▶ 斜口刀细节

圆尖刀

圆尖刀形如笔状，“吃石”较浅，主要用来处理一些细小部位，例如线条的刻深等。在实际雕刻中，圆尖刀用到的地方不多。在篆刻领域，圆尖刀也叫“边款刀”，用于印章侧面、背部的题记、文字等，因它“吃石”较浅，所以可以防止边款喧宾夺主。

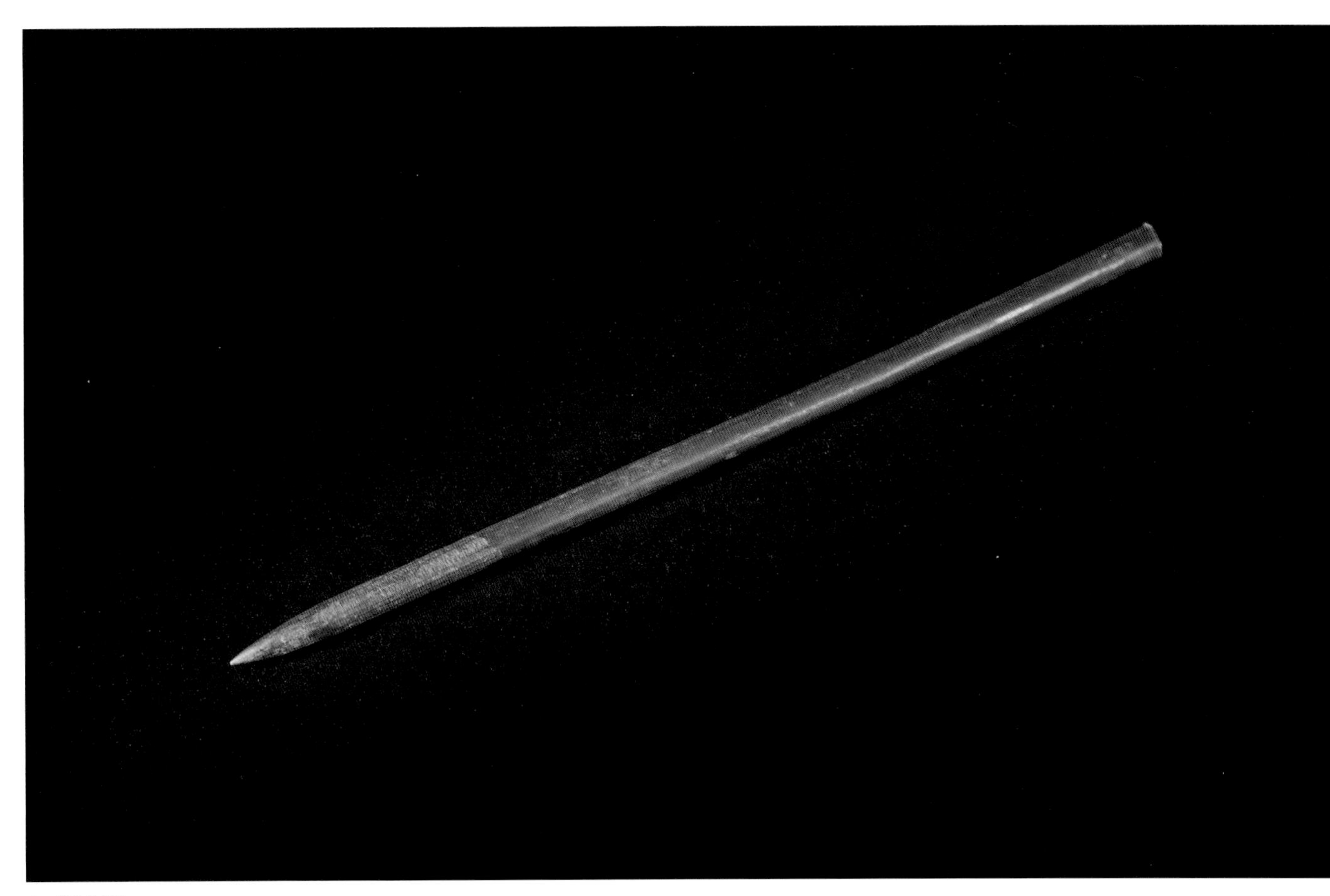

▲ 圆尖刀

自制雕刻刀组合

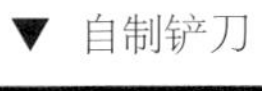
▼ 自制铲刀

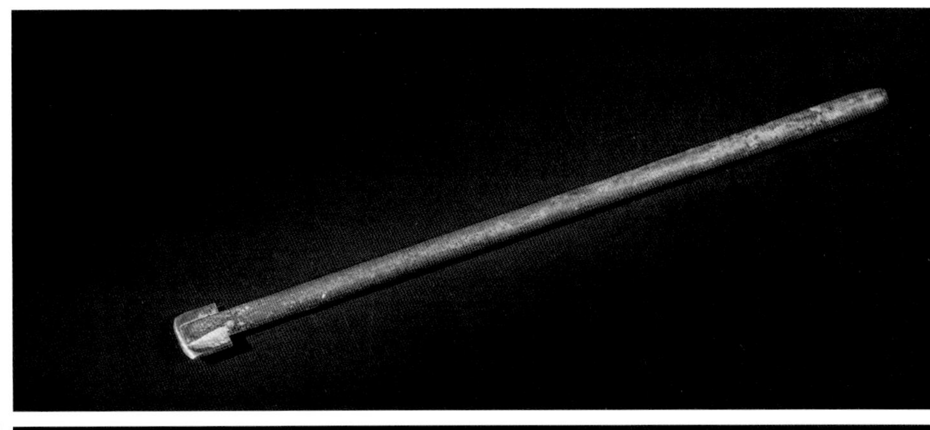

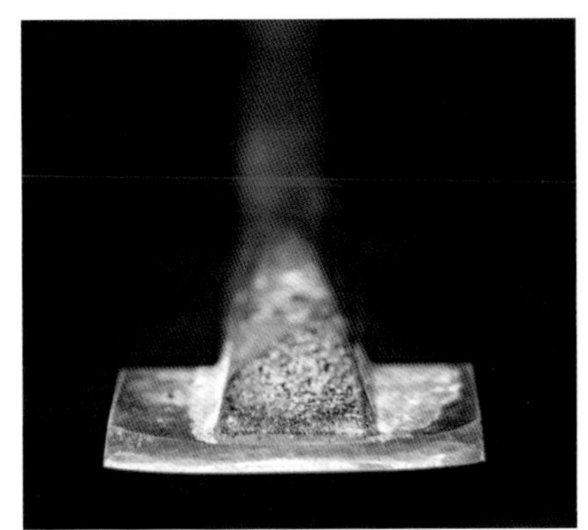
▲ 自制雕刻铲刀刀头

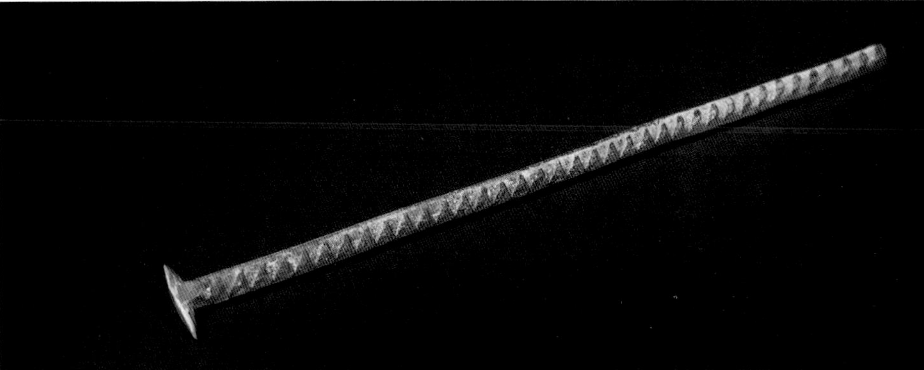
▲ 自制钉刀

自制雕刻刀

除了常见的雕刻刀外，石雕匠人还会根据自己的需要，自制一些雕刻刀。这种自制的雕刻刀通常用于雕刻一些特殊材质的石料，如上图中所示的几种自制雕刻刀，就是一位红丝砚雕刻师傅自制的。

▼ 午钻

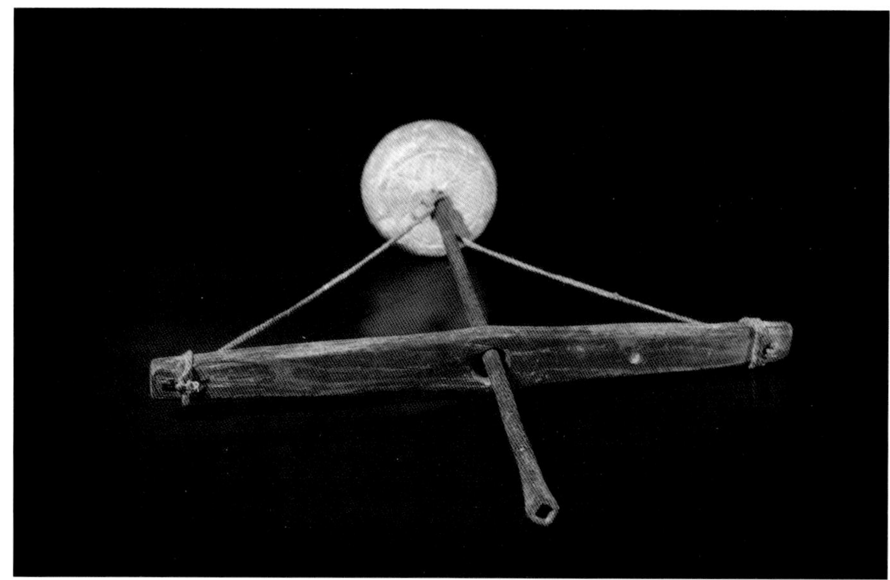

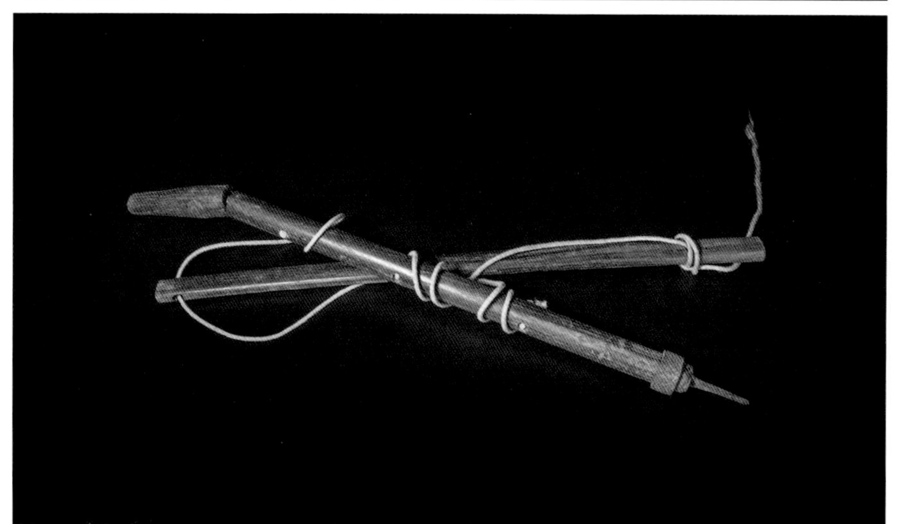

▲ 拉钻

午钻与拉钻

石雕用的传统钻孔工具是拉钻与午钻，拉钻有的地方也称“车钻”，午钻也叫“砣钻”。功能是用来放洞、钻孔。

第八章　琢磨工具

一件石雕作品经过打坯、细雕之后，已经基本成型，下一步就是打磨抛光，使整件作品呈现出完美的状态。打磨抛光分为粗磨、细磨及抛光三步，每一步都要重复几次，直到作品达到最理想的状态。传统的打磨工具主要有锉、砂纸等。

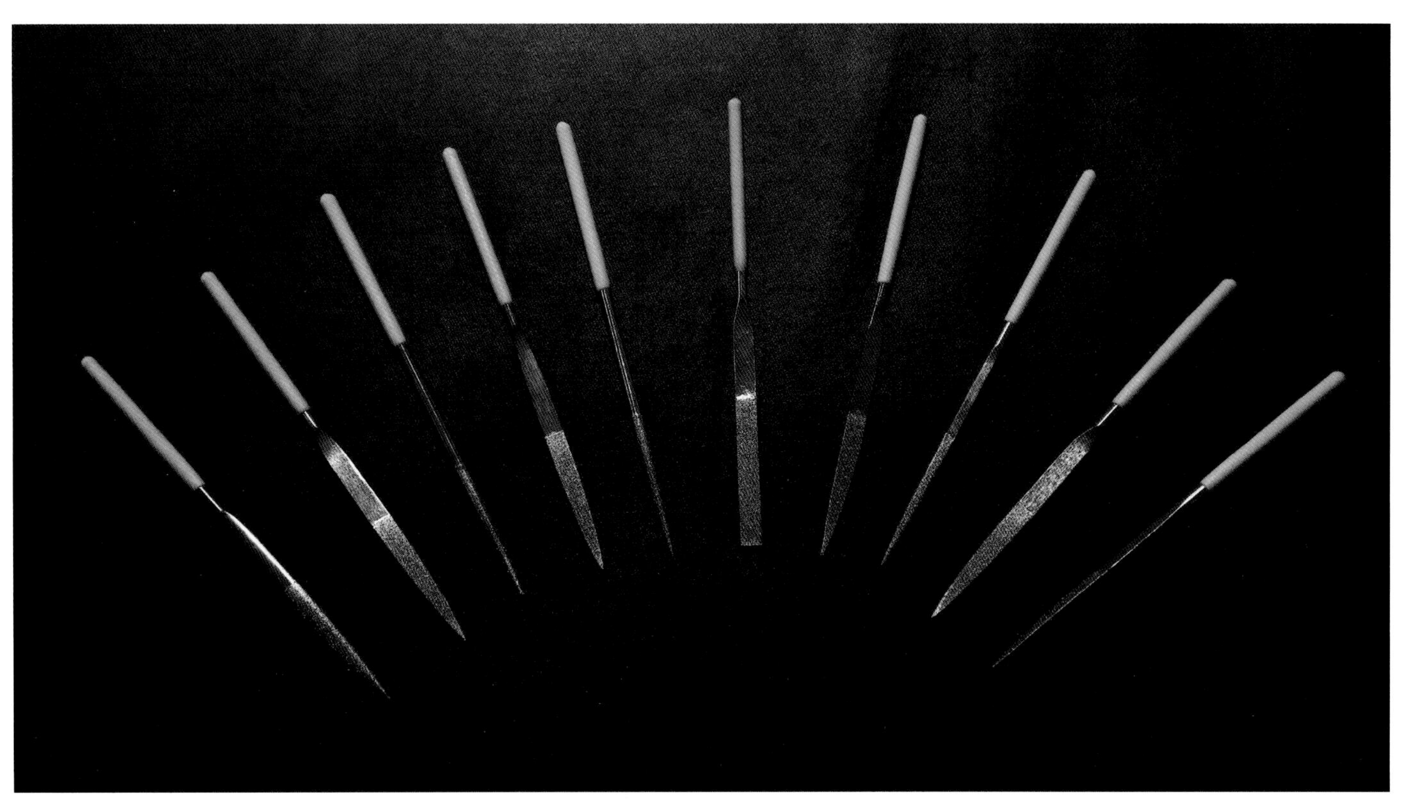

▲ 什锦锉组合

什锦锉

什锦锉是一种精细打磨工具，工作对象主要是精密工件、宝石、玉器等贵重物品。什锦锉型号有各种，但大多体型较小，锉齿也较为细密。

▼ 什锦锉 尖锉

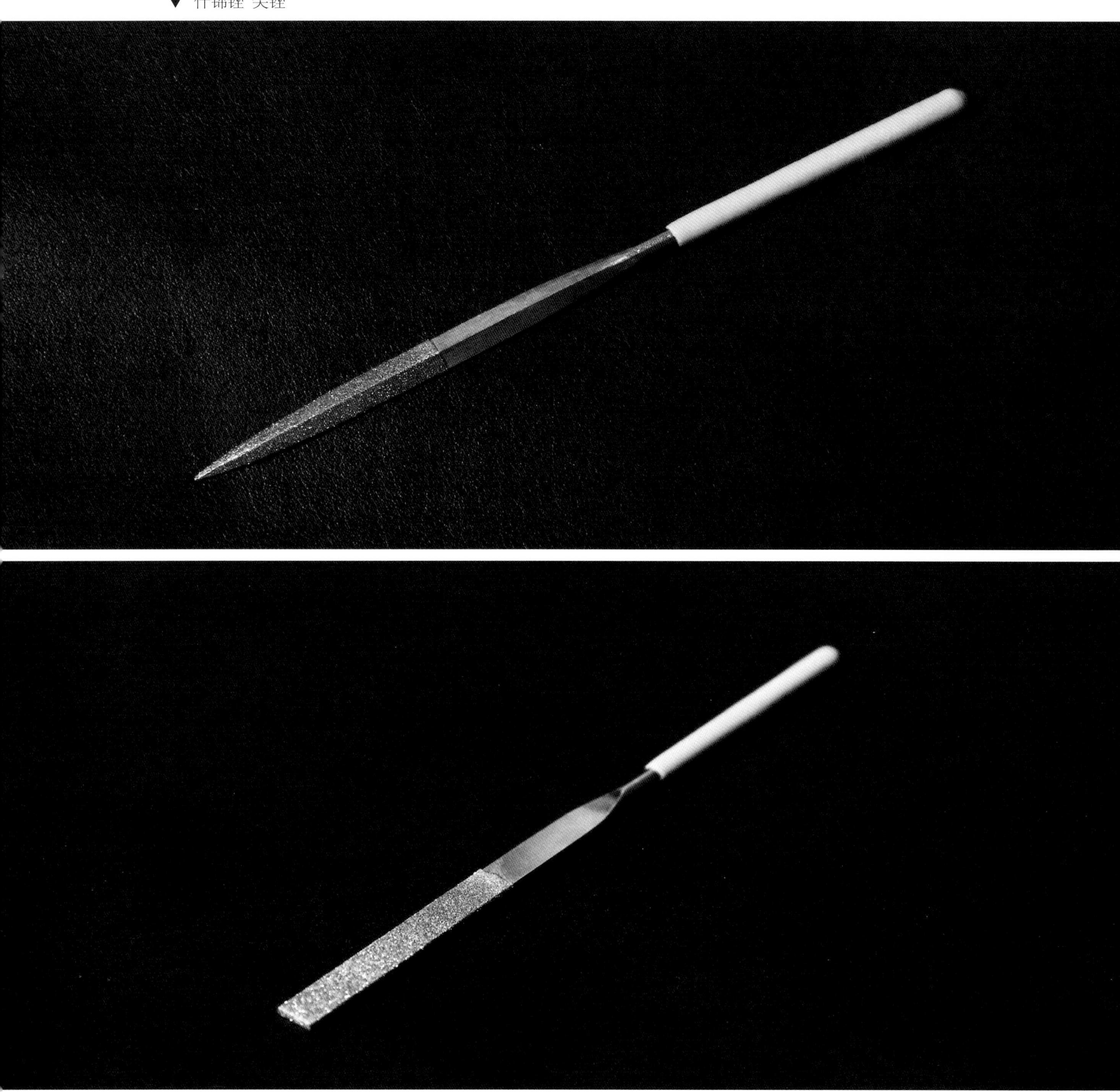

▲ 什锦锉 板锉

▲ 木贼草

▲ 石雕工人使用木贼草进行粗磨

木贼草与粗磨

石雕粗磨又称“干磨”，是用砂布将雕刻品的大块面磨擦一遍，以消除明显的刀痕，再用湿木贼草顺着修光刀的行迹横磨，直至刀痕被细密的木贼草痕迹所代替。

砂纸与细磨揩光

细磨又称“水磨”，是用水砂纸沾水研磨，经过数道磨光后，应使雕刻品的各个部位没有擦磨的痕迹，同时又保留所刻画景物的形神面貌。

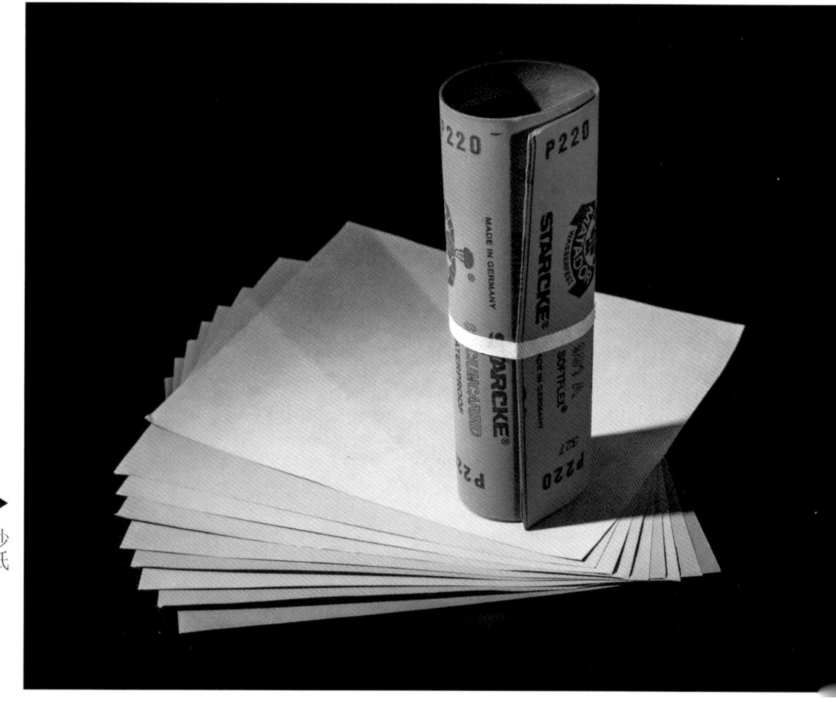

▶ 砂纸

▼ 石雕作品细磨

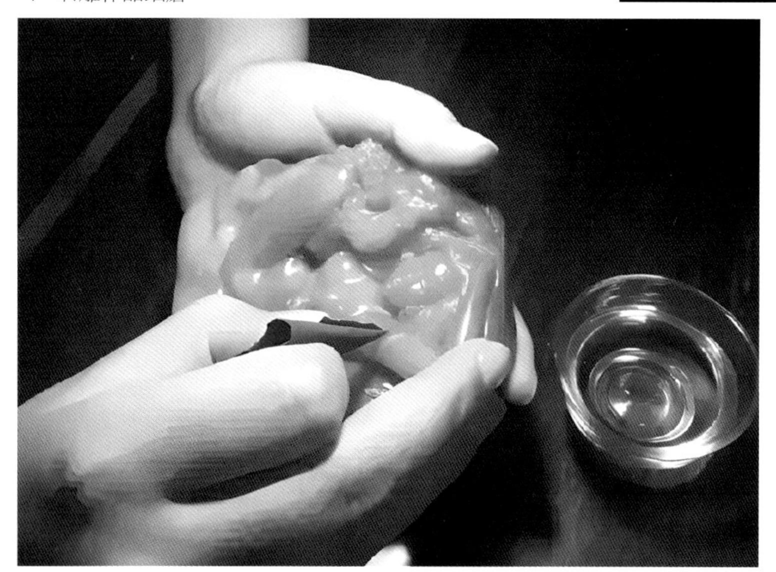

传统的石雕揩光是指用桐油、瓦灰砖蘸白茶油和羊肝石粉，细磋石雕的各个部分，使其表面光泽如镜。现在砂纸的细密达到5000目甚至1万目以上，可以直接用最细的水砂纸揩光。

▼ 抛光上蜡工具

▲ 刮板

抛光上蜡

石雕的最后一步工序是上蜡，这也是一件石雕作品的“初次保养”。上蜡首先要把蜡熔化成液体，过去用的蜡常为天然的矿物蜡或植物蜡，俗称“石蜡”，用毛刷蘸蜡将整个作品表里涂抹均匀后，自然晾晒，再用刮板轻轻刮蜡，最后用粗糙的布擦拭，就能显现出作品的光泽和亮度。

打光上蜡可以使石雕作品，充分显现石材的材质美、色彩美，使作品显得高雅、艳丽，便于陈设观赏。

▶磨刀石

磨刀石

磨刀石是雕刻刀研磨的磨具，是石雕工具中的辅助工具。磨刀石一般选用油石，表面要平整，磨刀前用水或煤油浸泡五分钟为宜。

▲ 刷子

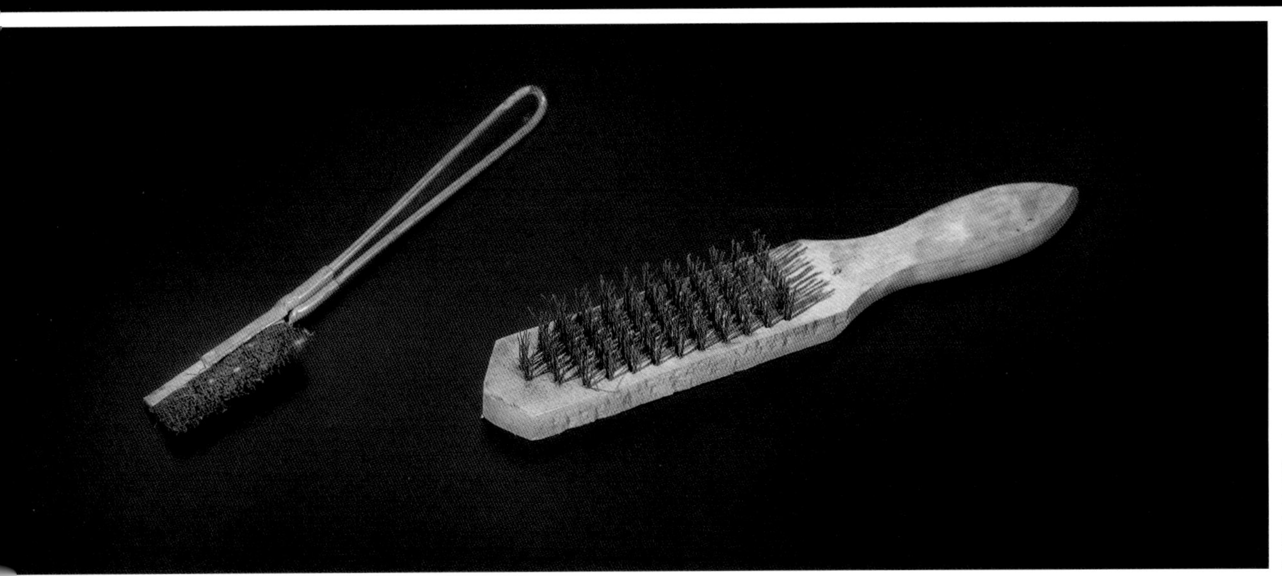

◀ 鞋刷与板刷

毛刷

毛刷是用来清理粉尘的工具，雕刻匠人在制作的过程，无论是凿削还是雕刻、研磨，都会产生粉尘、石屑。毛刷没有定制，一般粉刷涂料毛刷即可，小的如牙刷、毛笔，大的如鞋刷、炊帚都可以。

▼ 围裙

护目镜

护目镜，也叫防护眼镜，是一种眼部防护用具。过去石雕行业没有此类的防具，主要是因为传统的石雕效率非常慢，一件石雕作品纯粹是一锤一錾手打出来的，所以石屑和粉尘的伤害较小，反倒是手部容易受伤。现代石雕大多是机械化操作，石屑蹦出、粉尘飞扬，所以对眼睛、口鼻的防护是必要的。

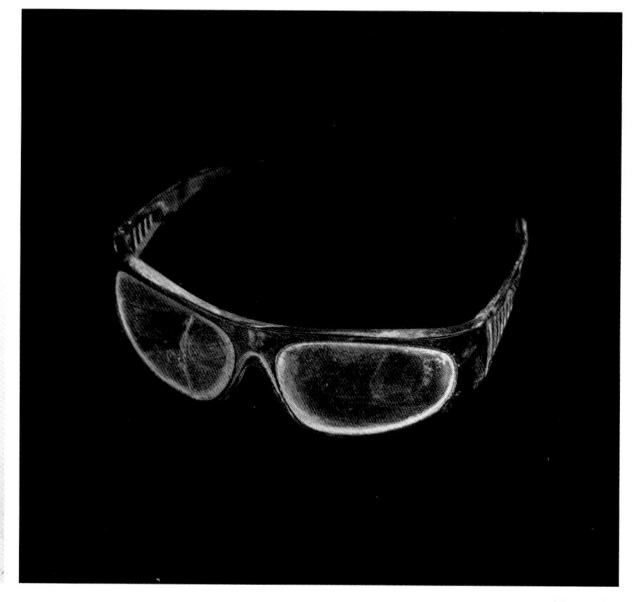

▲ 护目镜

围裙

石雕匠人的围裙一般具有光洁的表面，便于清理粉尘，由于皮革造价高，过去常用油布或者毡布为材料。

▼ 直流电电磨机

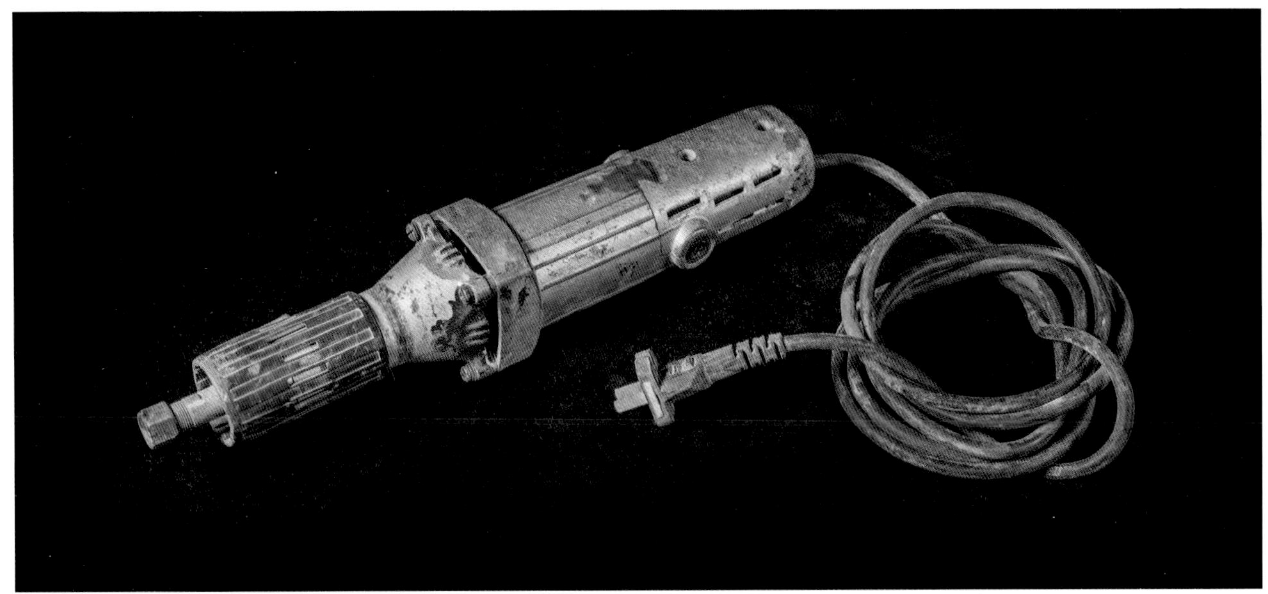

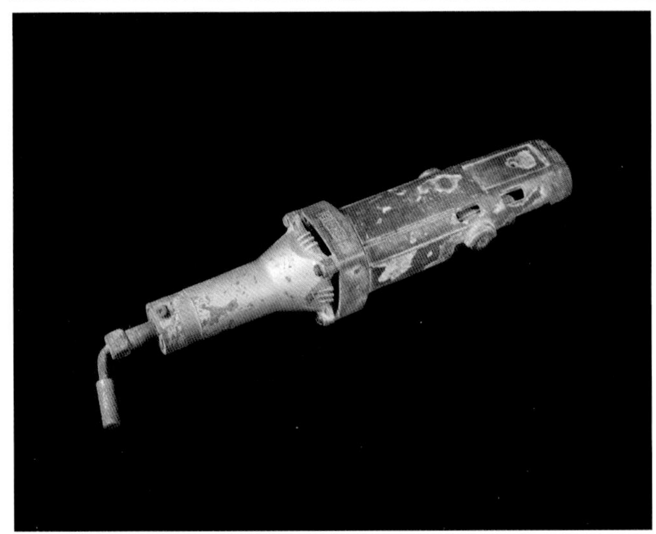

▲ 带软鞭的电磨机

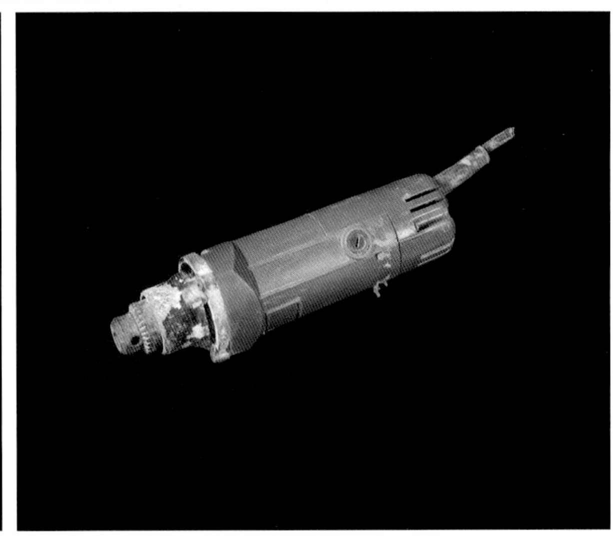

▲ 可安装锯片的电磨机

电磨机

电磨机，俗称“电磨”，是一种代替了手锤和錾子的电力雕磨机具。根据使用需要可以选择配用各种型号的钻头，切割片，打磨头，抛光头等，因此可以一具多用。

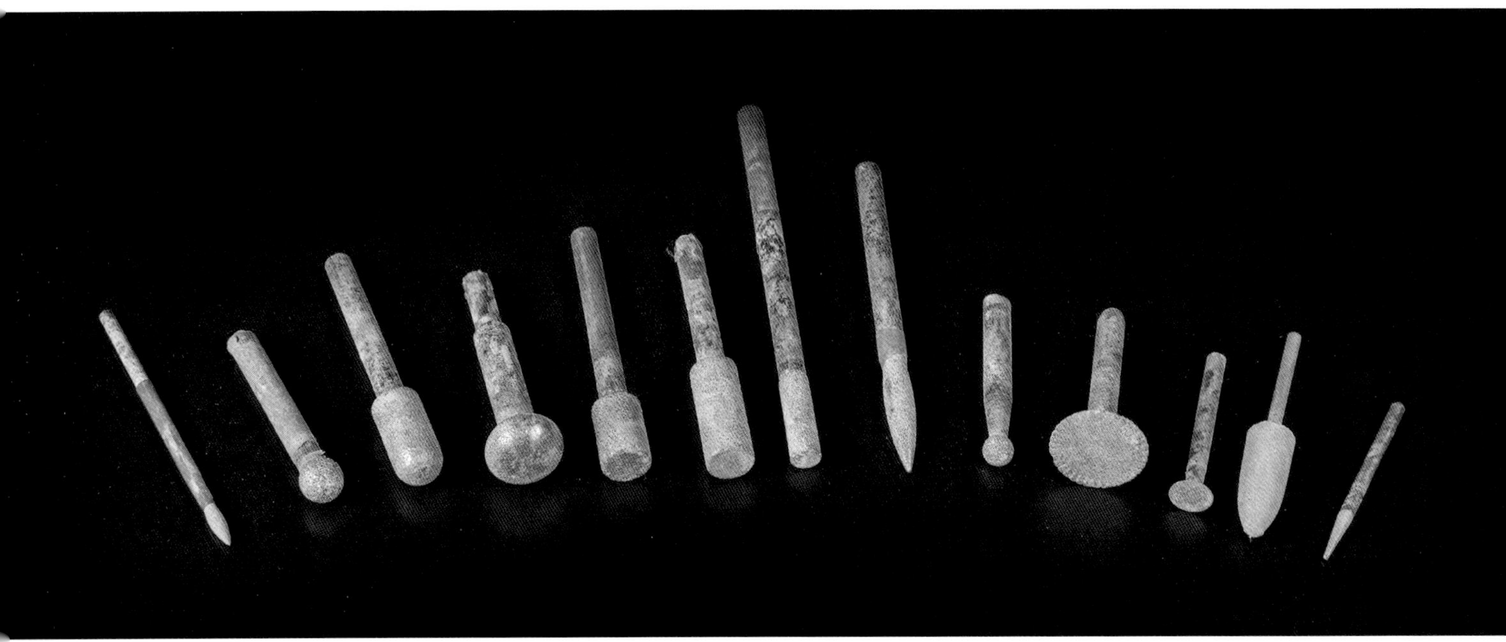

▲ 磨头（一）

▲ 磨头（二）

磨头

磨头是一种小型带柄磨削工具的总称，适配于电磨机、吊磨机、手电钻等。其材质、形状、大小也有多种。

角磨机与锯片

▼ 角磨机

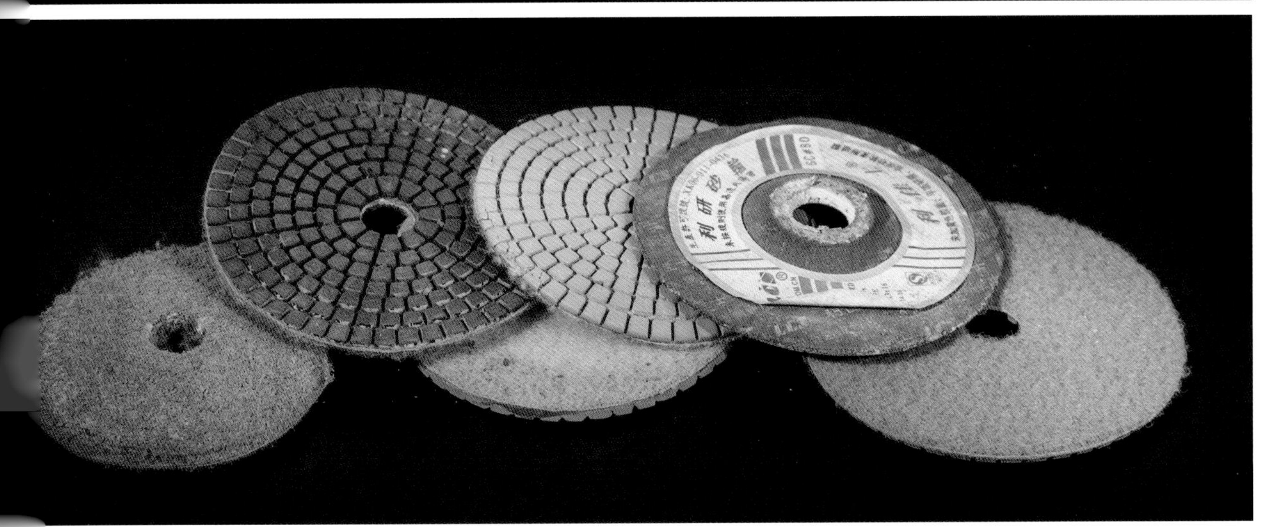

▲ 锯片

电动角磨机是利用高速旋转的薄片砂轮以及橡胶砂轮、钢丝轮等对工件进行磨削、切削、除锈、磨光加工的电动工具。

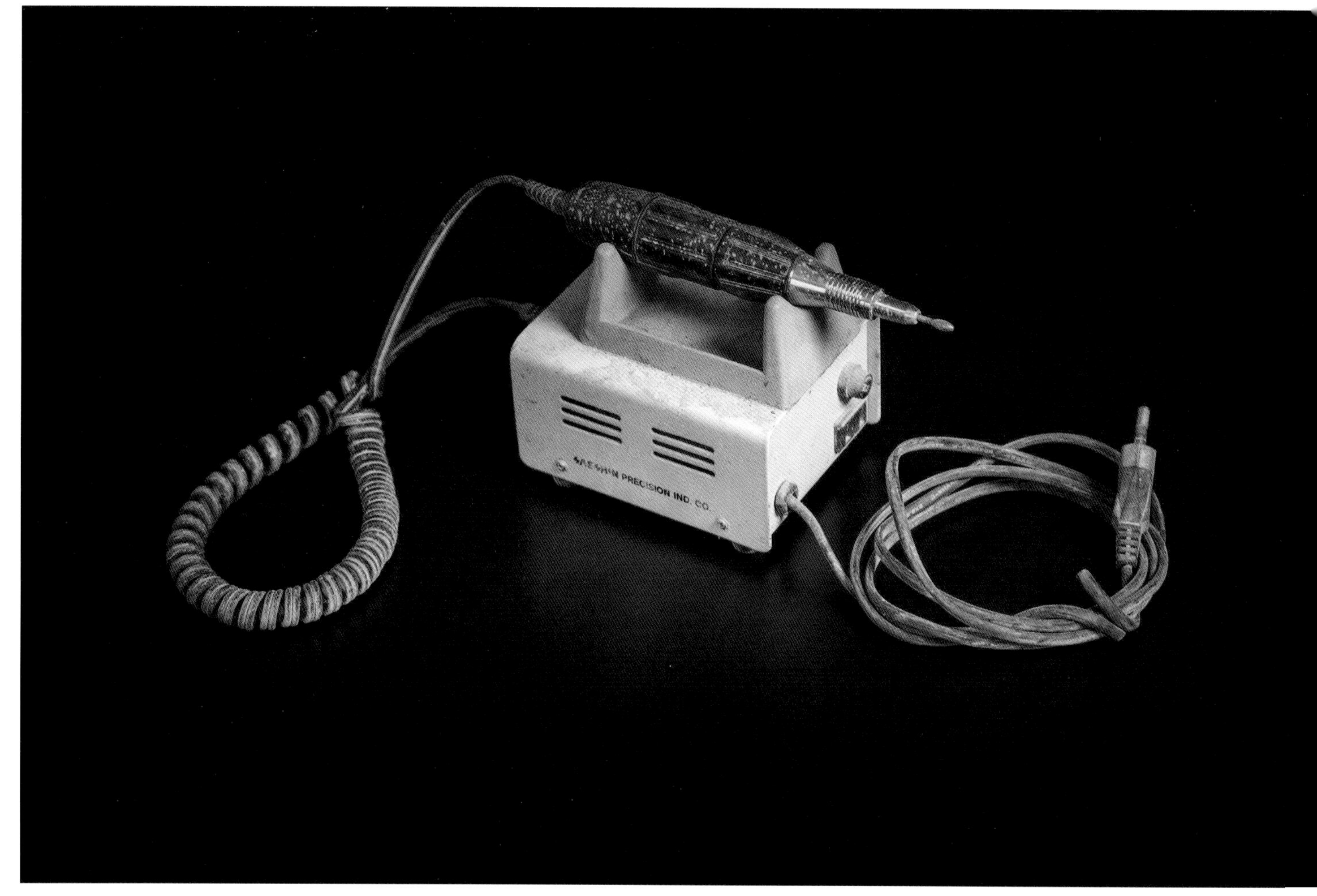

▲ 电动雕刻笔

电动雕刻笔

电动雕刻笔广泛适用于量具刻度、模具编号、品牌批号、工具编号等，可以雕刻金属、玉器、玻璃、塑料、石材、瓷器等几乎所有材料，具有体积小、重量轻、刻写容易、速度快、便于携带、使用方便、标记永久等显著特点。

▲ 打蜡机

打蜡机

打蜡机多用于汽车漆面的抛光打蜡，大型石雕作品同样可以使用此类打蜡机进行作业。它体型较小，便于操作，打蜡均匀，省时省力，但缺点是只能对大的块面进行打蜡，细微、边角、孔洞处仍代替不了手工。

▼ 水钻

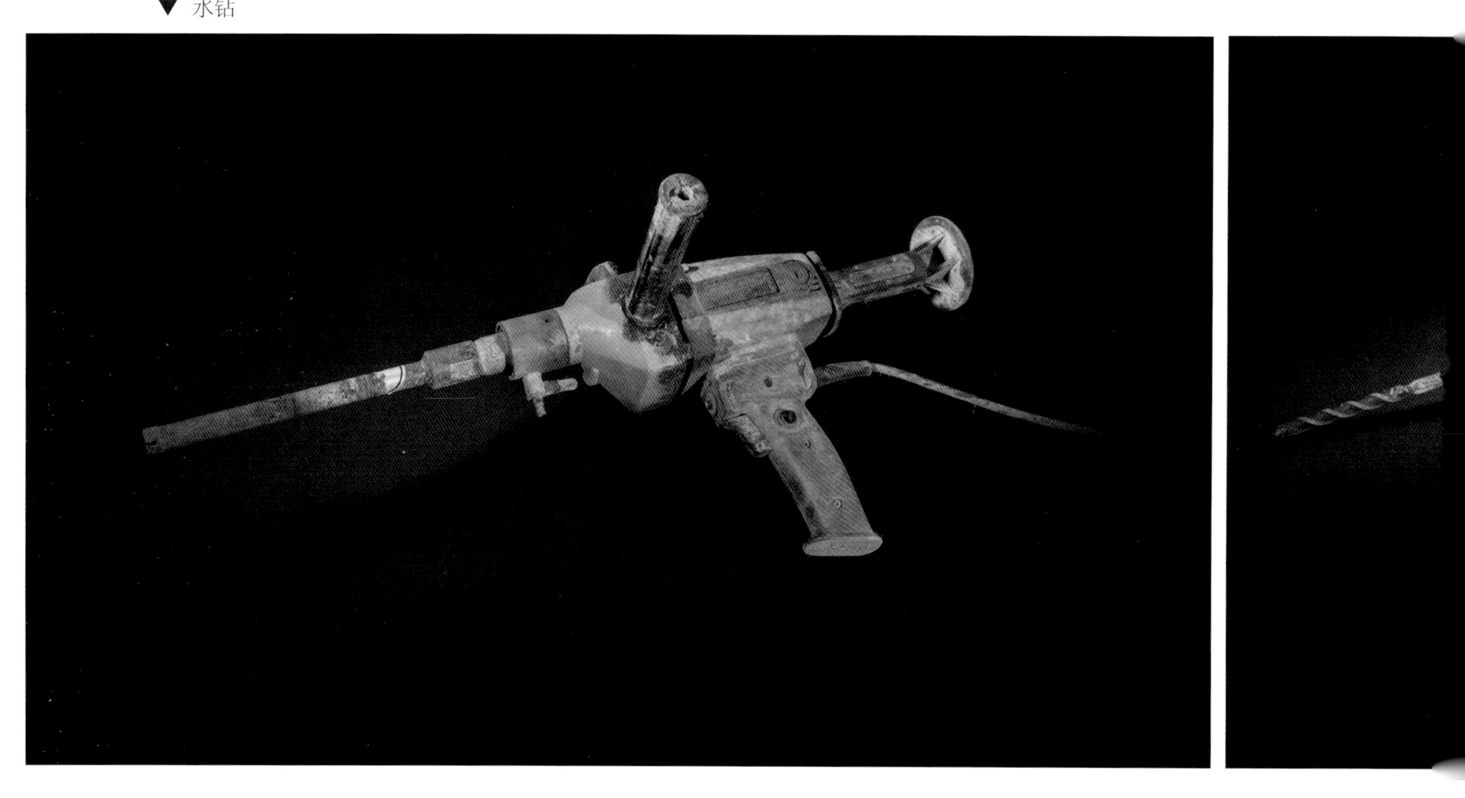

水钻

水钻是利用注水降温的原理进行钻孔作业的电气工具，是石雕行业里的下料工具。

其钻头为圆筒状，大小型号各种，可根据需求更换。

电锤

电锤是电钻的一种，功率较大，可以对混凝土、石材等坚固物体进行钻孔。在石雕行业里，常用来下料或对大型石雕作品进行钻孔作业。

▼ 电吹风机

▲ 电锤

电吹风机

电吹风机作为一种加热工具使用，在熔化、黏结物品时常常用到。石雕行业主要用来熔化石蜡，为作品上蜡。

第三篇

锡匠工具

锡匠工具

锡器是一种古老的手工艺品，最早可以追溯到公元前2700年，在世界各地都有关于锡器的记载。中国具有悠久的炼锡历史，早在商朝中期，我们的祖先就已经熟练地掌握了铜和锡的冶炼技术，并能用这两种金属配置合金，也就是我们熟悉的青铜器。战国时期，已经出现了纯粹意义上的锡器，此后历朝历代，锡器都占有重要的社会地位。宋代是锡器工艺的第一个高峰，这时期开始出现观赏性强、具有艺术审美价值的文人锡器，并对明清两代的锡器工艺产生重大影响，锡器及锡工艺渗透到了社会生活的方方面面。流传至今，锡器大致有礼器、炊具、食具、灯烛具、烟具、熏具、文具等，其中又以炊具和灯烛具最为常见，而炊具中又以锡壶最多。过去，家家户户少不了有一两件锡器，有些地方，姑娘出嫁，也少不了一套十二件的锡器作陪嫁，因为“锡”与“喜”谐音，且锡器“色如银，亮如镜”，质地平和柔滑、高贵典雅，所以成为过去贫苦生活中的奢侈品。

锡器因为轻便、可塑性强、易于回炉更新、成本较低，在日常器皿中占有重要地位。它的密封性和导热性也极好，有“盛水水清甜、温酒酒甘醇、贮茶色不变、插花花长久”的特性，被现代人称为“绿色金属”。所以那时，走街串户的锡匠是十分吃香的。他们以个体经营、流动挑子为主，少数以店铺形式经营。制作锡器大致可分为五道工序，分别是：熔炼与制坯，放样与裁剪，捶打，焊接，打磨抛光。每道工序都会用到相应的锡匠工具。

第九章　熔炼与制坯工具

传统的锡器制作工艺，第一道工序是将锡料放入坩埚内加热进行熔化，制成液态的锡水，随后将锡水倒入模具内形成坯料。坯料有两种：一种是锡板，就是整片的锡薄板；另一种是带有龙凤之类的装饰构件。这个过程叫熔炼制坯。

▲ 锡器熔炼场景

锡匠挑子

锡匠挑子由锡箱、风箱火炉、扁担三部分组成，锡箱是盛放锡匠工具的箱子，一般有两个，也有一头一个锡箱，另一头为风箱火炉。扁担多用毛竹削制而成，长短各异，一般长约160cm，两端较窄，中间较宽。锡匠一般在冬闲的时候，游乡串街，揽活做艺。他们往往借住在村民的家里，根据揽下的活，来决定留在一个村庄的时间。

锡匠的炉灶支起来后，村里的人会陆续送来残破的锡具。锡匠过过秤，详细记下重量和来人要求打造的物品，做到心里有数，然后便按部就班地开始了整个工艺流程。

▲ 锡箱

▼ 扁担

▲ 锡匠挑子

坩埚与火炉

坩埚，是熔炼固体的一种器皿，锡匠的坩埚俗称“锡匠锅子”，有铁制的、陶土制的，过去走街串巷的锡匠，一般用生铁的坩埚，主要是不易破损。锡的熔点较低，放入锅内加热，一会便成为液体。锡料主要由用户家提供，平时锡匠也会收一些废旧锡器，作为原料。

锡匠炉子一般是陶土制成的小炉子，熔化锡的碳过去常用的是木炭，有的锡匠还配备风箱，没有的用一把蒲扇煽火也能满足需求。

▲ 坩埚

▶ 火炉

▼ 风箱

风箱与风箱筒

▲ 风箱筒

风箱，是用来产生风力的鼓风设备，过去主妇们用它炊火做饭、铁匠们用它鼓风炼铁。操作时用手拉开木杆，空气通过进气口使风箱的皮橐内充满空气，而且并不塌缩，再次拉动能够将其内的空气压出，空气通过输风管，进入熔炼炉中，用于冶炼。

▼ 锡勺

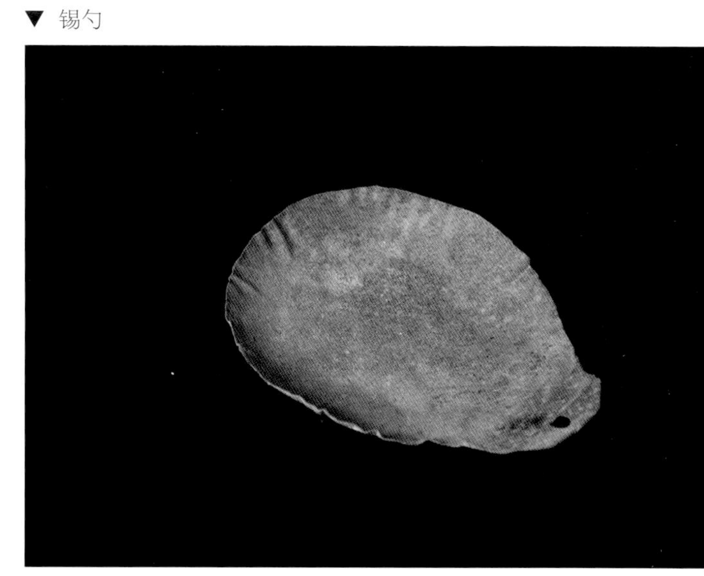

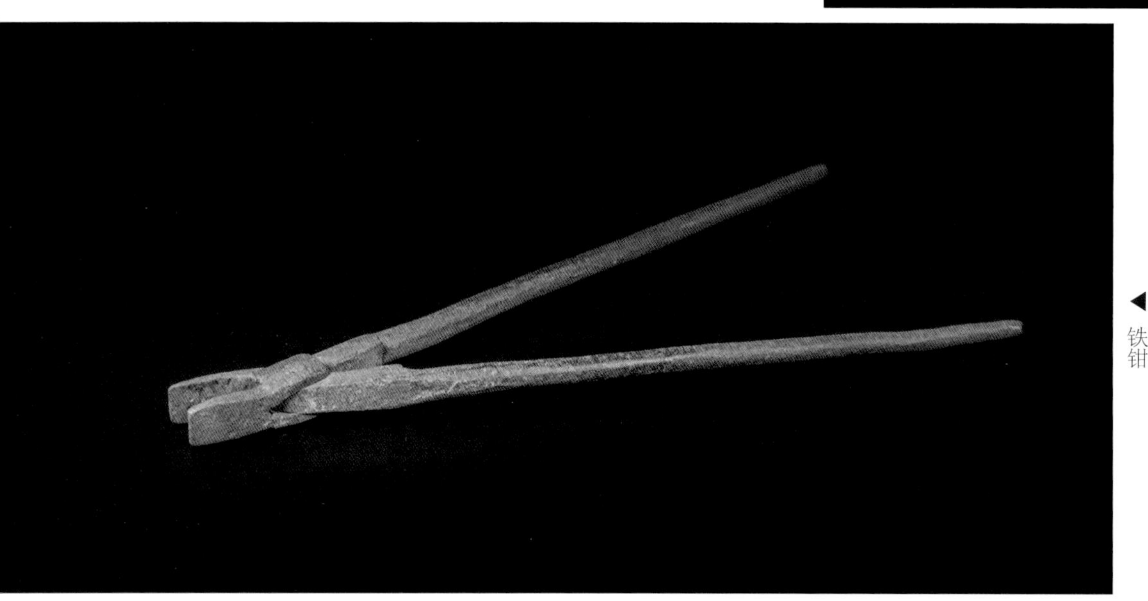

◀ 铁钳

锡勺与铁钳

锡勺是用来盛装锡水的用具，化锡的时候将铁勺放入，勺子没有把，需要用铁钳子将其夹起。

▼ 锡板

▲ 锡板使用场景

锡板

锡板是用来制作锡片的工具，也可以说是种模具，由两片组成。过去锡板的底板常用石板，也有铁板的。

▲ 锡匠将棉线放在底板上

制作锡片时，先在平整的锡板上铺上几层用毛竹制成的“裱芯纸”（过去也常用黄表纸），其作用是防止锡冷却后粘在底板上。

然后再用一根浸过水的棉线依照一定的形状放在底板上，棉线的粗细决定了锡片的厚度。在这个步骤中，棉线的放置十分重要。因为锡器的形状是由棉线的轮廓所决定的，不论是扇形、圆形、方形、长条形还是其他不规则的形状，都要依靠锡匠的巧手用棉线勾勒出它们的形状和轮廓来。

最后锡匠在这块底板上再合上另一块木板，把熔化的锡水慢慢地从砖外的线头空隙里倒入方砖之间。这个步骤要求锡匠要十分细心才能完成，若是一不小心锡液就会流出方砖或棉线之外。所以有的锡匠会在方砖注入处，放一节半圆的竹筒，防止锡水外漏浪费。

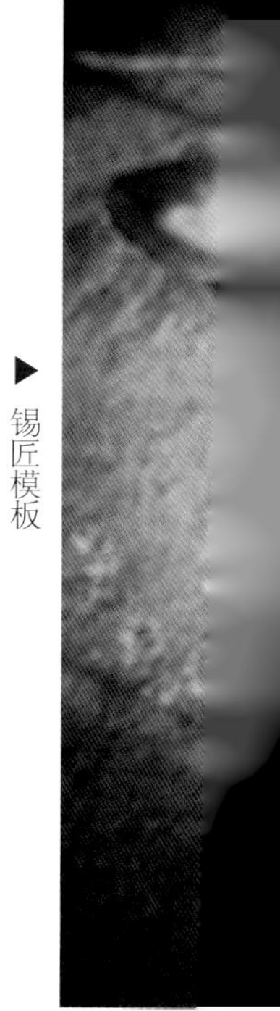

▲ 棉线定型

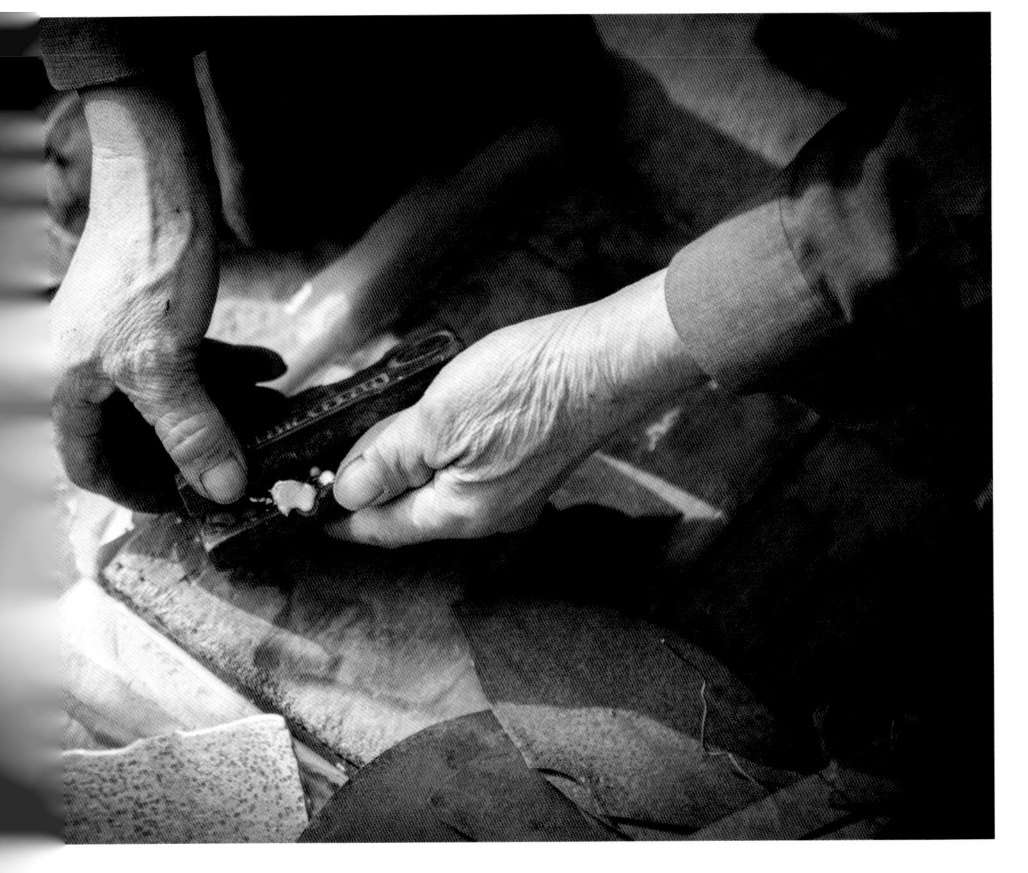

锡模板不仅可以节省锡匠的工作时间，而且能满足主顾追求美观的需求，所以锡匠师傅一般都有几块模板，供主顾挑选样式。

▼ 寿字纹锡模板

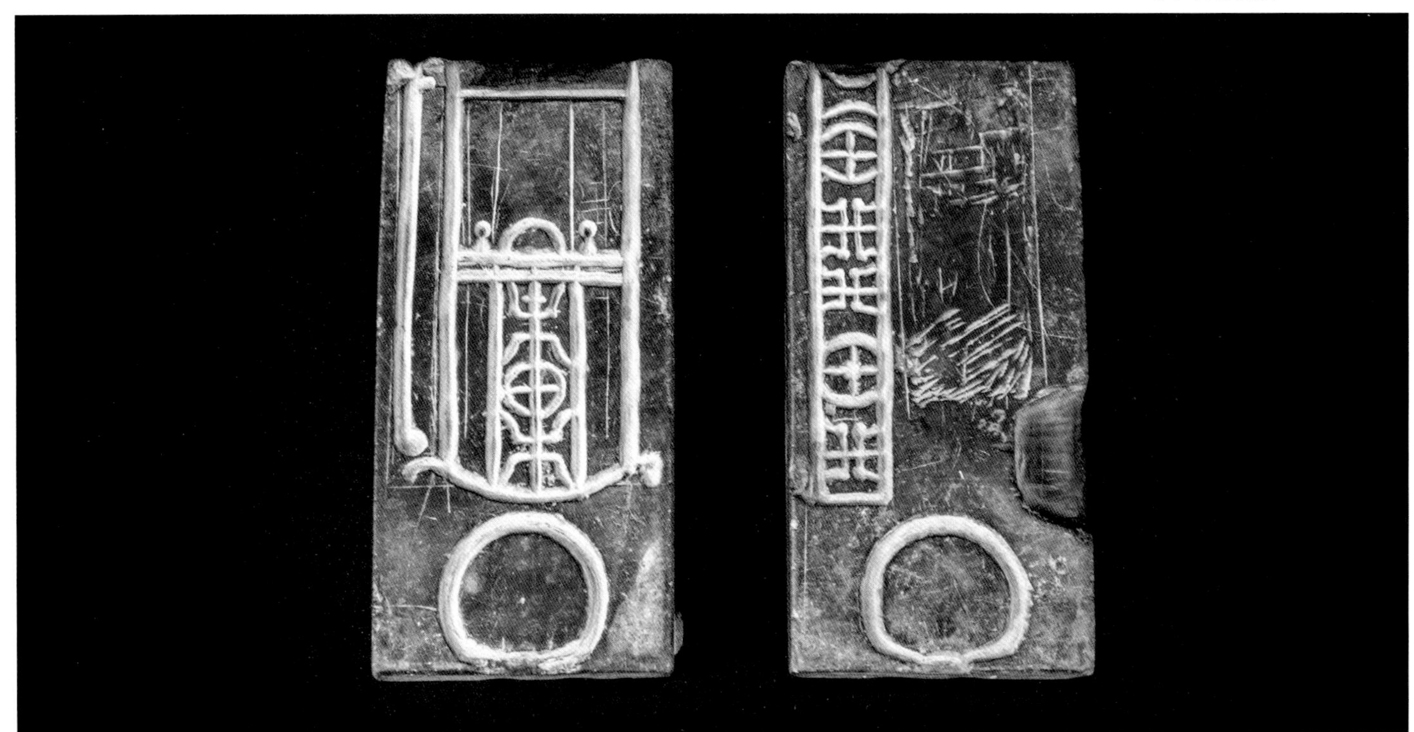

▲ 花鸟纹锡模板

锡模板

锡模板多以石材雕刻而成，锡水注入后一体成型，然后进行简单的裁剪，就可以进行焊接、打磨等其他工序了。锡模板常用来制作一些常规的锡器，比如烛台、锡壶等。

第十章 放样与裁剪工具

锡水经过冷却后形成锡片，锡匠将锡片从模板上取出，下一步就是裁剪捶打了。裁剪需要用到量具和剪子，捶打就需要用到各类锤子和砧子。经过裁剪捶打后的锡器部件，就可以焊接成型了。

▲ 锡匠裁剪锡片

划规与拐尺

▼ 划规

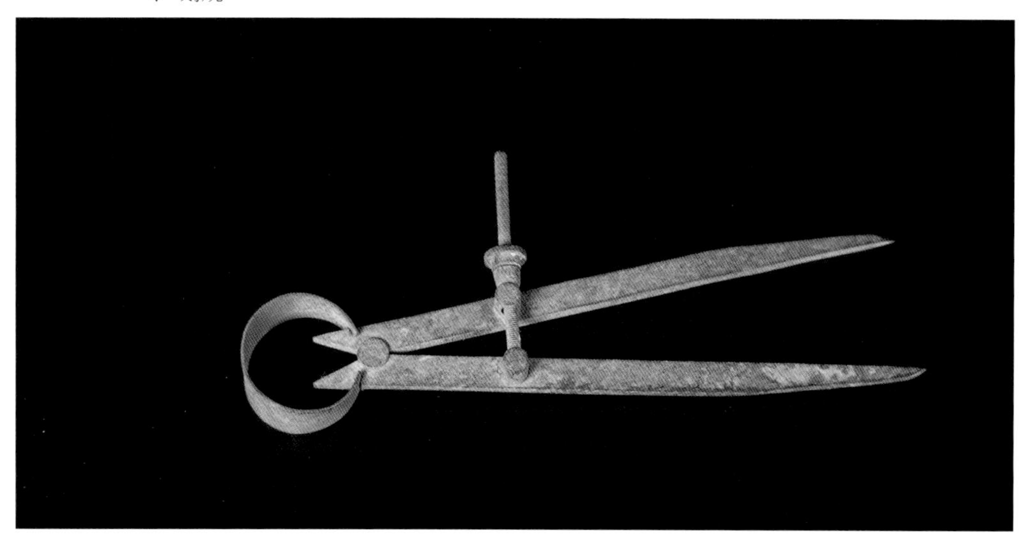

▲ 拐尺

划规多为铁质，两脚经过淬火或打制较为坚硬，能在石头、铁板等坚硬物体表面留下划痕，因此俗称划规，锡匠制作的锡器多为容器，用到圆形及弧形较多，因此划规对于锡匠来说是必不可少的一件量具。

拐尺也叫曲尺，是过去工匠们常用的量具和画直线的工具。

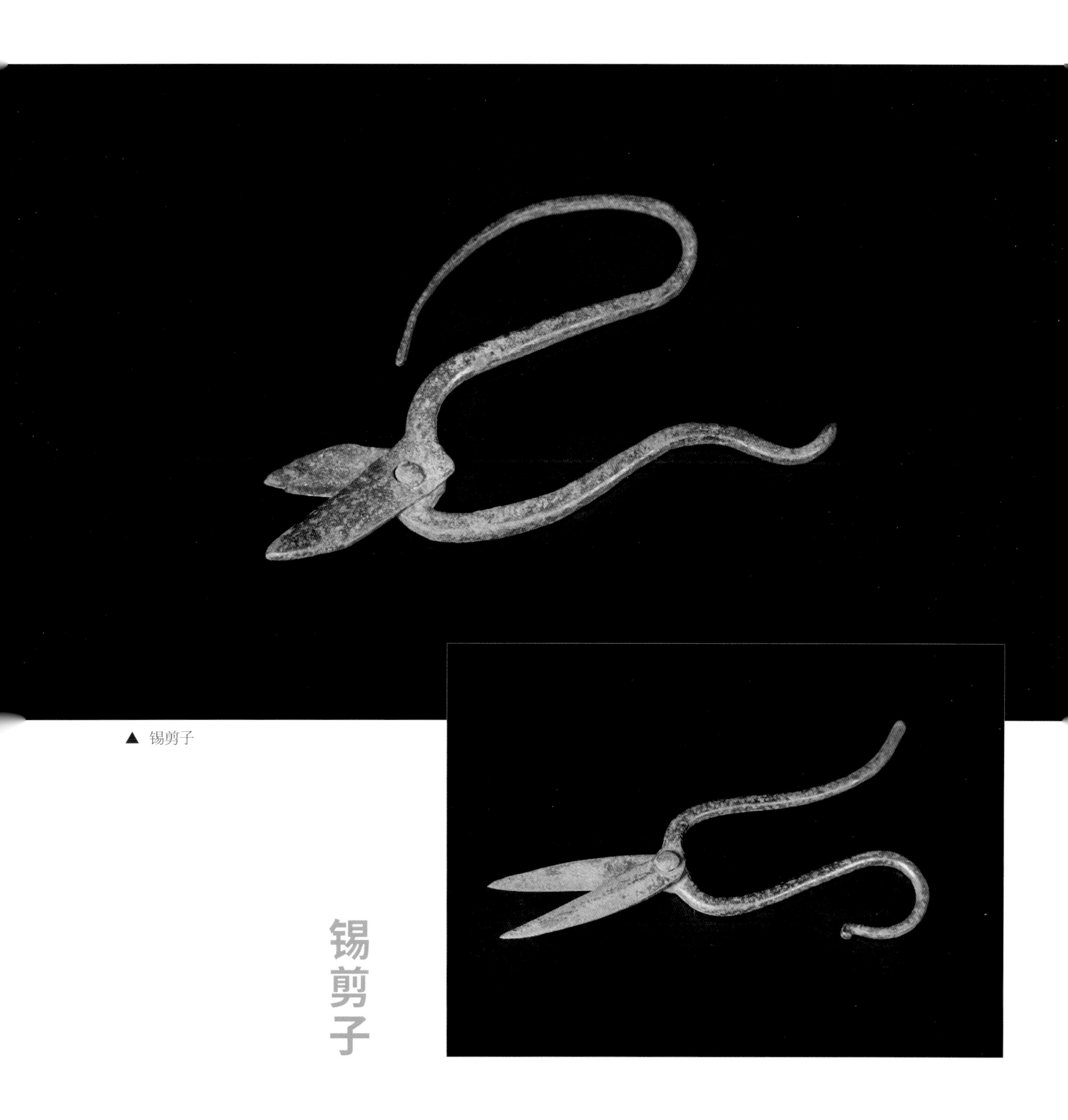

▲ 锡剪子

锡剪子

锡剪子是用来剪锡片的工具。锡片较薄且展性较强，一般的直剪子、弯剪子都能胜任。

壶嘴模

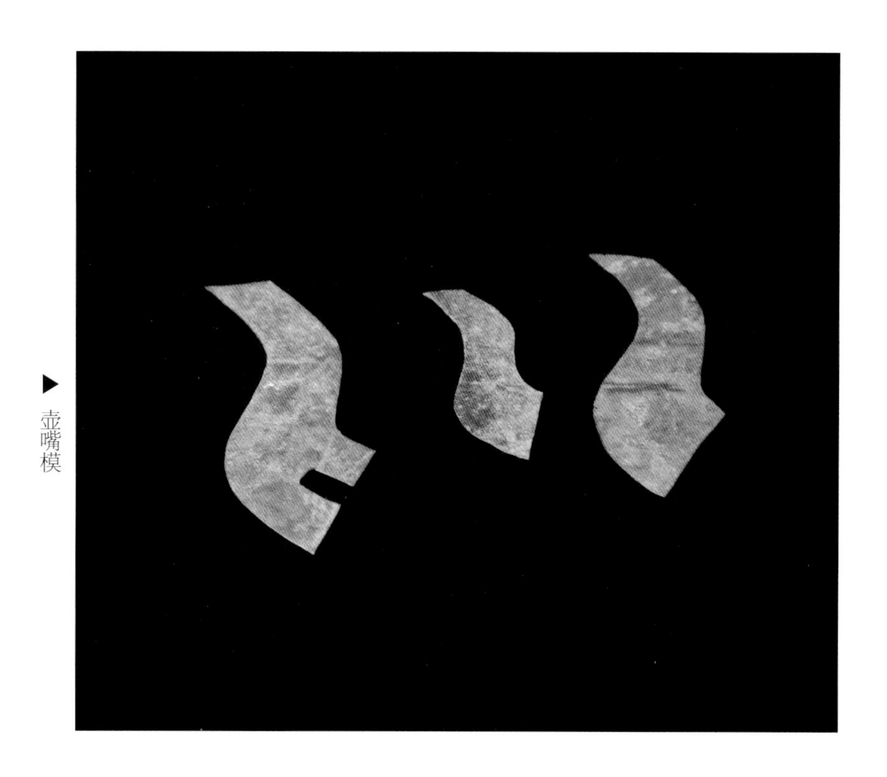

▶ 壶嘴模

在过去纯靠手工制作，没法量产的年代，锡匠会预备几种锡器部件的模具，这些模具一般由薄铁板制成，制作锡器部件时只需依照模具进行裁剪即可。

除特殊定制的锡器外，依“大样”制作的锡器，既满足普通大众的需要，又缩短了制作的时间，是锡匠长期实践的结晶。

第十一章　捶打工具

捶打是比较费工时的一道工序，对裁减好的锡片进行敲打，做成各种形状的部件。比如一个酒壶，壶身、壶盖、壶嘴经过打磨就基本成形了。

打磨放在长条形的铁砧上，用平锤敲打，这是手工艺人的技术细活。

◀锡匠捶打场景

▶平锤

◀圆头锤

圆头锤与平锤

锡匠锤子一般体积不大，以小型的手锤居多，最常用的是用来打凹面的圆头锤和打平面的平锤。

◀ 小平锤

小平锤

锡匠的平锤击打面较小，主要是锡器焊接以后的缝也较小，且锡器大件较少，所以锡匠主要用小平锤。

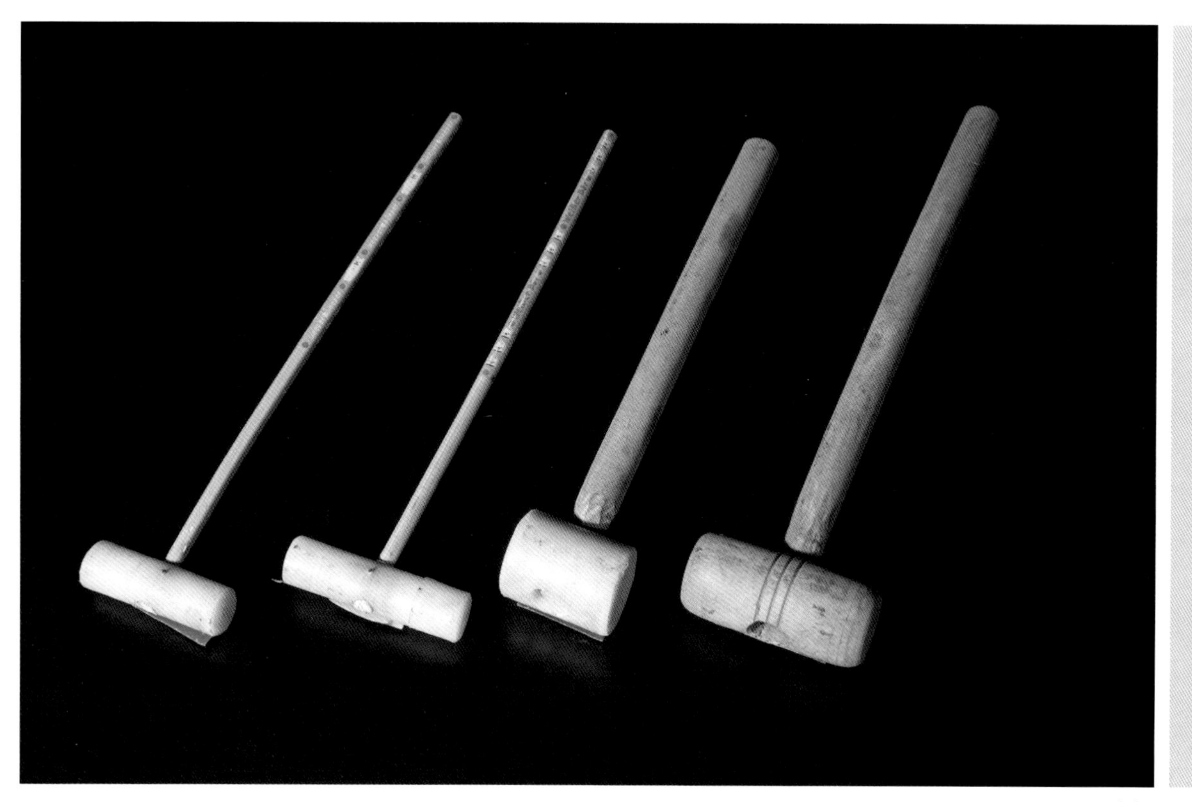

▲ 木槌

锡匠木槌

锡的特性是展性较大，但延性稍弱，在实际制作时，不需要很大力气就能使锡坯产生延展。锡匠木槌造价低廉，制作简单，既能满足捶打需要又能保护工作，因此在锡匠行业内应用较多。

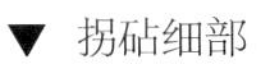
▼ 拐砧细部

▲ 拐砧

▲ 拐砧使用场景

拐砧

拐砧是呈丁字形的钢制垫具。丁字“一竖”的下端尖部插入木墩中；“一横”的一半为圆形带尖，近似圆锥；另一半为扁体，上面略宽，下面略窄，与椎体相连的一段渐宽。拐砧圆锥段，用以锡板弯弧，方形段用以做咬口、铆铆钉等。还有钢制等腰三角砧。三角砧底长15cm左右，厚2cm左右，顶角连接直径2cm左右的铁棍，用时可临时固定。砧顶（三角形底边）为斜面。

圆砧与平砧

锡匠也会用到平砧和圆砧及自制的一些垫具，用来处理锡片的表面，或制作平面，或打造弧形，但都是体型不大的小砧子。

▲ 圆砧

▲ 平砧

第十二章 焊接工具

当锡器的各个部件都打磨制成形后，下一步就是焊接。在焊接之前，师傅会对某些部件用锉刀进行倒角处理，以加大焊接接触面积、增加牢度。焊接时先在焊口涂抹上松香，然后用焊铁焊接，然后再捶打和打磨。这一步，焊接、捶打、打磨是间或进行的，直到粗坯做好，器物成型。

▲ 锡匠焊接场景

▶ 焊铁

焊铁

焊铁是过去锡匠常用的一种焊接工具，也称烙铁，其形制多种，传统的焊铁形似铁匠的热截子，但底部有一木把，通过对焊铁加热，抹上松香，就可以对接缝部位进行焊接了。

焊接是整个制作工艺中的关键。锡的熔点低，用炭火加热的铬铁很难控制温度，若温度稍高，焊接部位就容易熔化穿孔，锡器就会报废。有的师傅通过把铬铁放到耳朵边上，用耳朵来感觉铬铁的温度。

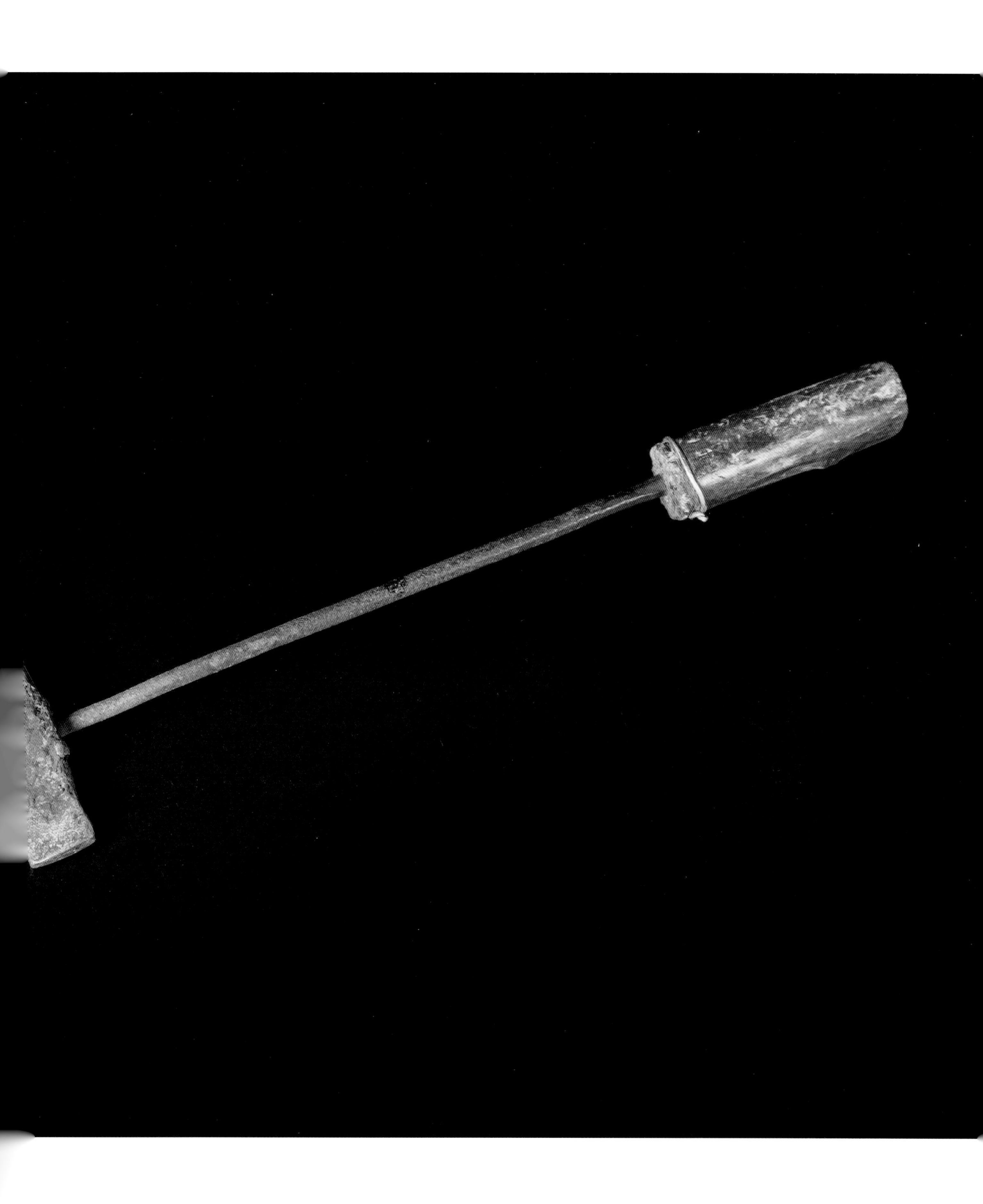

第十三章　打磨抛光工具

制作锡器的最后一道工序是打磨抛光。锡器“色如银，亮如镜”全靠打磨抛光，打磨和抛光是锡器制品是否上乘的一个重要标准，因此锡匠用到的打磨抛光工具较其他工匠来说比较多，主要有锉、锡床、刮刀、打磨纸等。

▲ 锡匠打磨锡器场景

◀ 使用锉刀打磨场景

◀ 锉刀

锉刀

锉刀是一种常见的打磨工具，锡器的各部件焊接完成，需要用锉对焊接处进行打磨，使其平整无毛刺，除了焊接部分，锉也用来打磨锡器表面。锡匠用的锉主要有平锉、三角锉等。

▼ 刮刀

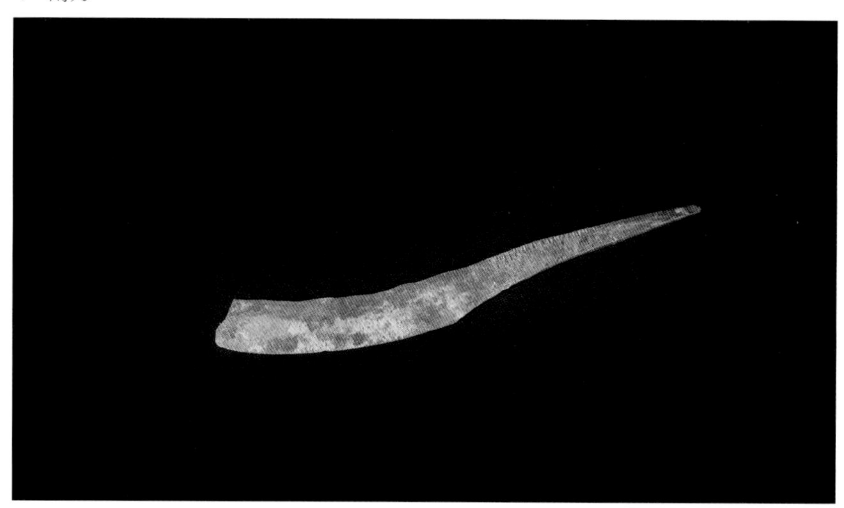

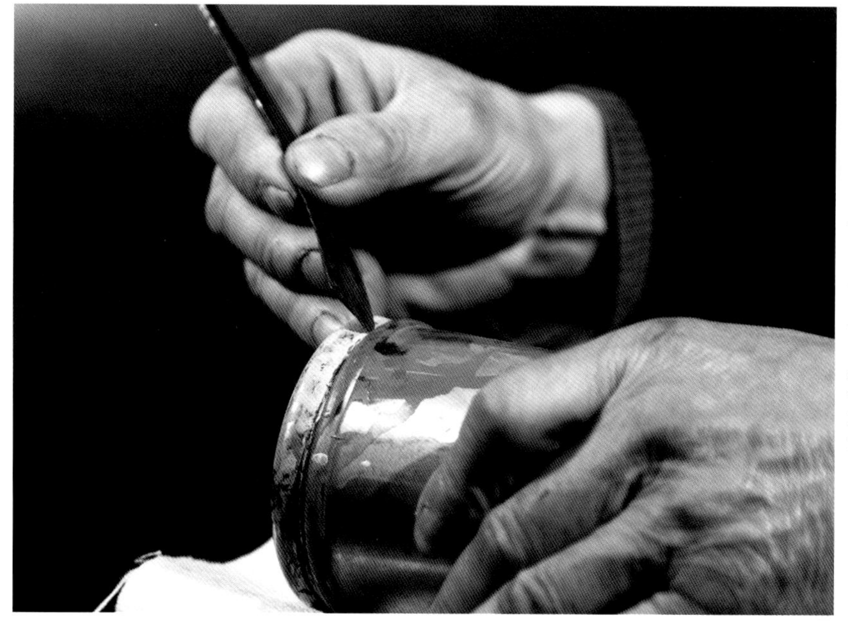

◀ 锡匠用刮刀刮削锡器场景

刮刀

刮刀，俗称“铉刀”，它是由古代的“削”发展而来的，通过刮削动作使表面平整光滑，是古代常用的打磨工具。刮刀主要分为平刮刀、三角刮刀和月牙刮刀，平刮刀主要用来刮削平面或外曲面，三角刮刀主要用来刮轴瓦，月牙刮刀主要用来刮器物的内曲面。

▼ 锡床

▼ 锡匠用锡床打磨锡器

锡床

锡床是锡匠、壶匠等特有的一种打磨工具，也是锡匠最具代表性的一种工具。

锡床主要由支架、铉头、牵引绳组成，使用时将绳子缠绕在铉头的木柄上，支架搭在高桌或高板凳上，两只脚匀速地踩踏牵引绳，铉头带动壶身飞快地转动，锡匠用锉刀或是刮刀进行打磨，一圈圈锡丝便被锉下，壶身顿时变得光滑锃亮。

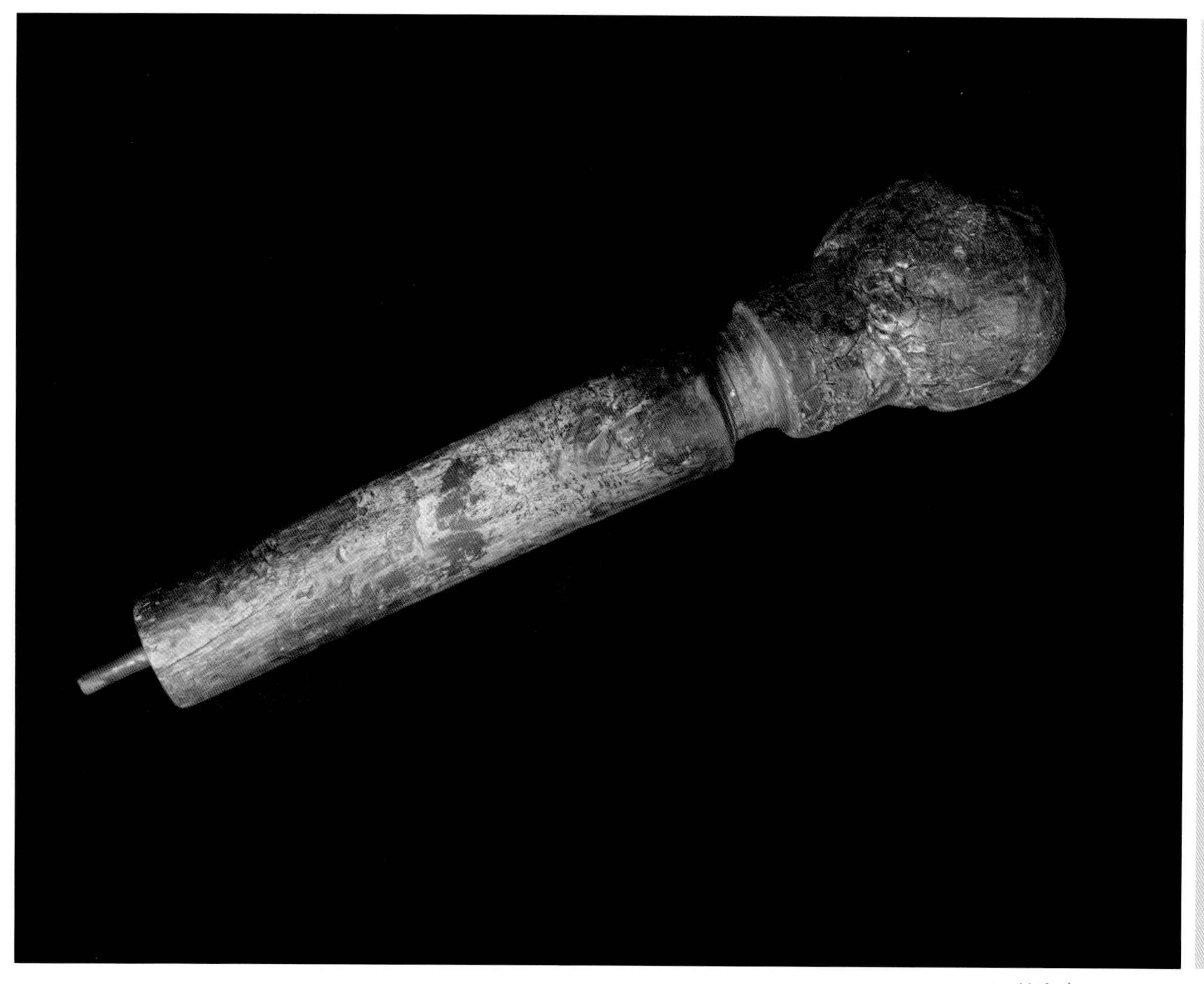

▲ 铉床头

铉床头

锡床中，用来安装锡壶进行转动的装置，俗称“铉床头”，在组装锡壶前，锡匠会用松香、香菜和菜油经过煎熬冷却后制成一种胶粘剂，俗称“车头胶”，车头胶涂抹在铉床头上，再套上锡壶，使其不易脱落。

抛光时将圆形锡器套在套筒上，用脚踩动绕在车轴上的绳索，带动锡器转。过去锡匠会用皂荚树果子煮泡的液体做清洁剂，用锉刀、刮刀和沙朴树叶来抛光。

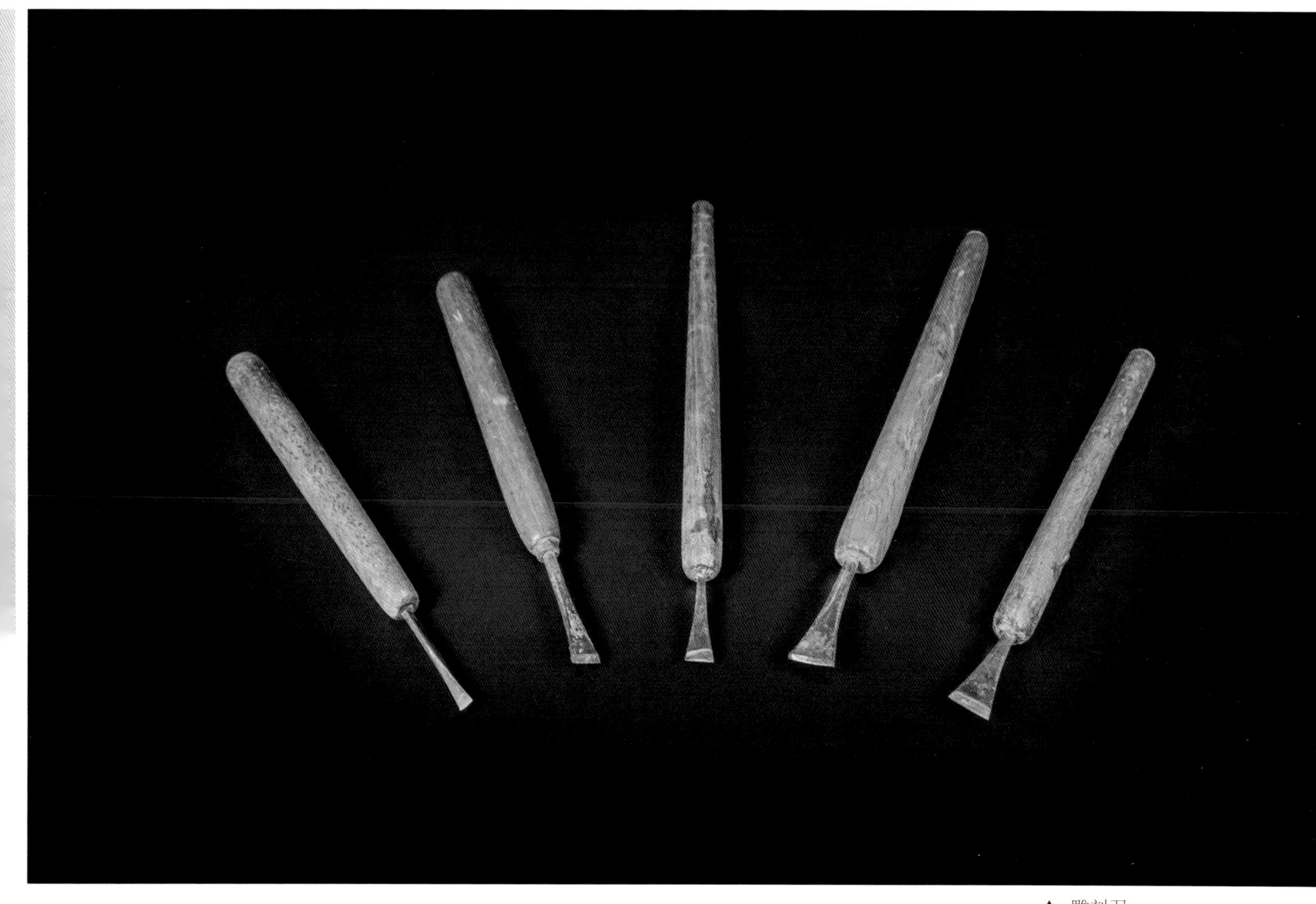

▲ 雕刻刀

雕刻刀

锡匠用来制作锡器表面的纹饰图案有两种方式：

一种是前文提到的直接用带有图案的模具进行浇铸，形成锡片后再进行裁剪。

另一种是锡器成型以后，直接在表面进行雕刻，这个时候需要用到雕刻一类的工具，锡匠没有专用的锡雕工具，用木匠的雕刻刀、小凿子就可以满足需求。

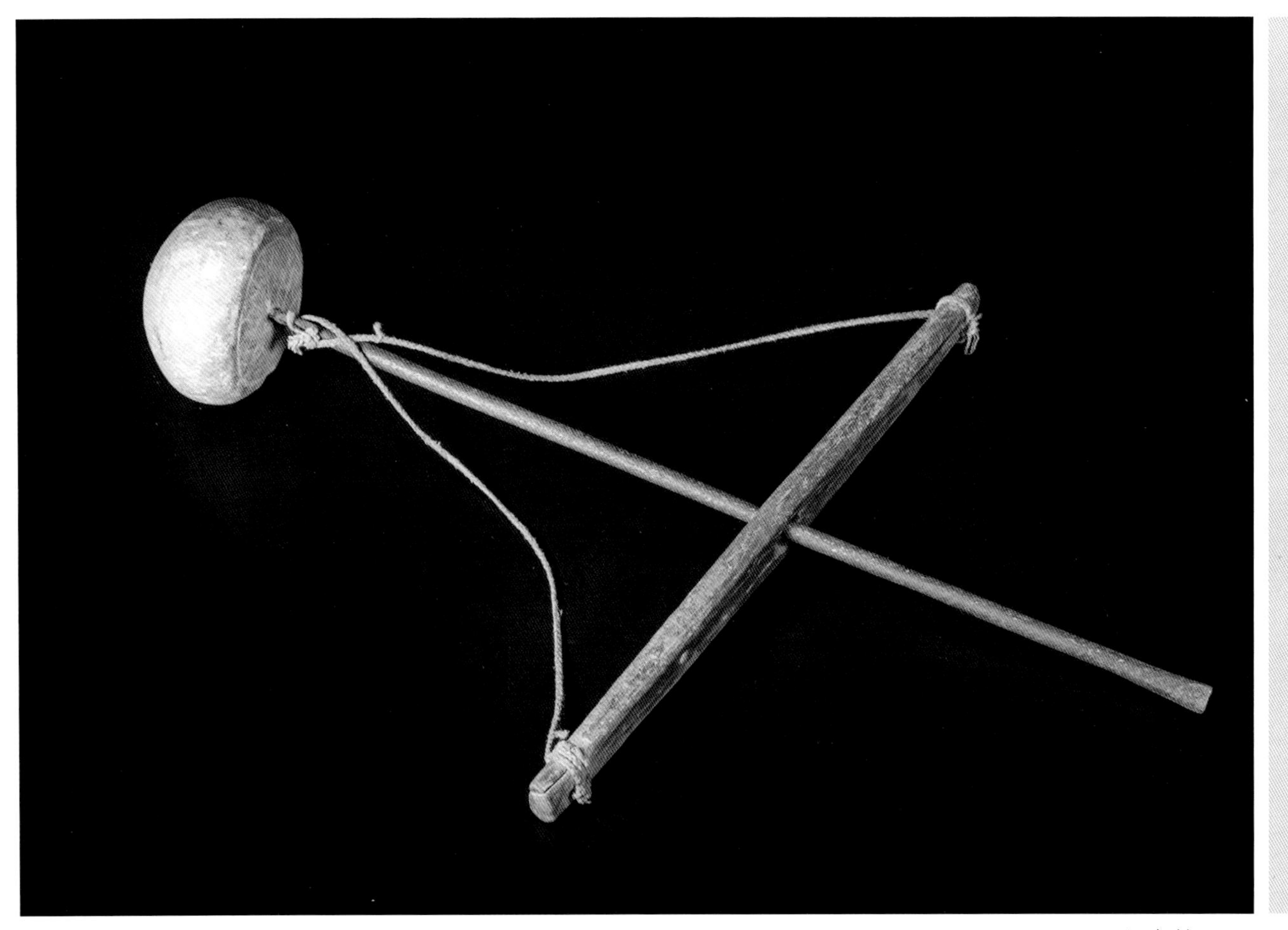

▲ 午钻

午钻

虽然锡器的制作主要以焊接为主，但有些锡器少不了需要上铆钉或是进行穿孔。

过去锡匠使用的钻孔工具主要是砣钻、拉钻。虽然不常用，但也是一件少不了的辅助工具，比如过去的提梁锡壶，提梁把手与锡壶连接的构件就需要钻孔。

附：岁月流光　恒久之美

锡是人类较早发现并掌握冶炼技术的一种金属，在中国它发现于商周，兴盛于两宋，发展于明清，在漫长历史发展过程中，锡器从封建王朝的礼器变成普通百姓的日常用具，由此而诞生的锡器制作工艺和锡匠这一行当，也成为中国古老的民间匠作行业。

随着科技进步、社会发展，锡器逐步被不锈钢、铝及塑料制品等取代，锡匠的生意也慢慢萧条下来，传统的锡器制作越来越边缘化，到如今已渐成“绝唱”。然而，经过反复敲打制成的每一件锡器都凝结着锡匠师傅的辛劳与创造，那些曾被奉为家庭“奢侈品”的锡壶、烛台……也因为带有浓浓的人情味及久远的人文记忆，而有着机器制品所不能代替的美。有的锡器虽然年代久远，已经失去了当年的光泽，但它们仍古朴中透着精致，别有韵味。

如今，这种透露着情感与温度的锡器制品以及制作它们的工具，或被历史所遗忘，或被一些珍视它们的人所收藏，逐渐淡出了人们的视野。但当我们重新走进这个古老行业中时，不仅惊叹于锡匠师傅的精湛手艺和工匠精神，而且也发现过去普通民众对美的追求和对精致生活的向往。

第四篇

电气安装工工具

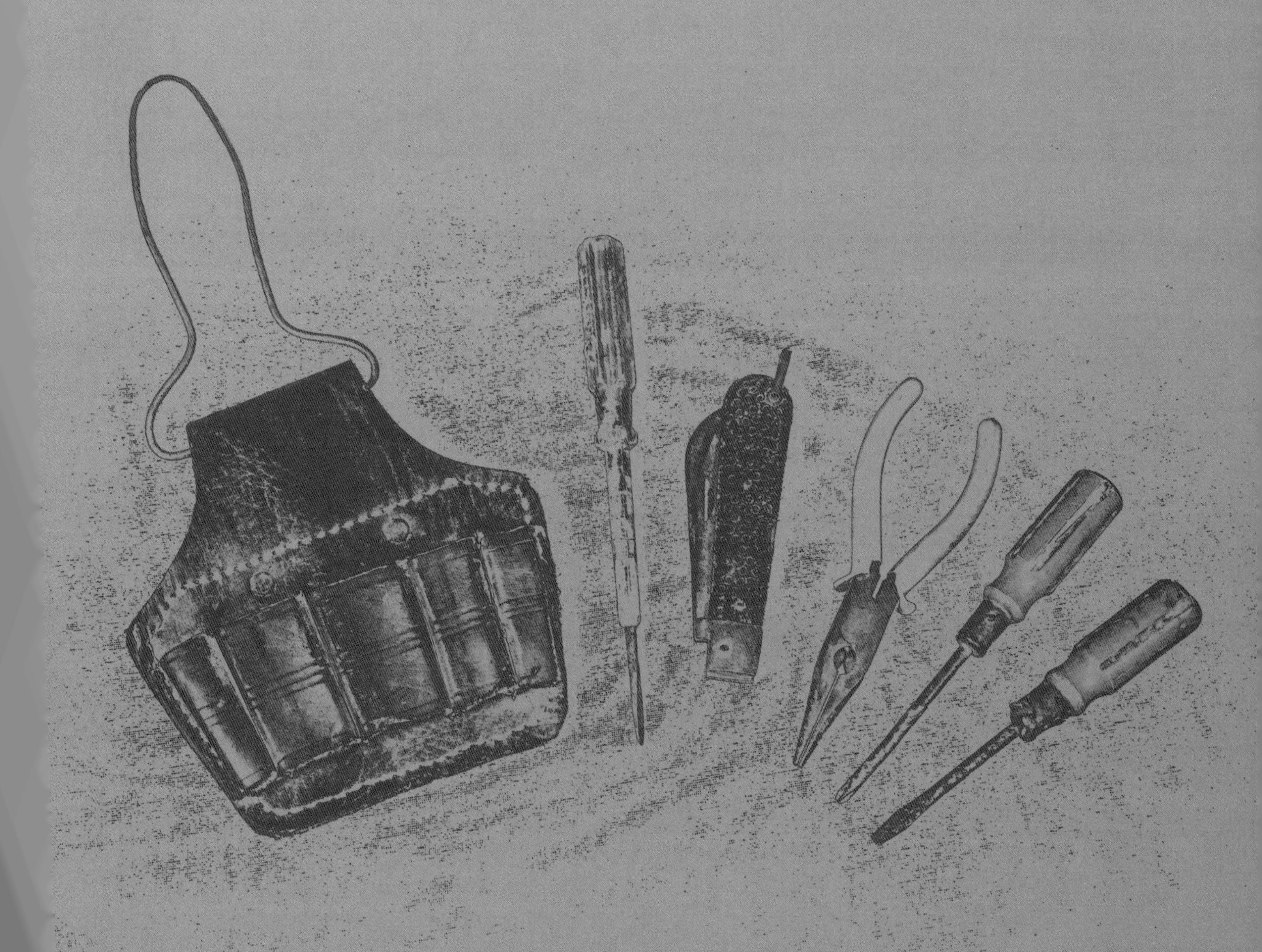

电气安装工工具

人类从很早的时候就意识到了电的存在，但真正将电应用于生产生活中是在19世纪，此后经过了一个多世纪的发展，电力已经成为人们生活中不可缺少的一种能源，围绕电力出现的各种发明创造也带领人类进入了电气时代。中国最早使用电力是在19世纪80年代，是上海英租界的英国殖民者为欢迎美国总统，从国外运送来的一台小型引擎发电机。电力在中华人民共和国成立前的普及率相当低，仅在一些大、中城市或口岸城市有范围不大的电力供应。中华人民共和国成立后，在苏联的援建和自身努力下，全国建成了许多发电厂，20世纪五六十年代，电气产品和设备在广大农村的应用极为有限，那时仅在农忙时的场院里或大型工程现场有电灯照明。20世纪70年代以来，电气逐步进入普通家庭，家家户户陆续有了电灯、电风扇、收音机等家用电器。

随着科学技术的发展，电气安装门类众多，分支庞杂，仅建筑类的电气安装就包括：照明、动力、电视、电话、网络、安防、消防、防雷、接地等电气安装项目。以建筑电气为例，其工具主要有：测量与检测工具、手动工具、电动工具、安全防护工具等。

第十四章　测量与检测工具

电气安装过程中所用到的测量与检测工具主要有：数字万用表、钳形电流表、接地电阻表、绝缘电阻表、电源极性检测仪等。

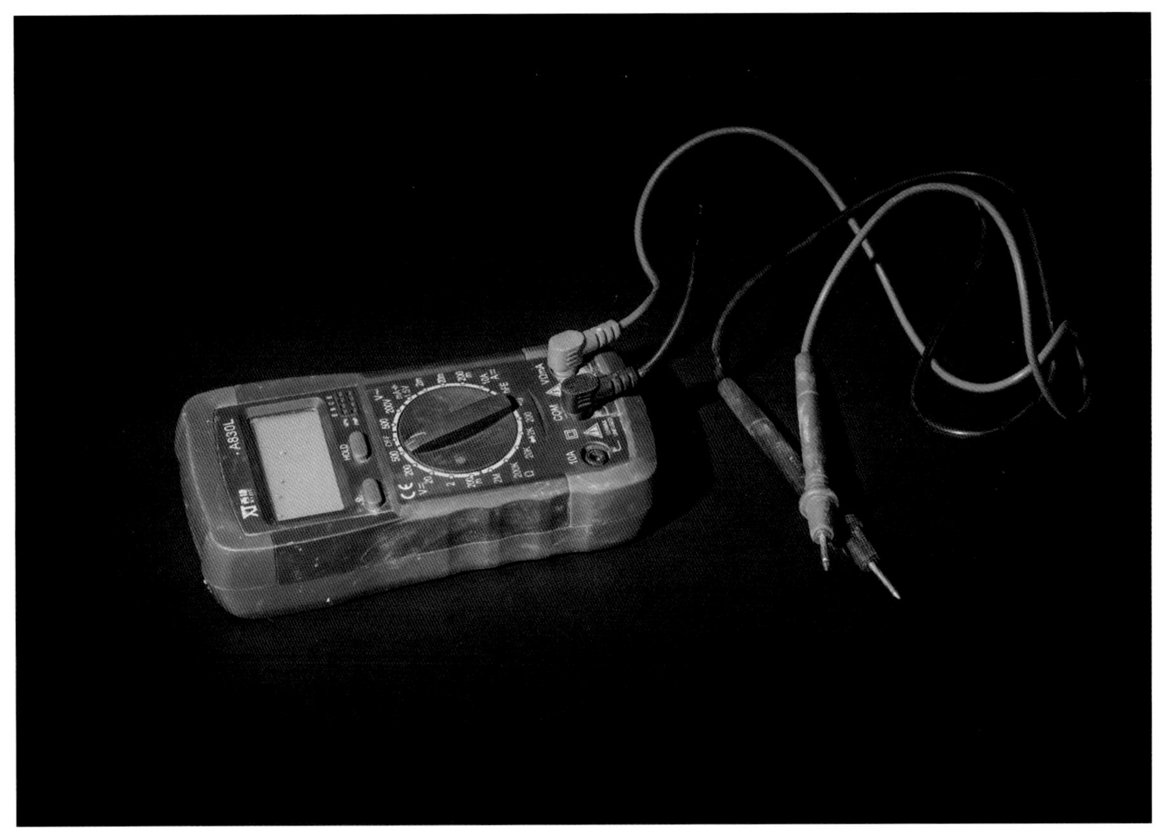

▲ 数字万用表

数字万用表

数字万用表可以测量直流电压、交流电压、直流电流，也可以用来进行电阻、二极管、三极管、MOS场效应管的测量。

钳形电流表

钳形电流表是由互感器、显示表、转换开关、钳口、扳手、手柄组成。钳形电流表可以在不切断电路的情况下测量电流数值。

▼ 钳形电流表

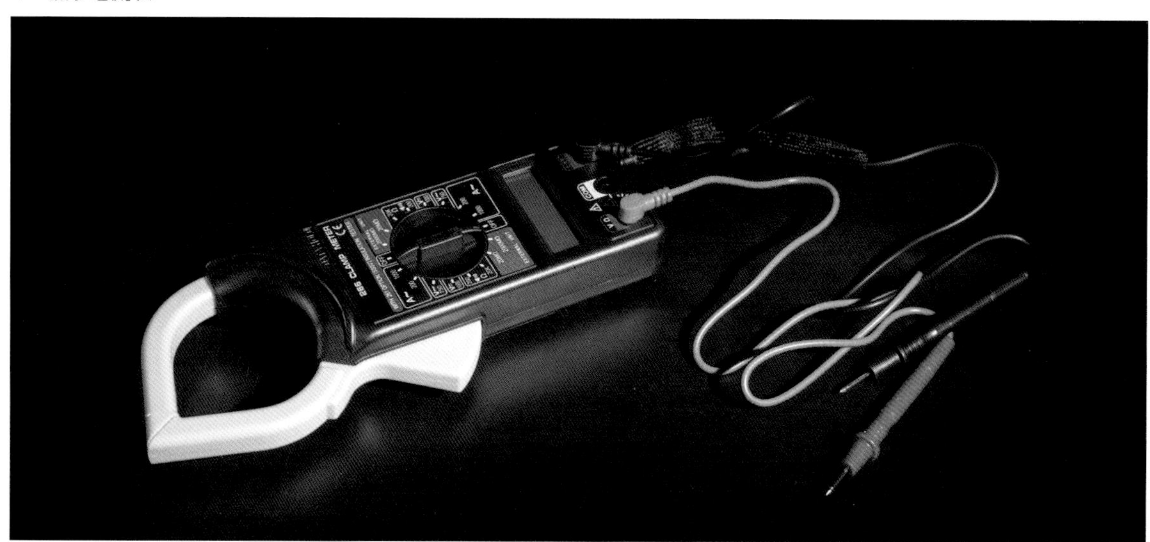

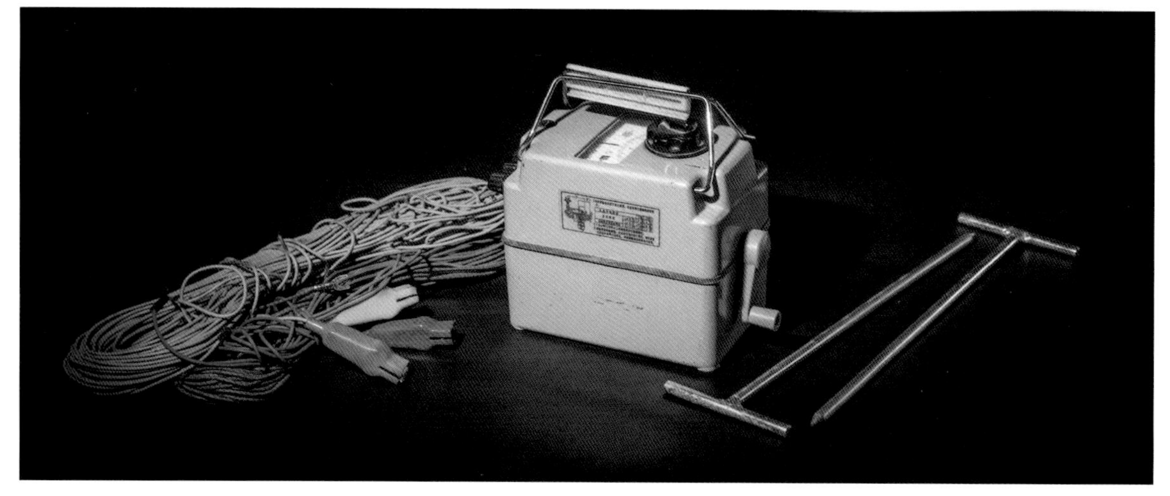

▲ 接地电阻表

接地电阻表

接地电阻表是一种测量接地电阻值，也可以测量低电阻导体电阻值、土壤电阻率及地电压的仪器，主要由手摇发电机、电流互感器、点位器及检流器组成。

▼ 绝缘电阻表

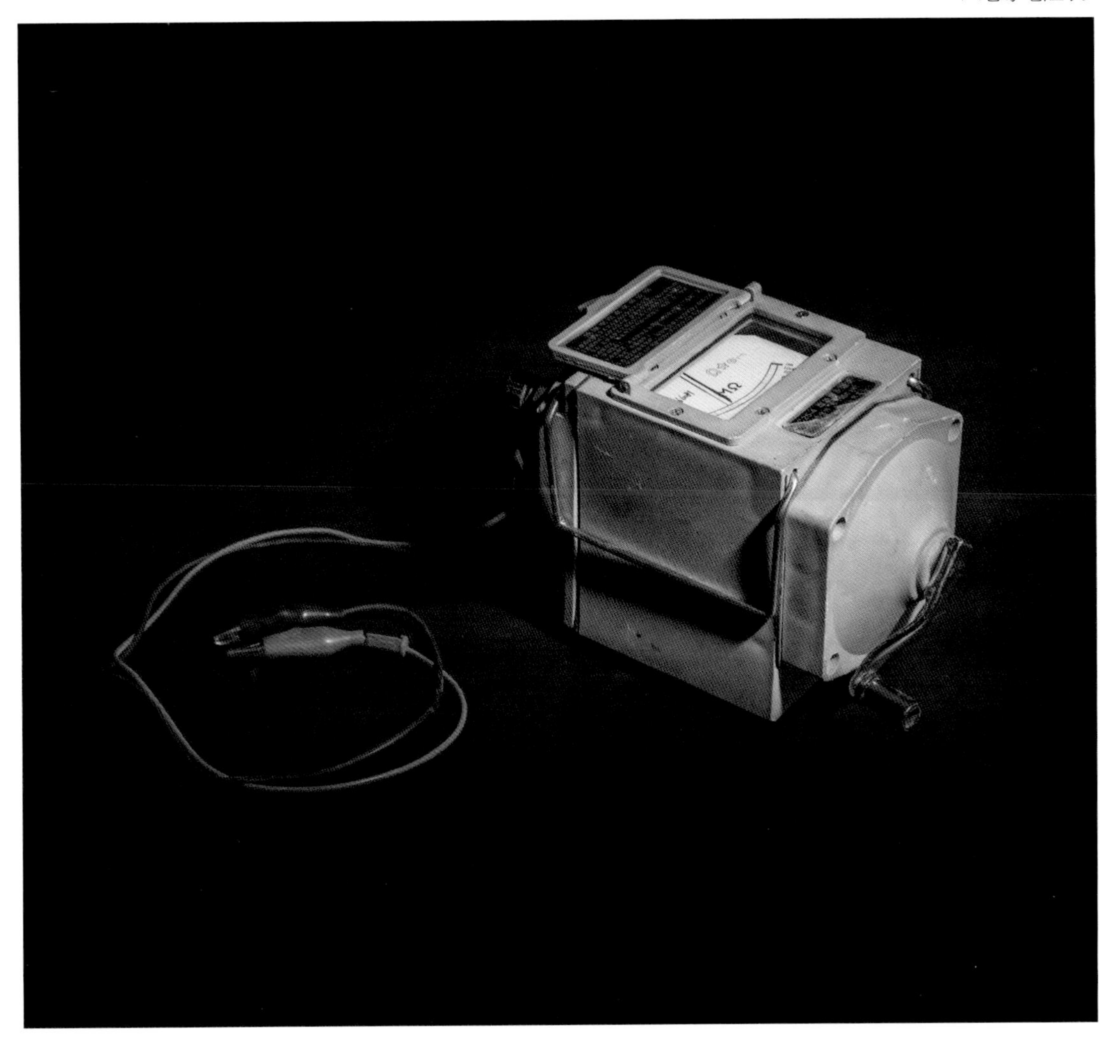

绝缘电阻表

绝缘电阻表又称“兆欧表”“摇表”“梅格表”；绝缘电阻表有三个功能：第一是直流高压发生器，用以产生直流高压；第二是测量回路；第三是显示屏，用于显示测量电阻值。

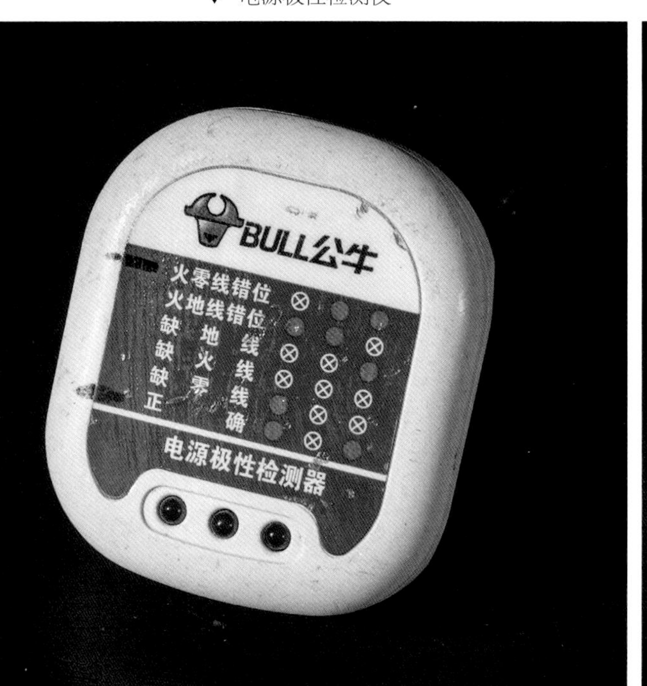

▼ 电源极性检测仪

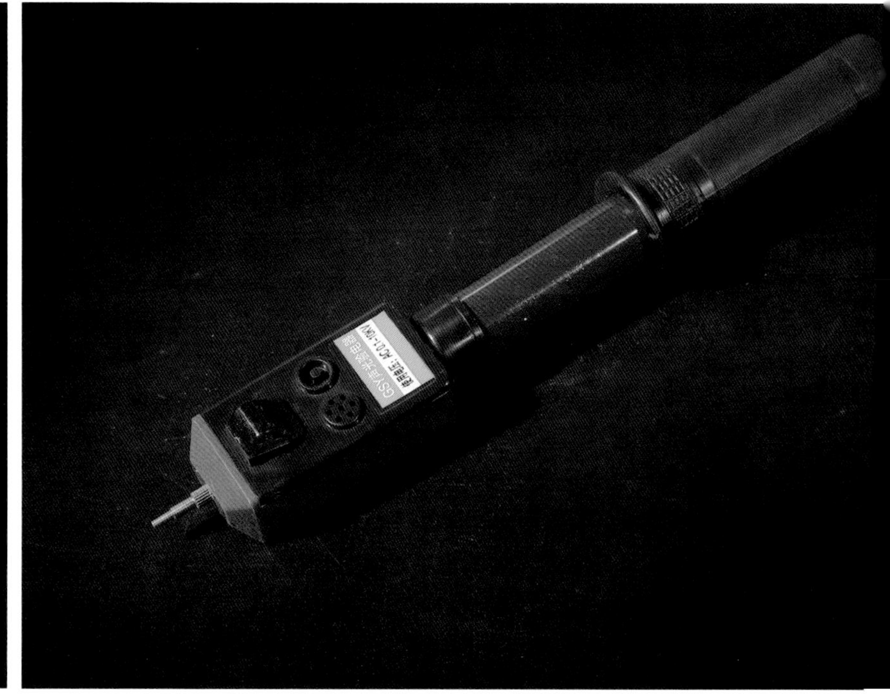

▼ 声光报警电笔

电源极性检测仪

电源极性检测仪用于接线问题快速显示、漏电保护测试、快速识别危险电压。

声光报警电笔

声光报警电笔是电笔的一种，可以进行声光报警。它的测量电压为 0.1 ~ 0.4kV。

▼ 电笔

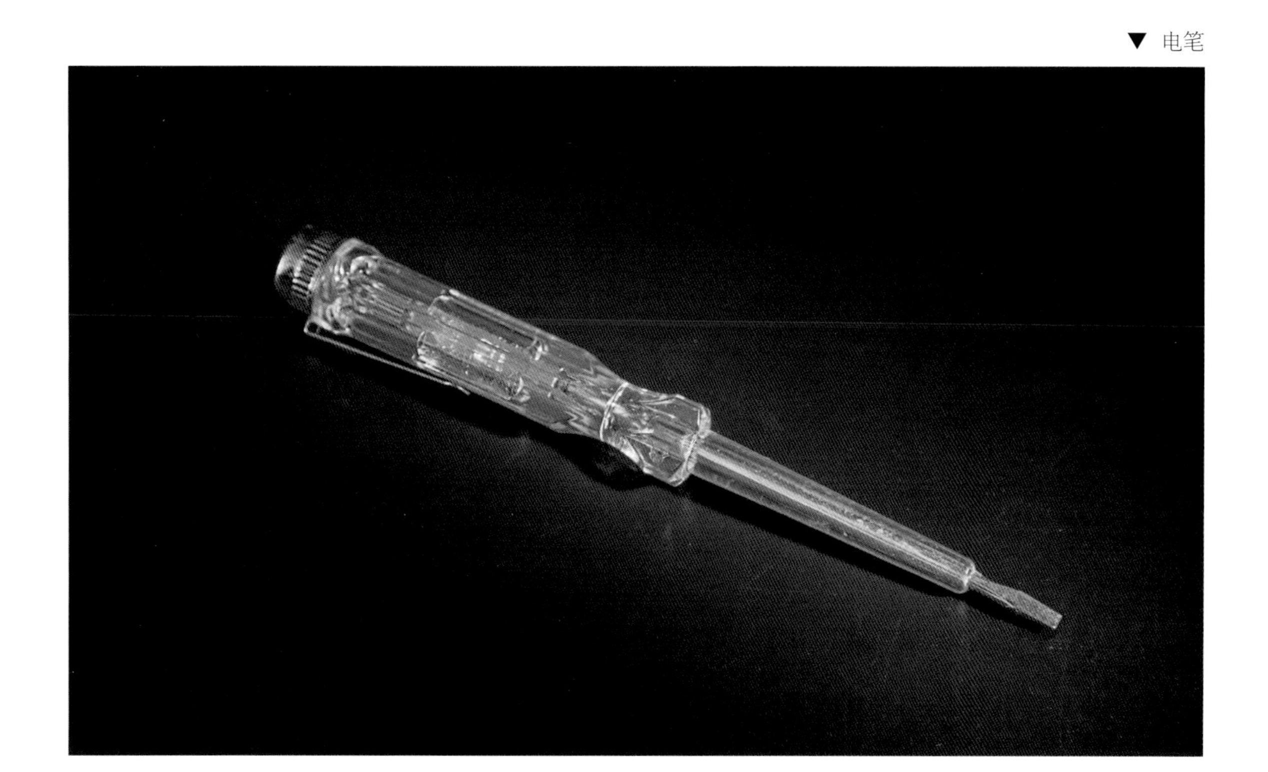

电笔

电笔的基本功能是测试电线中是否带电。笔体中有一氖泡，测试时如果氖泡发光，说明导线带电，或者为火线。电笔中笔尖、笔尾为金属材料制成，笔杆为绝缘材料。

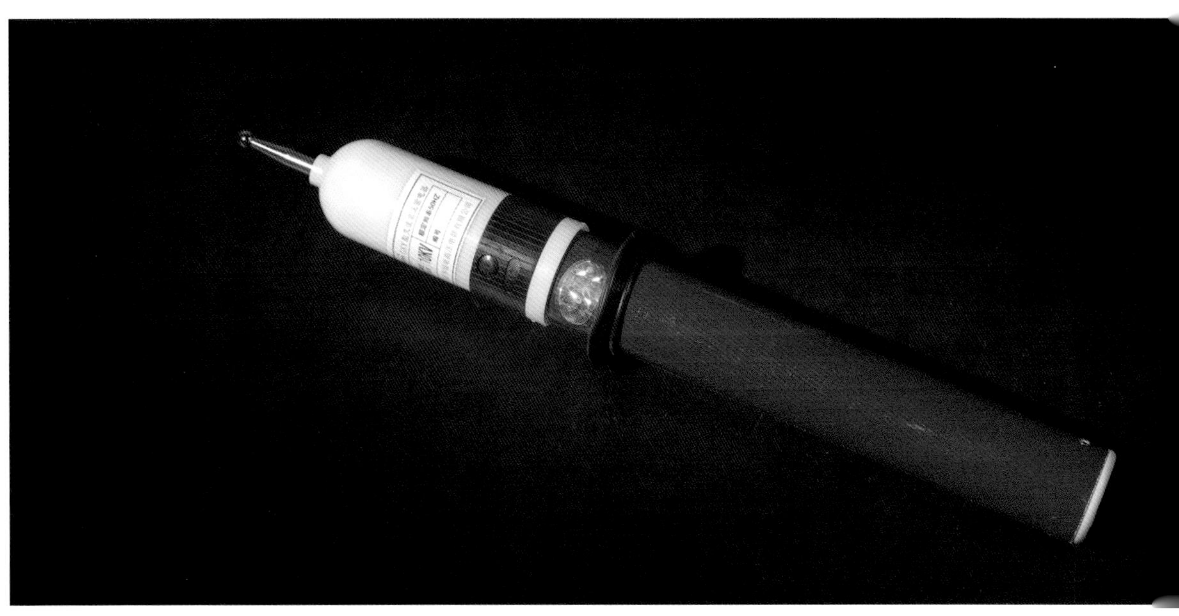

▲ 高压验电笔

高压验电器

高压验电器是一种检验设备是否带高压电的专用工具，是电力系统或电气部门必备的安全检测工具。

钢卷尺

钢卷尺用于测量线路等，常用的有2m、3m、5m、10m等。

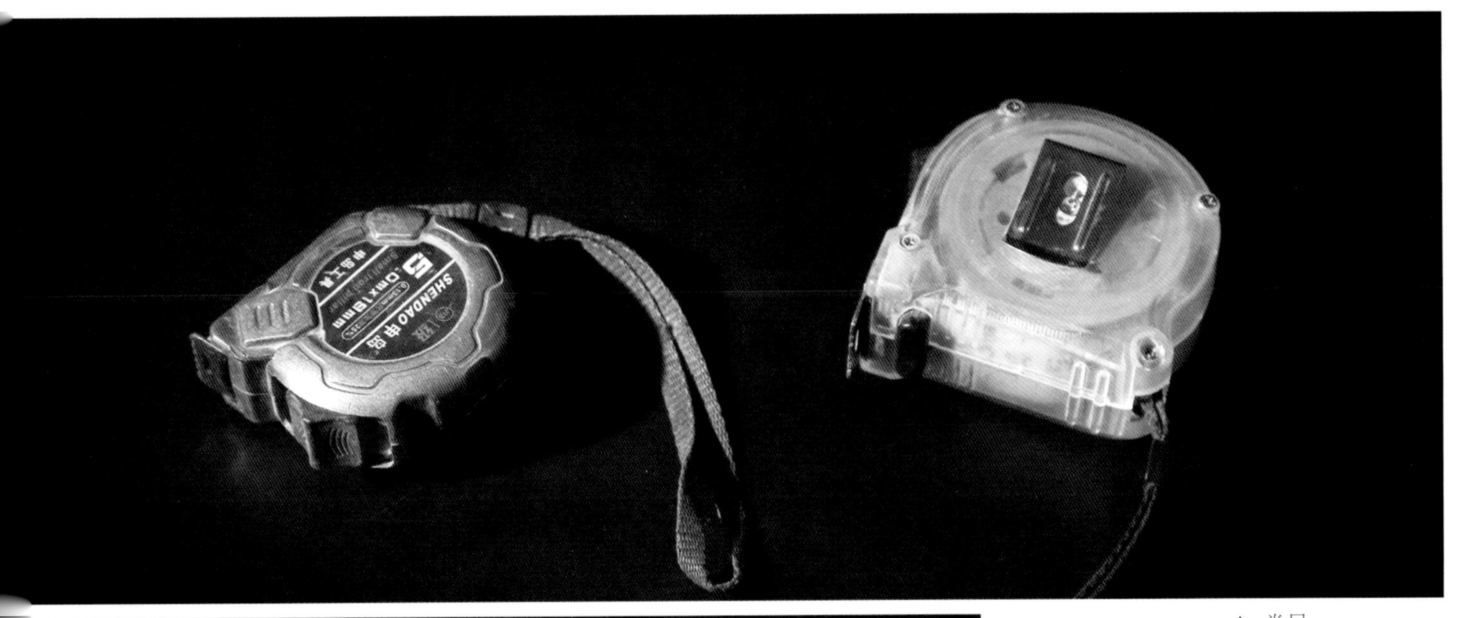

▲ 卷尺

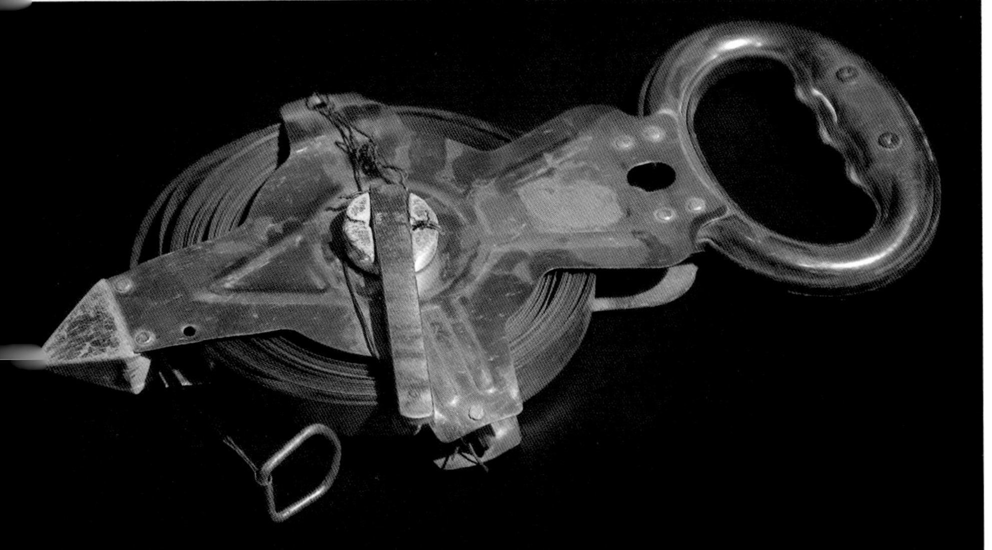

▲ 不锈钢架子尺

不锈钢架子尺

电气安装施工中不锈钢架子尺用于测量管道长度，常用的有30m、50m等。

游标卡尺

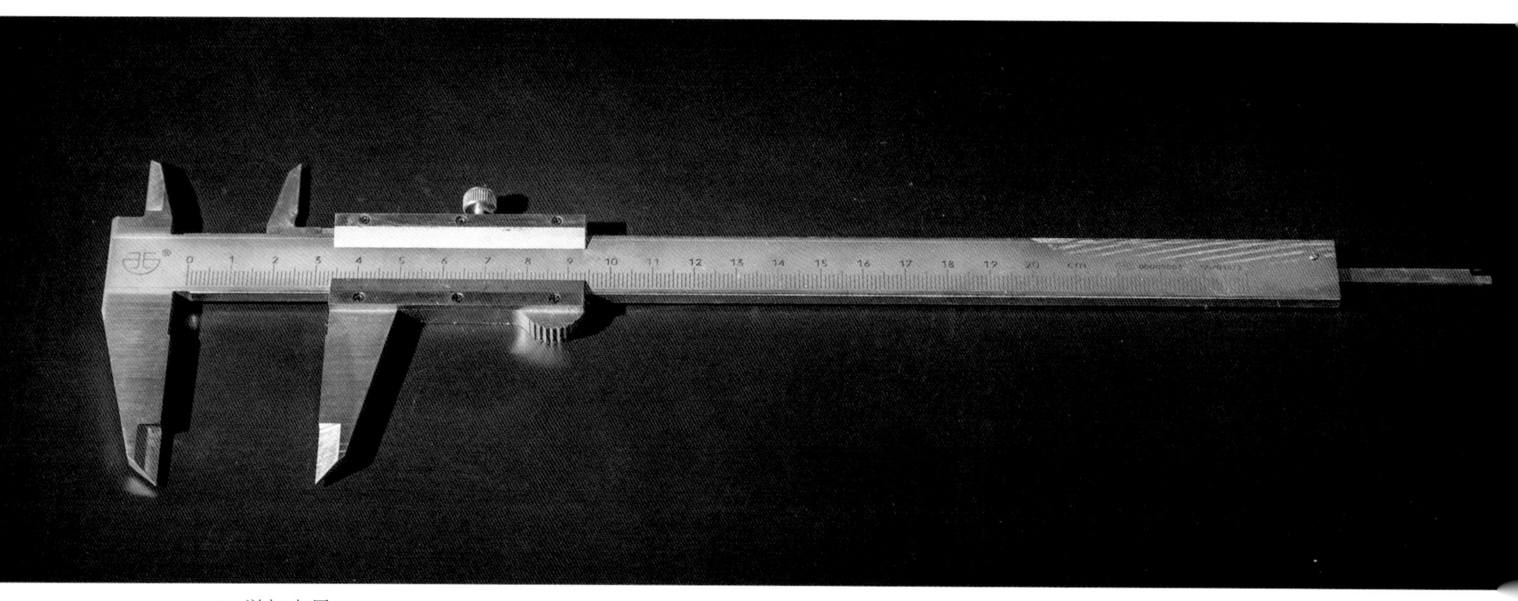

▲ 游标卡尺

游标卡尺是一种直接测量工件内外直径、宽度、深度、长度的测量工具，是由刻度尺和卡尺制造而成的精密测量仪器。

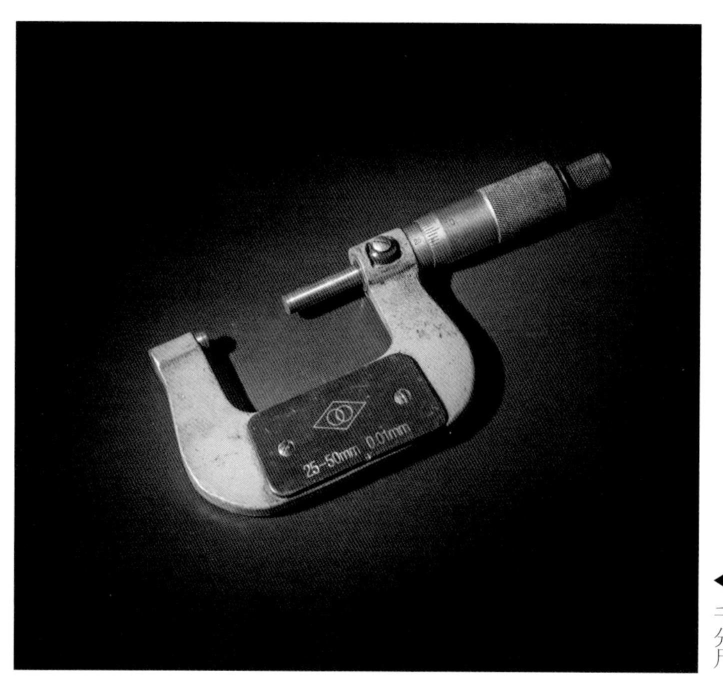

◀ 千分尺

千分尺

千分尺是一种测量精度较高的量具，其测量精度可达到0.01mm。

直角尺

直角尺可以用来测量、画线，有木、铁、不锈钢等多种材质。

▼ 直角尺

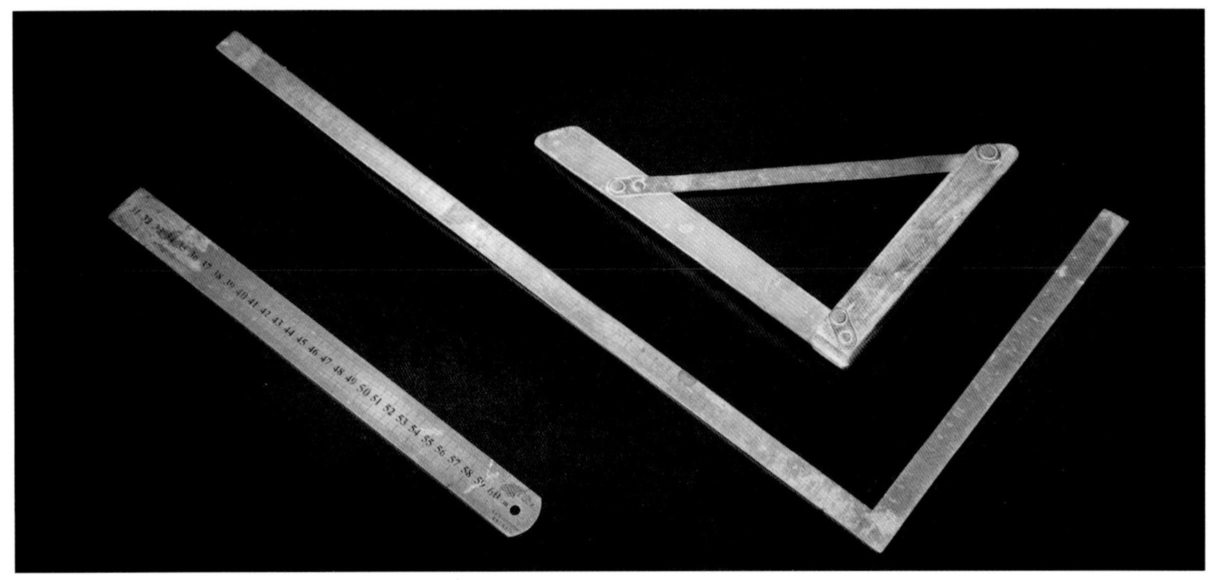

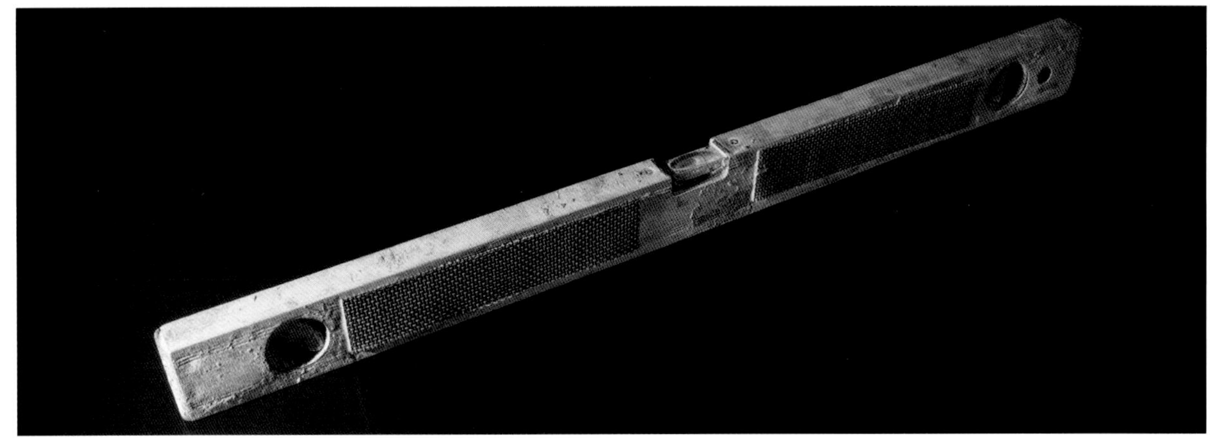

▲ 水平尺

水平尺

水平尺，又叫“水准尺”，是利用液面水平的原理，测量被测表面水平、垂直、倾斜偏离程度的一种测量工具。

激光水平仪

激光水平仪又叫激光电子水平仪或电子水平仪，是测量水平和垂直的仪器。

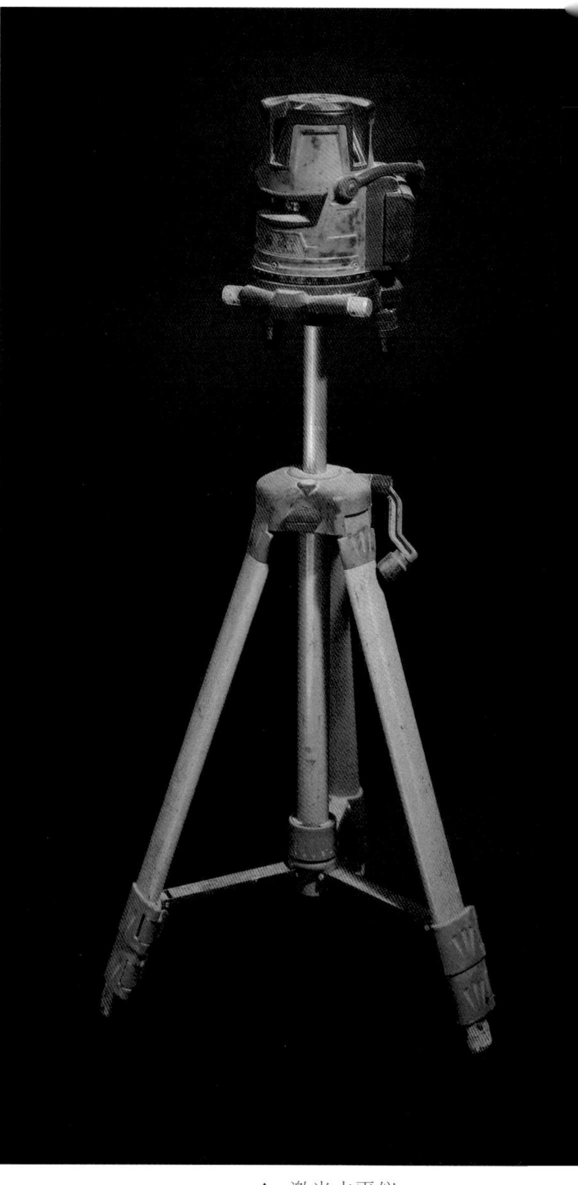

▲ 激光水平仪

线坠

▼ 线坠

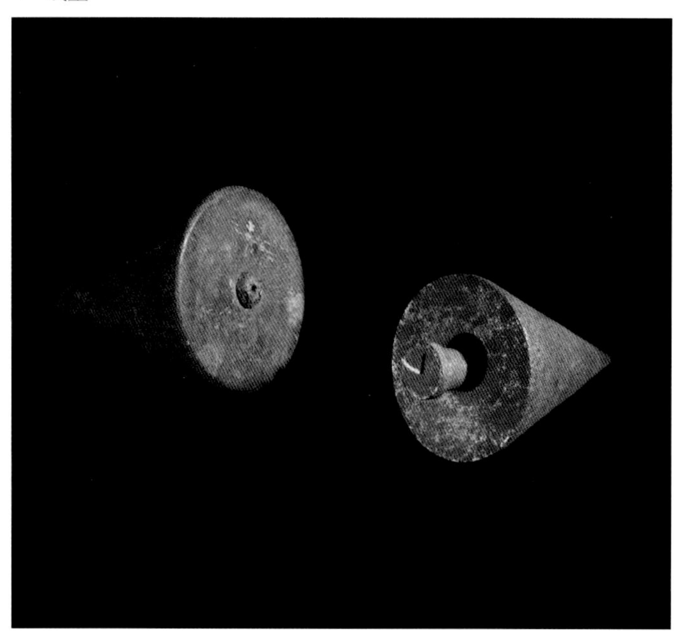

线坠也叫“铅锤”，是一种由铁、钢、铜等铸成的圆锥形物体，主要用于物体的垂直度测量。

第十五章　手动工具

电工手动工具主要有焊锡锅、螺丝刀、电工刀、老虎钳、斜嘴钳、尖嘴钳、扳手、线管弹簧、手动液压弯管机等。

▲ 焊锡锅

焊锡锅

焊锡锅用于室内照明线路接头焊接，是电工接线作业工具。将锡块放入焊锡锅内，通过电加热或者火焰枪加热到锡块熔化，然后进行线头挂锡作业。

▼ 一字螺丝刀

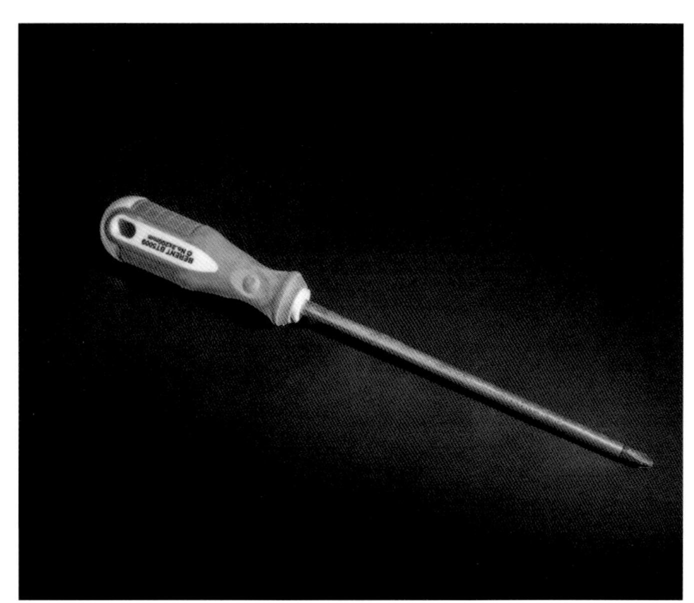

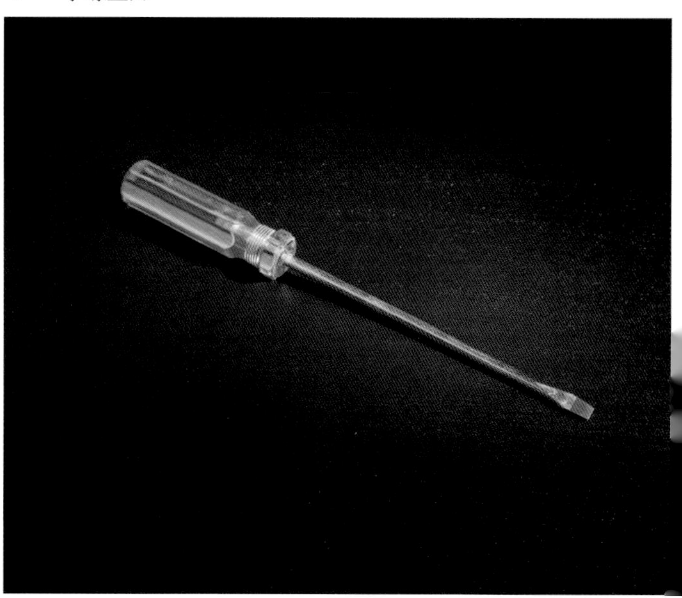

▲ 梅花螺丝刀

螺丝刀

螺丝刀，别名“改锥”“改刀”“起子”“旋凿”，是用来拧转螺钉以使其就位的常用工具。

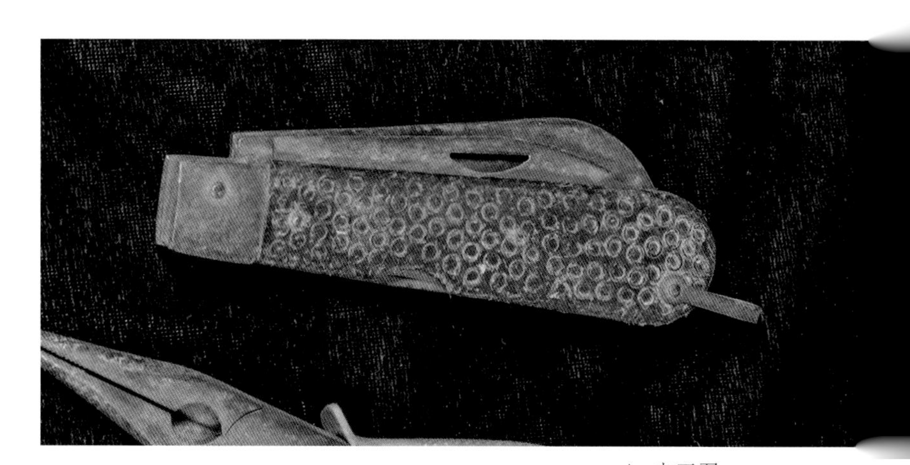

▲ 电工刀

电工刀

电工刀是电工常用的一种切削工具，可以用来削割导线绝缘层、木榫，切割圆木缺口等。

▼ 剥线钳

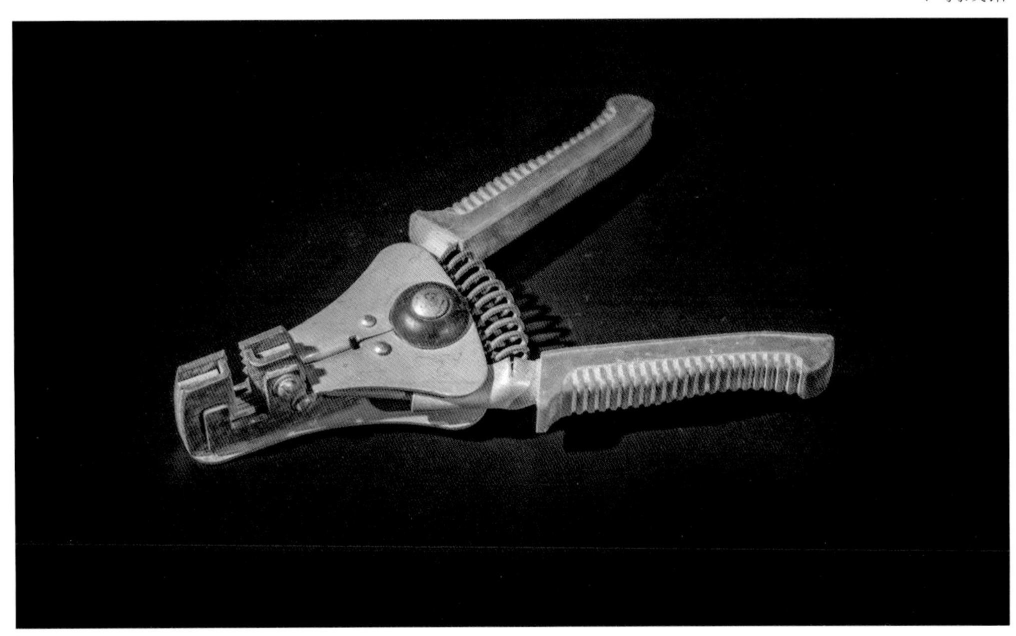

剥线钳

剥线钳是电工用来剥除导线端头部绝缘层的一种专用工具。剥线钳可以让电线被切断的绝缘皮与线芯分开，还可以防止人触电。

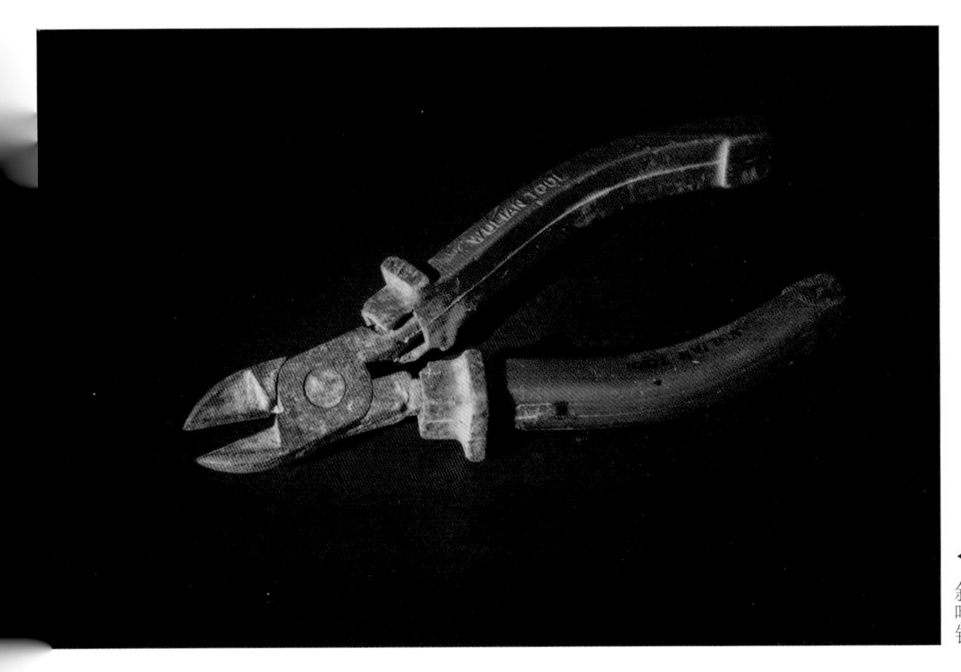

◀ 斜嘴钳

斜嘴钳

斜嘴钳的功能以切断导线为主。

▼ 钢丝钳

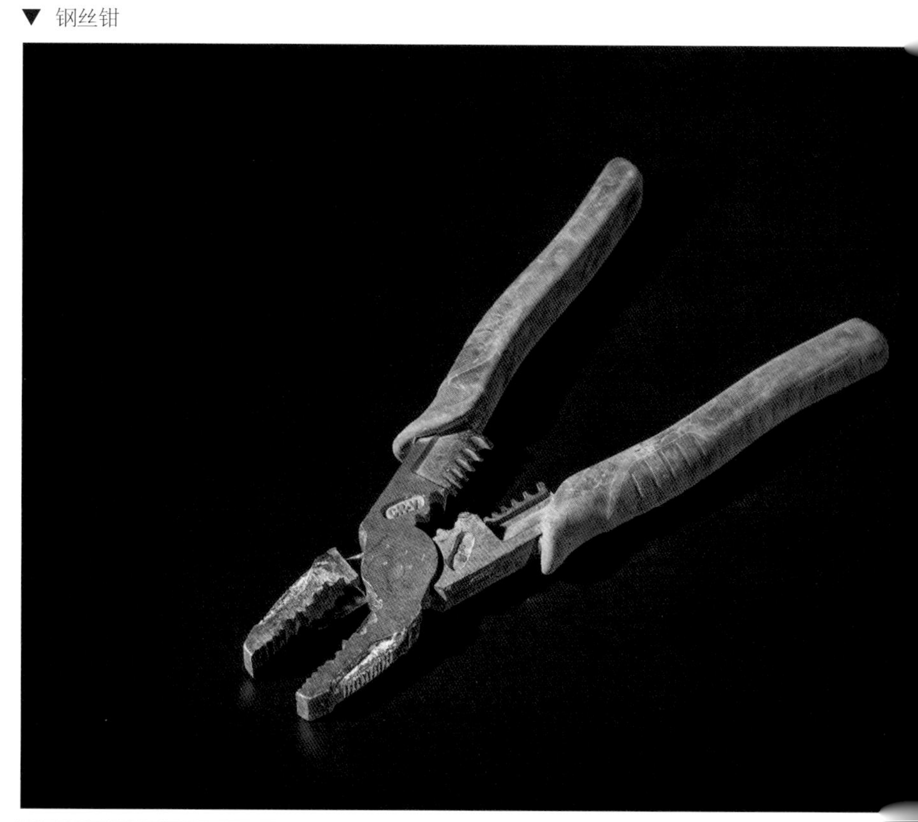

钢丝钳

钢丝钳别称“老虎钳”“平口钳”“综合钳”，是一种常用工具，它可以把坚硬的细钢丝夹断，有不同的种类。

尖嘴钳

尖嘴钳是钢丝钳的一种，也叫“尖口钳”，是电工常用的剪切或夹持工具。

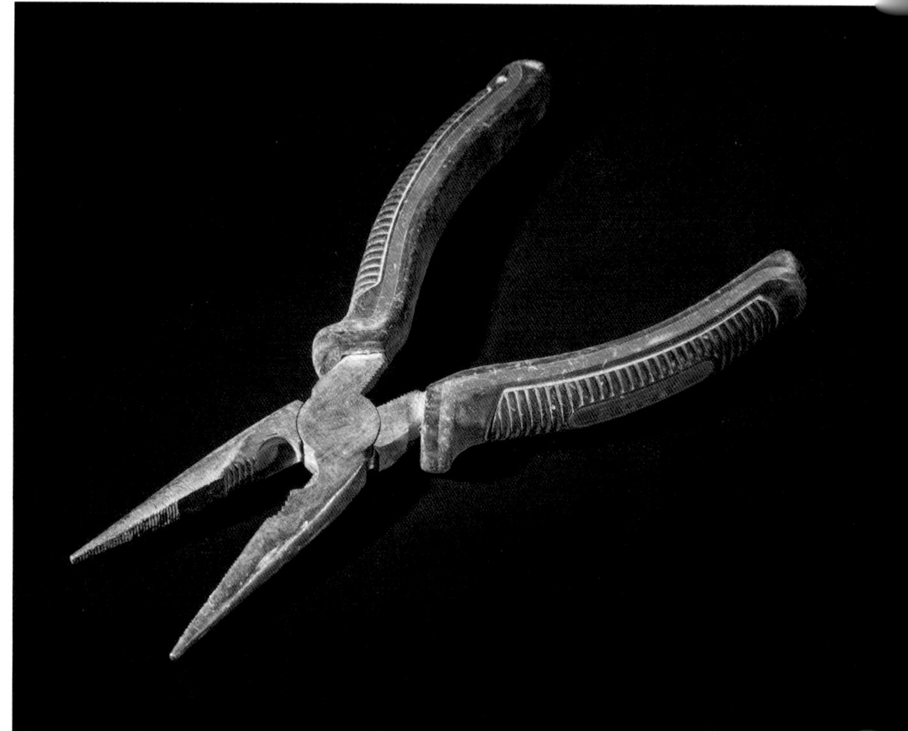

▲ 尖嘴钳

电工钳

电工常用的电工钳带有绝缘柄，应根据内线或外线工种需要选用。

▼ 电工钳

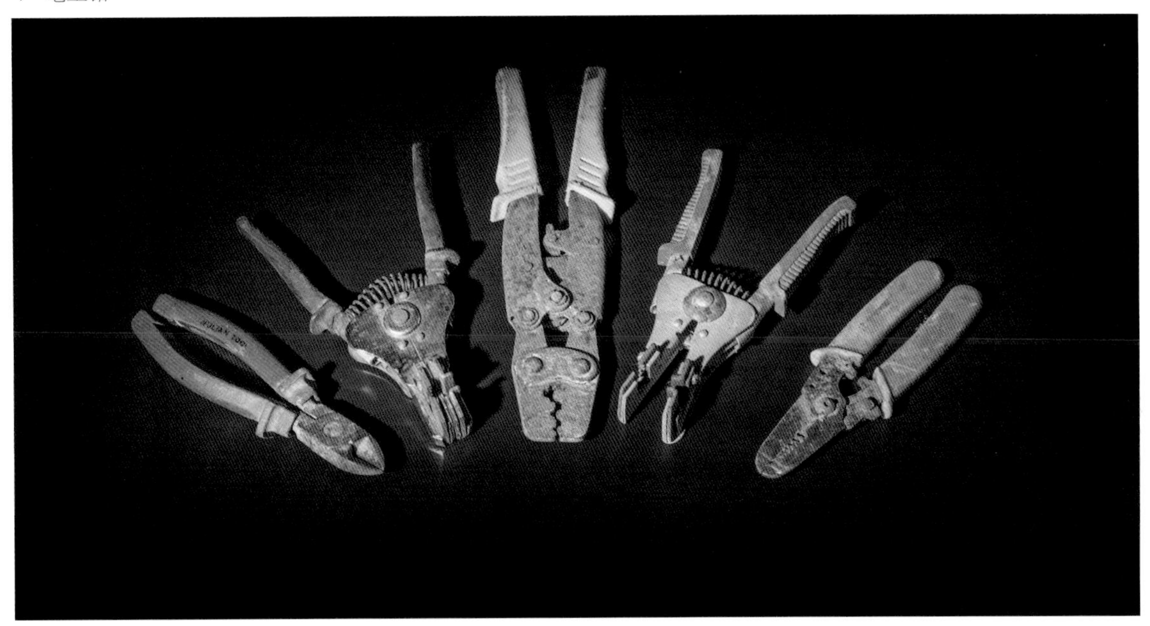

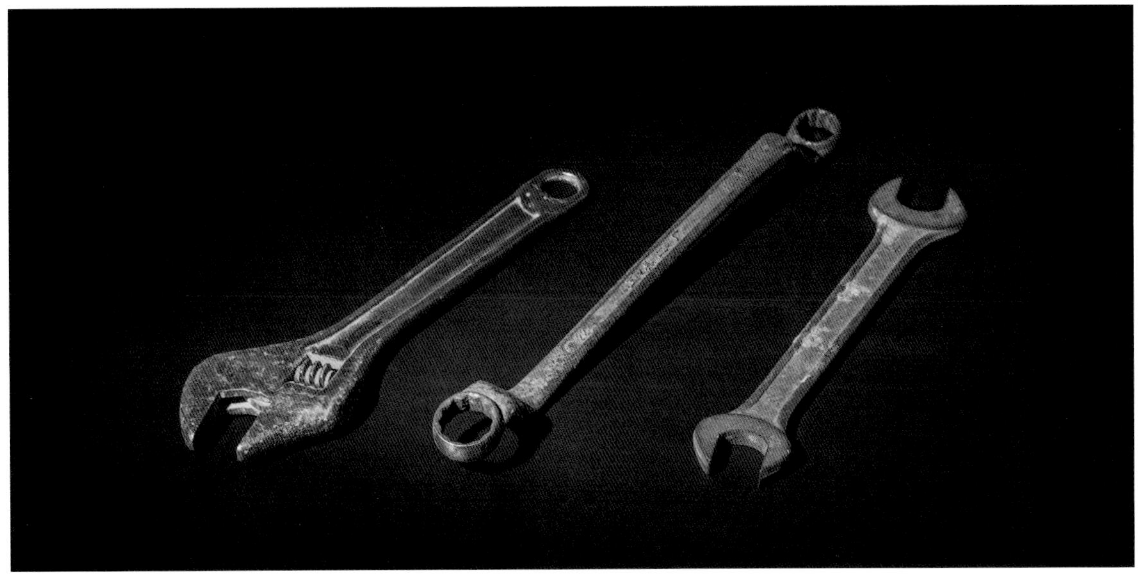

▲ 扳手

扳手

常用的安装与拆卸工具，主要有活扳手、梅花扳手、呆扳手等。

内六角扳手

内六角扳手呈L形的六角棒状扳手，专用于拧转内六角螺钉。

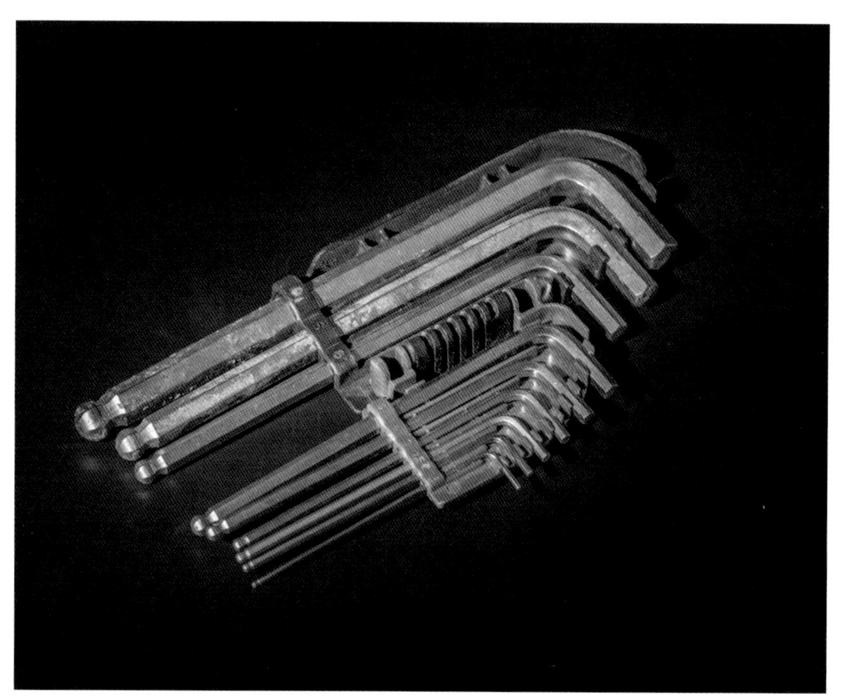

◀ 内六角扳手

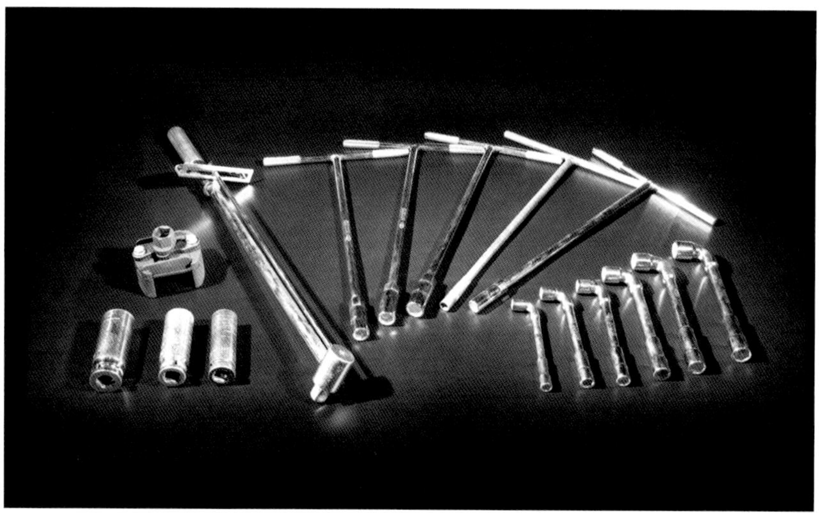

◀ 套筒扳手

套筒扳手

套筒扳手是由多个带六角孔或十二角孔的套筒并配有手柄、接杆等多种附件组成，适用于拧转地位狭小或凹陷处的螺栓或螺母。

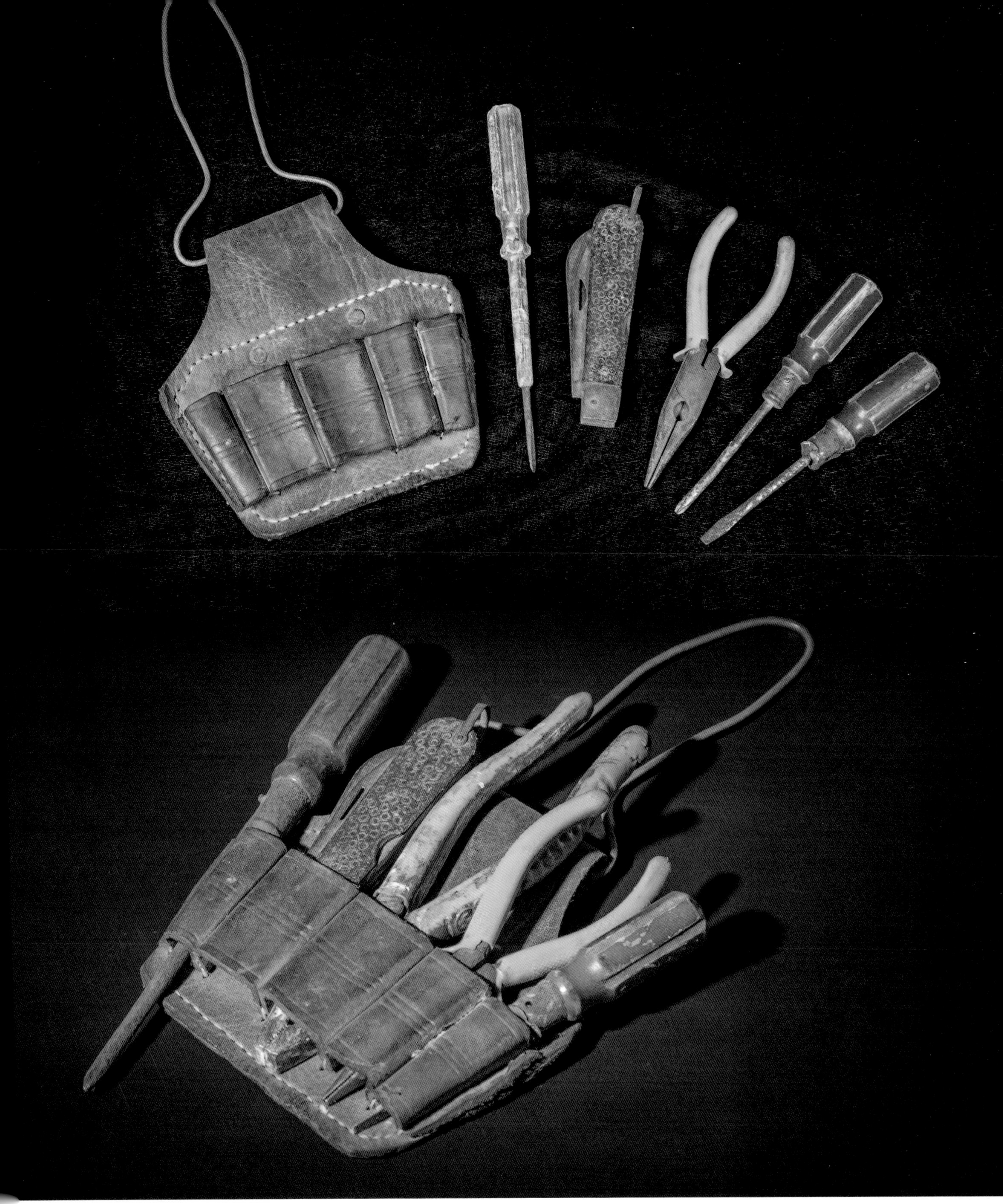

▲ 电工工具包

电工工具包

电工工具包可以装填螺丝刀、电工钳等小型电工工具，一般是斜挎在腰间使用。

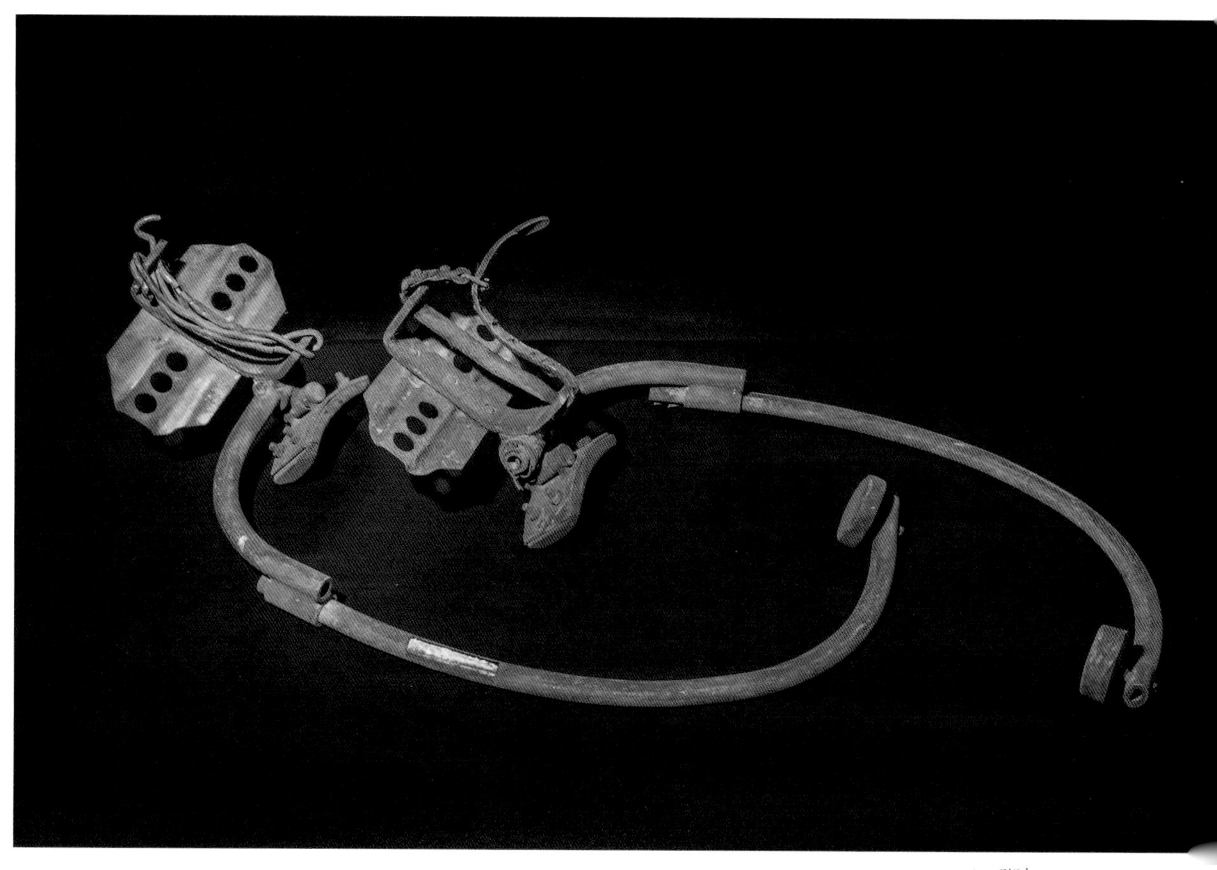

▲ 脚扣

脚扣

脚扣俗称“铁鞋”，是电工攀爬电线杆作业时的工具，配合安全带使用。

▼ 台虎钳

台虎钳

台虎钳是用来夹持工件的一种工具。

胶枪

胶枪是一种打胶的工具，广泛用于多种行业。

▼ 胶枪

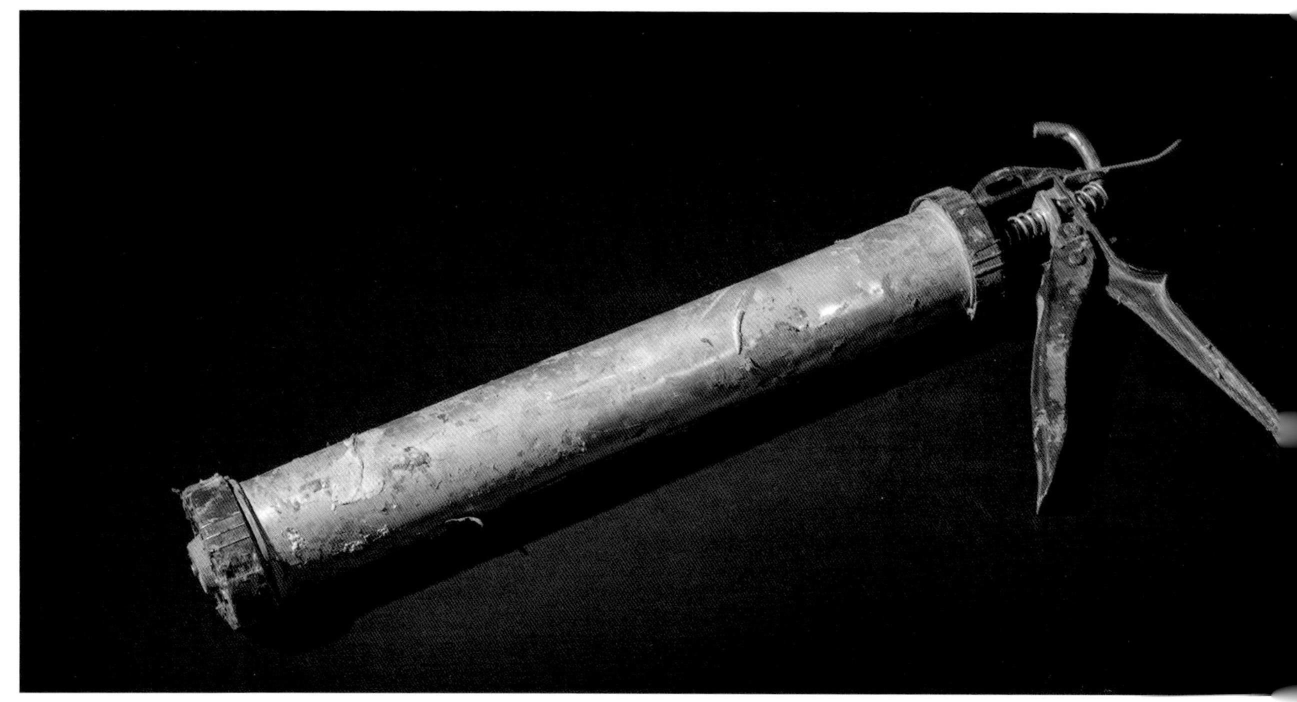

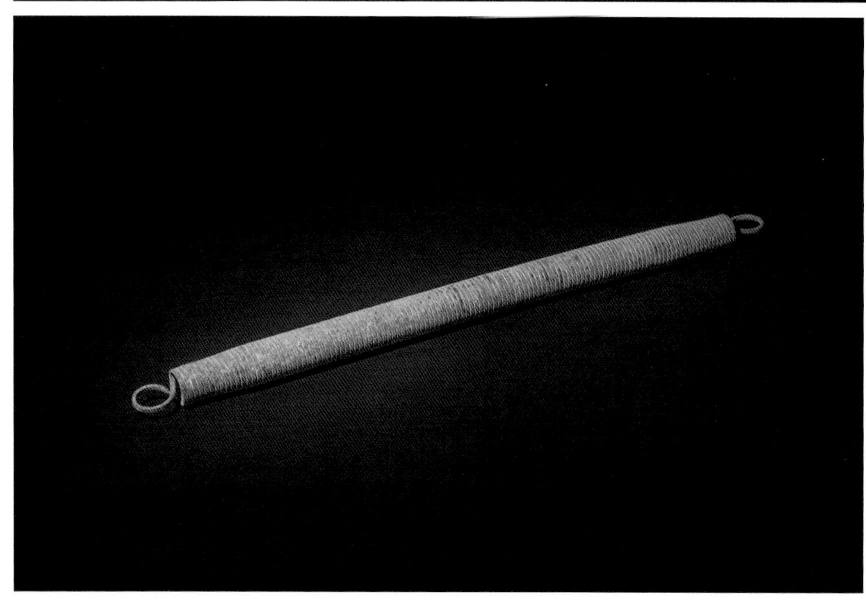

▲ 线管弹簧

线管弹簧

线管弹簧是电线管埋设过程中，用于线管弯弧的工具，使用时根据PVC线管的直径进行选择。

手动钢管套丝机

手动钢管套丝机是一种专用套丝器械，用以金属管割丝，无需电源，适合野外作业。

▲ 手动钢管套丝机

▲ 管子割刀

管子割刀是用来切割金属管材的一种工具。

▼ 手动液压弯管机

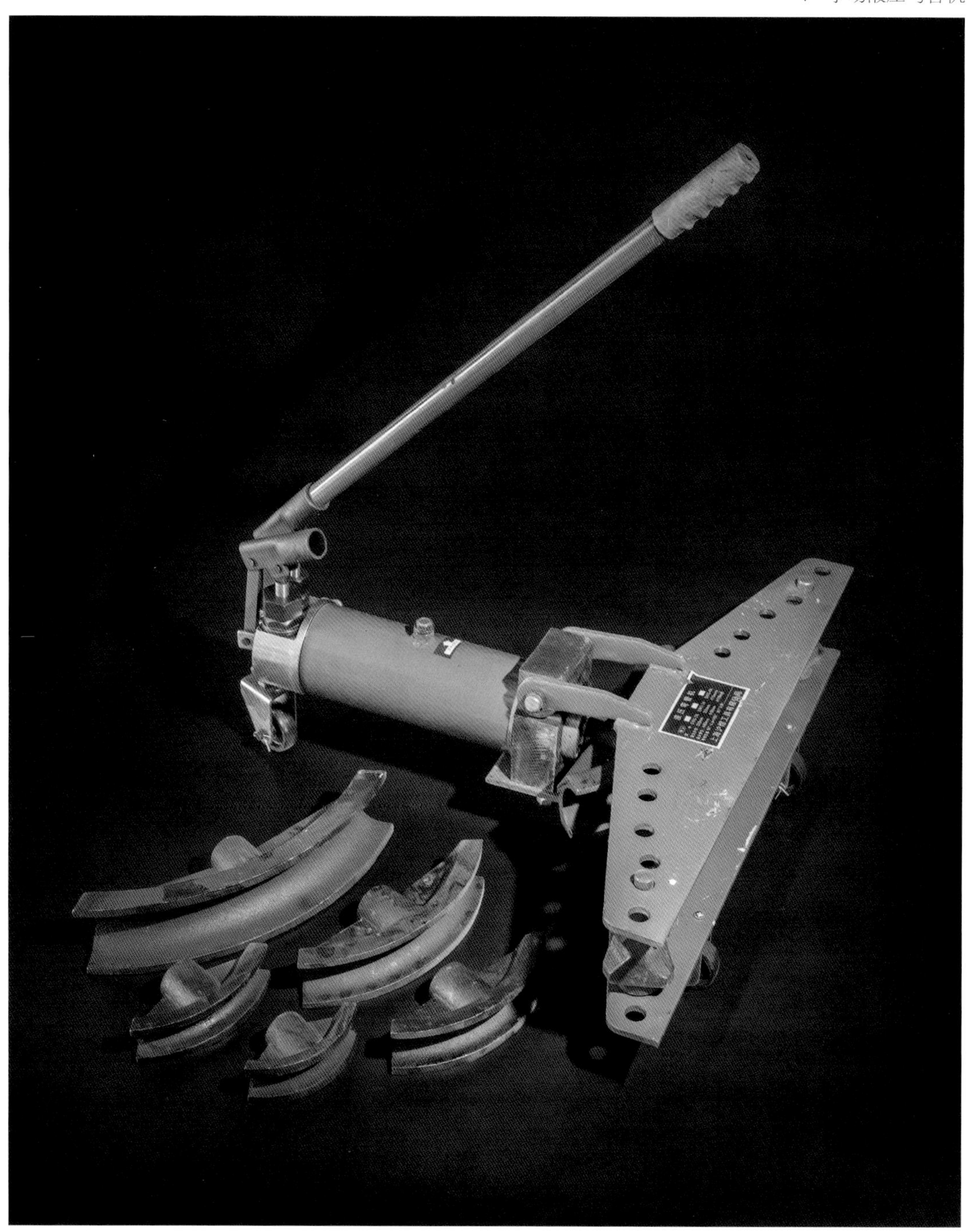

手动液压弯管机

手动液压弯管机是一种利用液压对管道进行弯曲的工具，具有功能多、操作简单、移动方便、安装快速等特点。

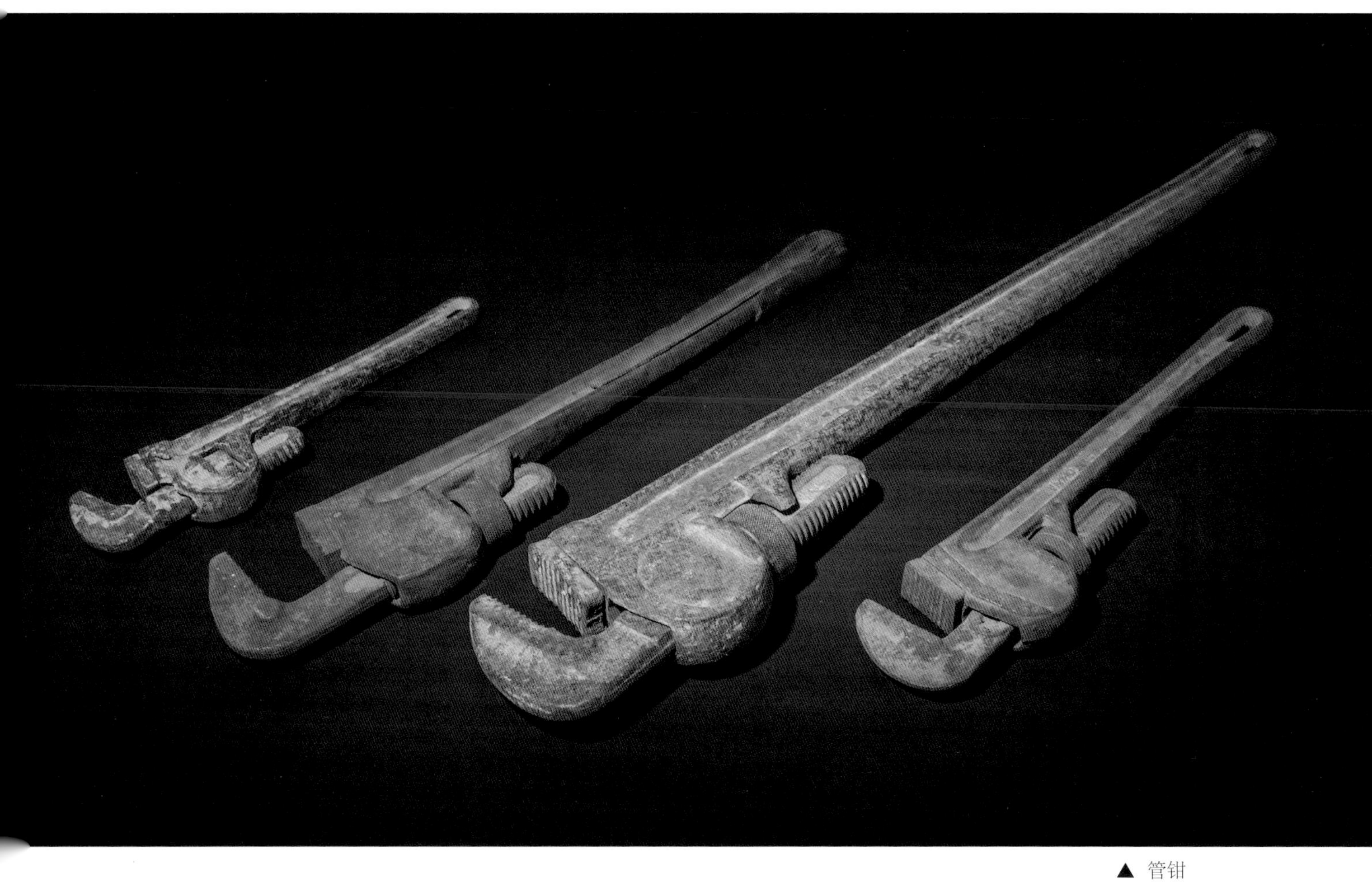

▲ 管钳

管钳

管钳多用于安装和拆卸小口径金属管材，它是由钳柄和活动钳口组成。活动钳口用套夹与钳把柄相连，根据管径大小通过调整螺母以达到合适的紧度，钳口上有轮齿，以便咬紧管子转动。

管子台虎钳

管子台虎钳，俗称“龙门轧头”“压力钳”，用以夹持金属管材以便切割、套丝等。

▼ 端子压线钳

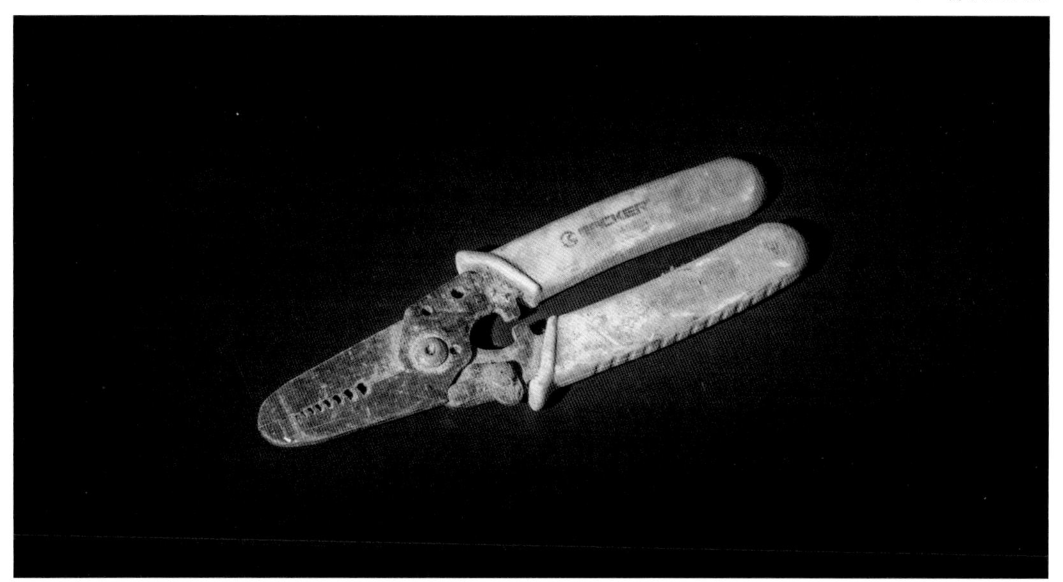

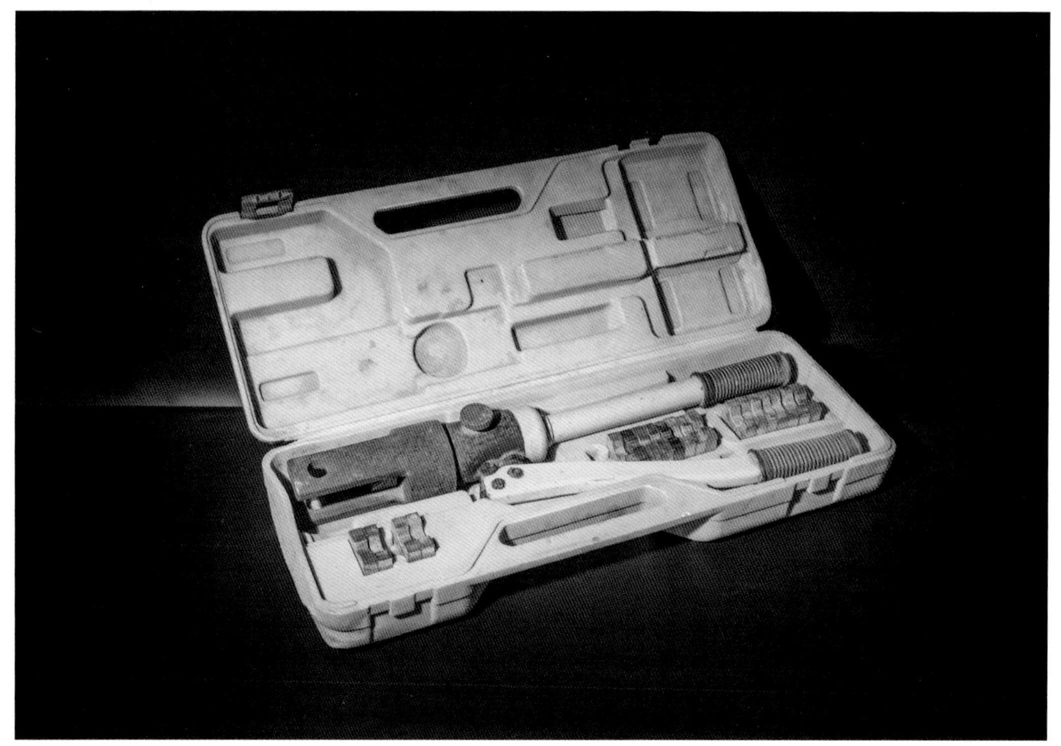

▲ 液压压线钳

压线钳

压线钳是一种可以用于压线、剪线的钳子。如电话线接头、网线接头都是用压线钳压制而成的。液压压线钳是压接工具的一种，用以压接多股铝线和铜芯导线。

喷灯

喷灯是利用喷射火焰对工件进行加热的一种工具，分为煤油喷灯和汽油喷灯。

▼ 喷灯

▲ 手锤

手锤

手锤主要与凿子合用进行开沟凿洞，是电工常用工具之一。

穿线器

穿线器用于室内照明线路穿线使用。

▼ 穿线器

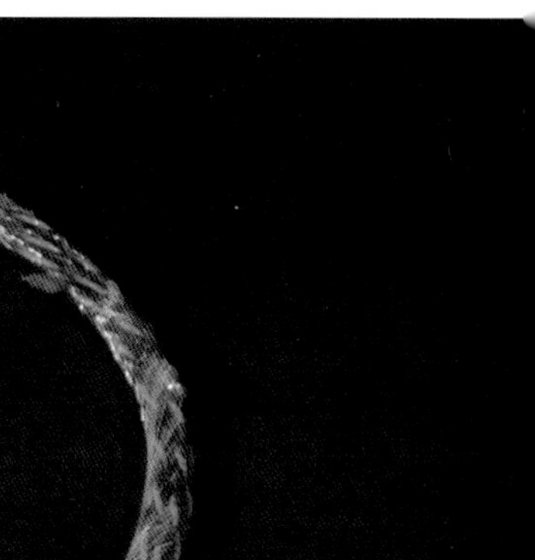

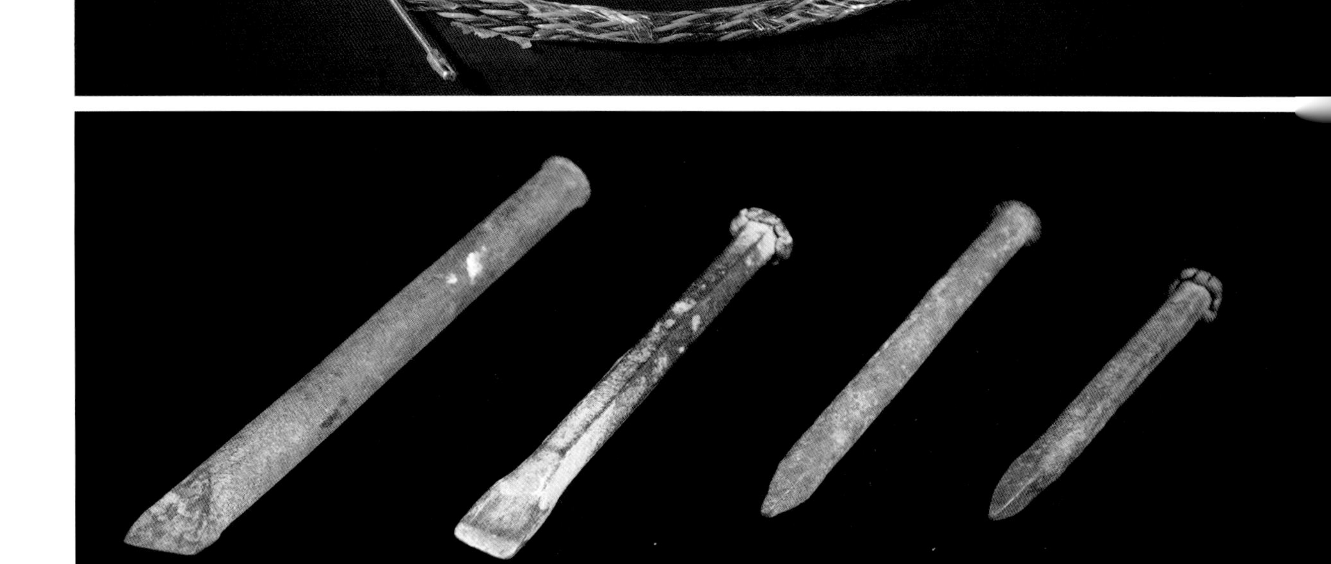

▲ 凿子

凿子

凿子是一种钢制工具，有扁凿、尖凿多种刃口之分，主要用于凿孔开沟。

钢锯

钢锯包括锯架和锯条两部分，可切断较小尺寸的圆钢、角钢、扁钢和工件等。

▼ 钢锯

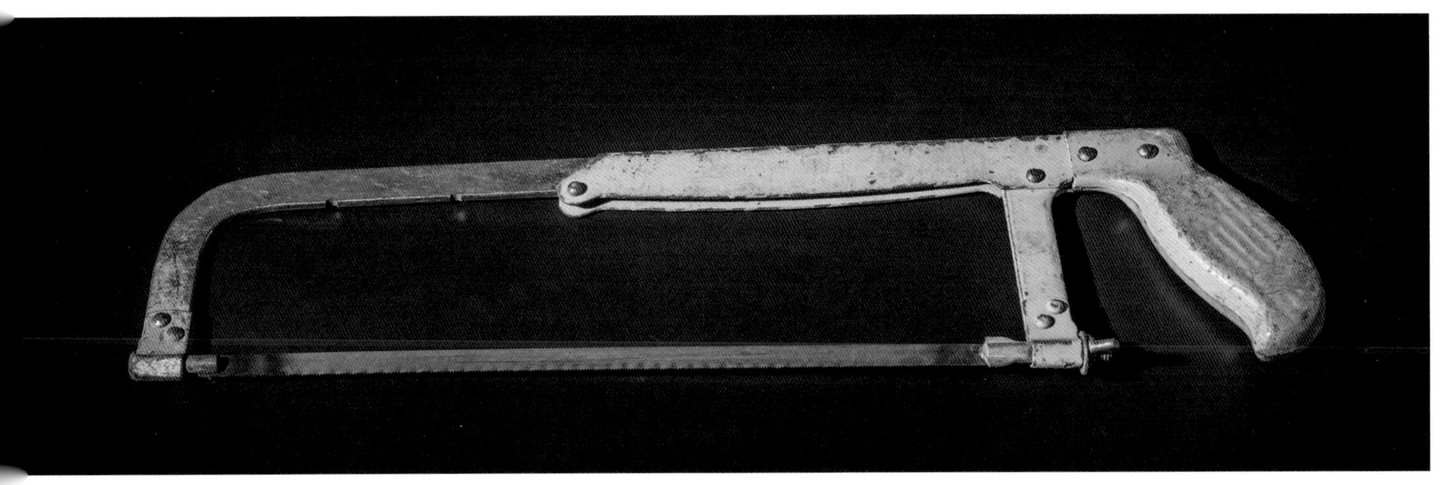

▲ 八磅锤

八磅锤

八磅锤在电气安装使用过程当中，多用于较大设备、器具安装时的敲打、固定。

PVC 管道剪

PVC管道剪最大开口径28mm，用于电气PVC管道裁剪、切割。

▶ PVC管道剪

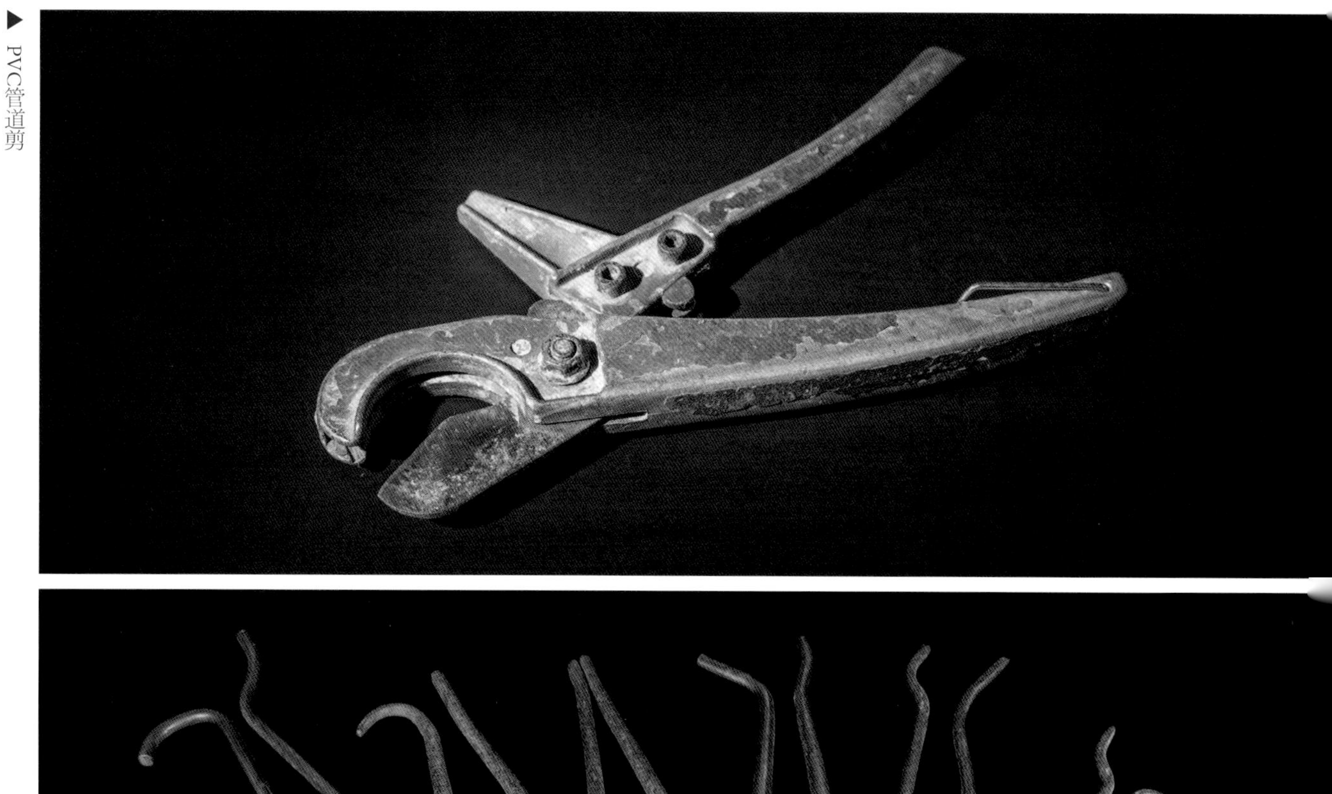

▲ 铁皮剪

铁皮剪

铁皮剪用于剪白铁皮、薄铝板、薄铁板等。

圆板牙扳手

圆板牙扳手是套丝或修正外螺纹的加工工具，与圆板牙配套使用。

▲ 圆板牙扳手

▲ 圆板牙

板牙

板牙相当于一个具有很高硬度的螺母，螺孔周围制有几个排屑孔，一般在螺孔的两端磨有切削锥。板牙按外形和用途分为圆板牙、方板牙、六角板牙和管形板牙等。

锉刀

锉刀是一种锉削工具，电工常用半圆锉刀清除镀锌管道接口处的毛刺。

▼ 锉刀

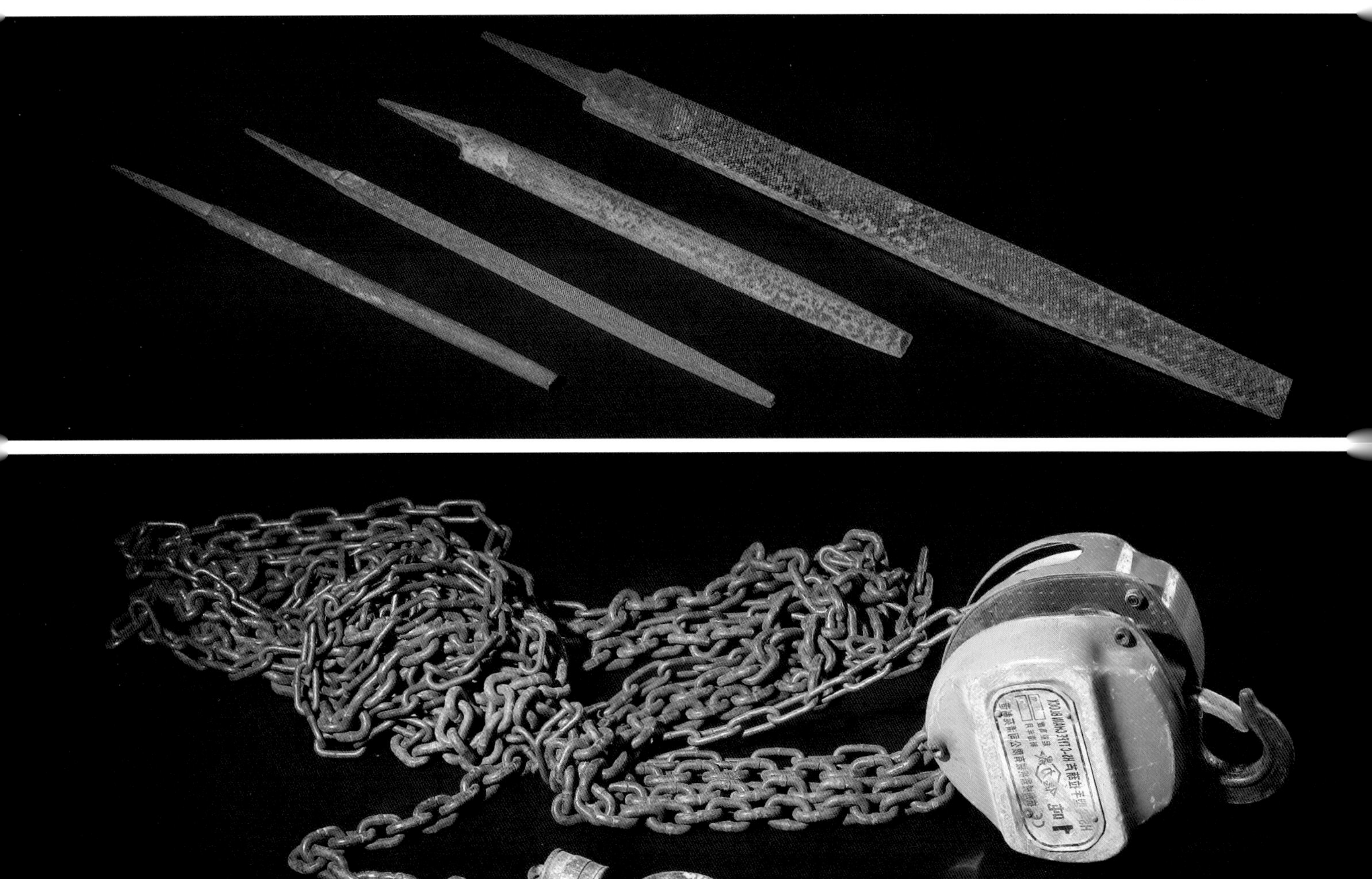

▲ 捯链

捯链

捯链又称“手拉葫芦”“神仙葫芦”“斤不落”，是一种小型的起重装置，适用于小型货物的短距离吊运，起重量一般不超过10t，起重高度一般不超过6m。

射钉枪

射钉枪又称射钉器。它是利用空包弹、燃气或压缩空气作为动力，将射钉打入建筑体内的紧固工具。

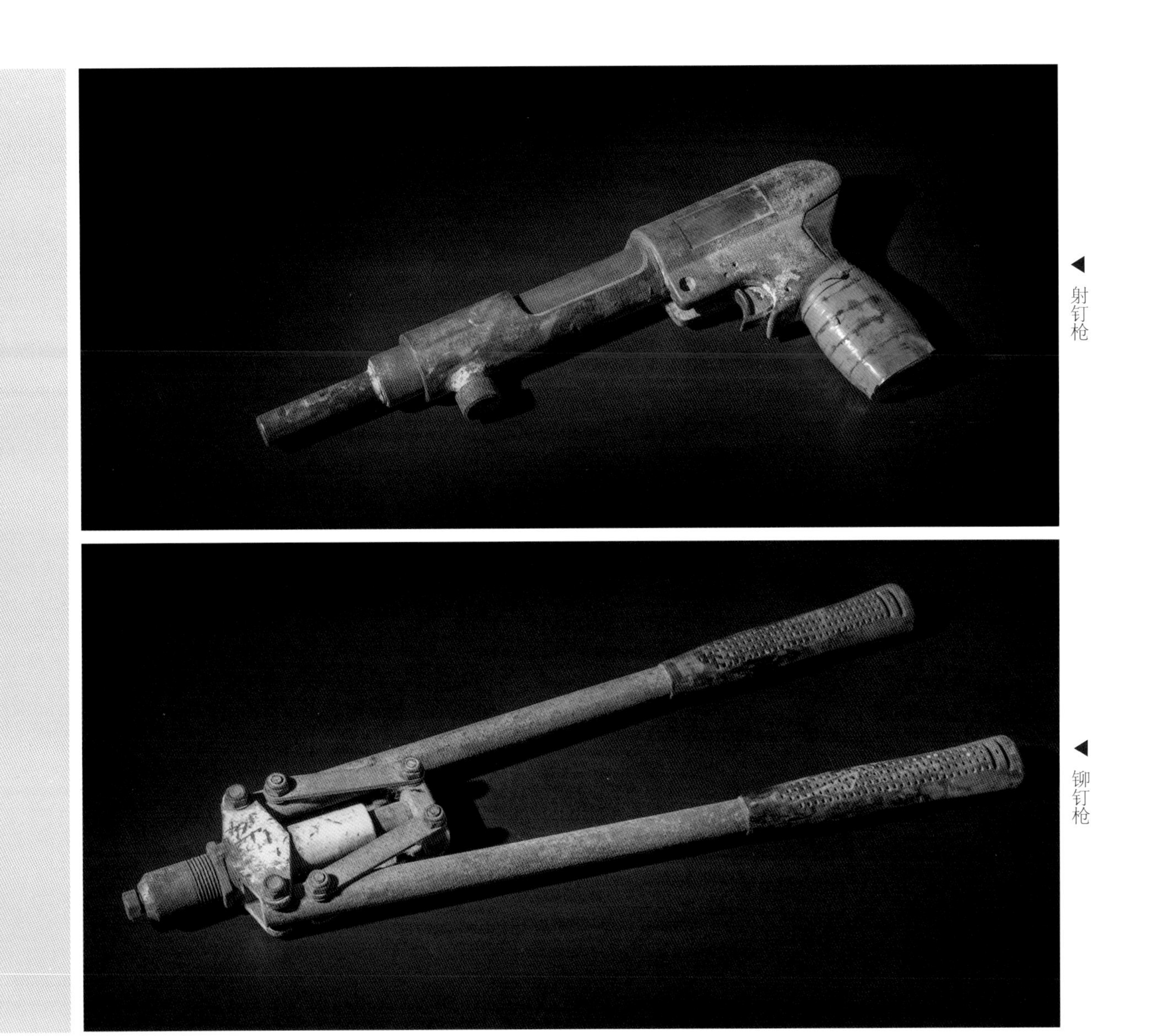

◀射钉枪

◀铆钉枪

铆钉枪

铆钉枪是用于各类金属板材、管材等紧固铆接的工具，在不适用焊接及攻内螺丝时常用铆钉。

▶ 千斤顶

千斤顶是一种顶托重物的设备。其结构轻巧坚固、灵活可靠，一人即可携带和操作。

▲ 乙炔表

▲ 氧气表

乙炔表与氧气表

乙炔表与氧气表是乙炔瓶、氧气瓶的仪表配件。

割枪

切割枪与氧气表、乙炔表、氧气瓶、乙炔瓶配套使用，主要用来切割角铁、槽钢等材料。

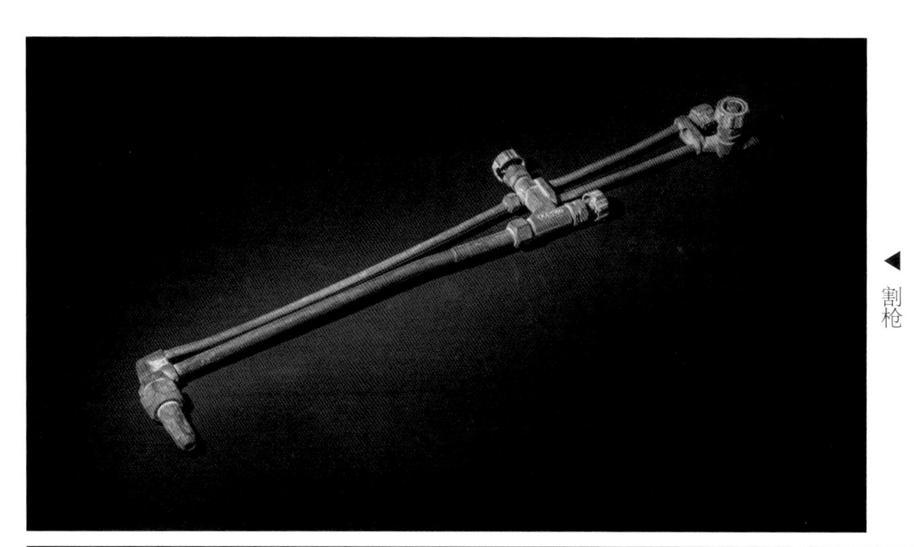

◀ 割枪

▲ 交流弧焊机

交流弧焊机

交流弧焊机属于特种焊机，是用来进行焊接切割的工具。在水电暖安装工程用于防雷接地焊接、管道焊接及支架焊接等。

液化气罐与氧气瓶

液化气罐是用来储存液化气的储罐，由护罩、阀座、瓶体和底座四部分组成。氧气瓶是储存和运输氧气的专用高压容器，由瓶体、瓶阀、和瓶帽组成，此外还有防震胶圈，瓶体为天蓝色。其与乙炔瓶、乙炔表、乙炔管、焊炬、割炬配套使用，常用于钢结构工程、钢板切割、给水排水管道切割。

氩弧焊机

▲ 氩弧焊机

在电气安装作业中，氩弧焊机可以用来切割、焊接管道及管道支架，实际操作时多用来切割。

▲ 电焊钳焊接场景

▲ 电焊钳

电焊钳

电焊钳是夹持电焊条，传导焊接电流的手持绝缘器具。

放线架

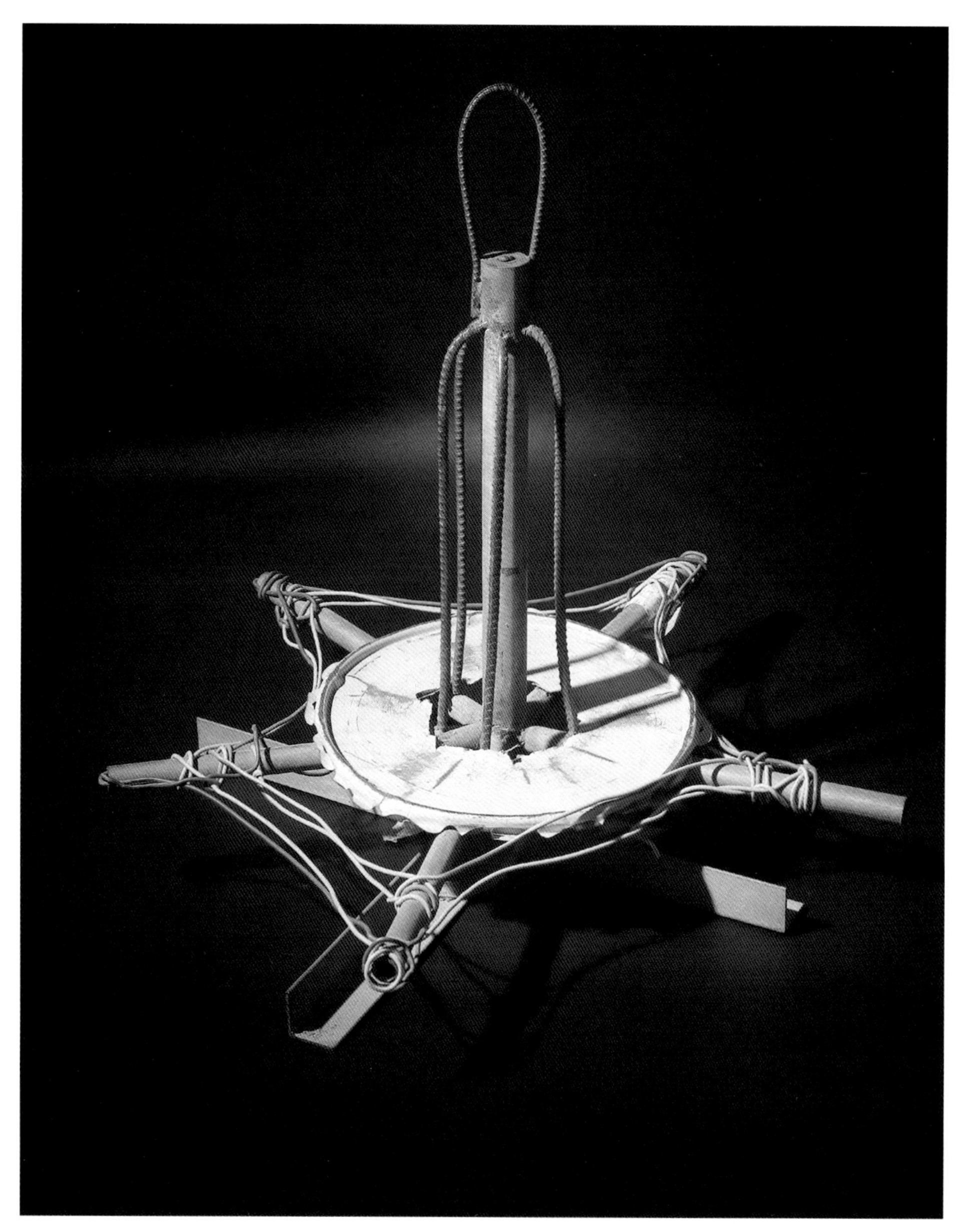

▲ 放线架

放线架主要用于室内照明线路穿线使用。

电缆盘支架

▲ 电缆盘支架

电缆盘支架主要用于大盘电缆支撑卷、放线使用。

▲ 卷线器

卷线器

卷线器又称“电缆卷筒”或“电缆卷线器”，是安装现场的一种小型电动工具，可以用电卷线。

人字梯

人字梯是电工高处作业常用的工具，有木制、铁制以及铝合金等材质，具有携带方便、使用灵活、简单高效等特点。

▲ 人字梯

伸缩梯

伸缩梯是电工登高作业工具，具备伸缩功能，携带方便，易于存放。

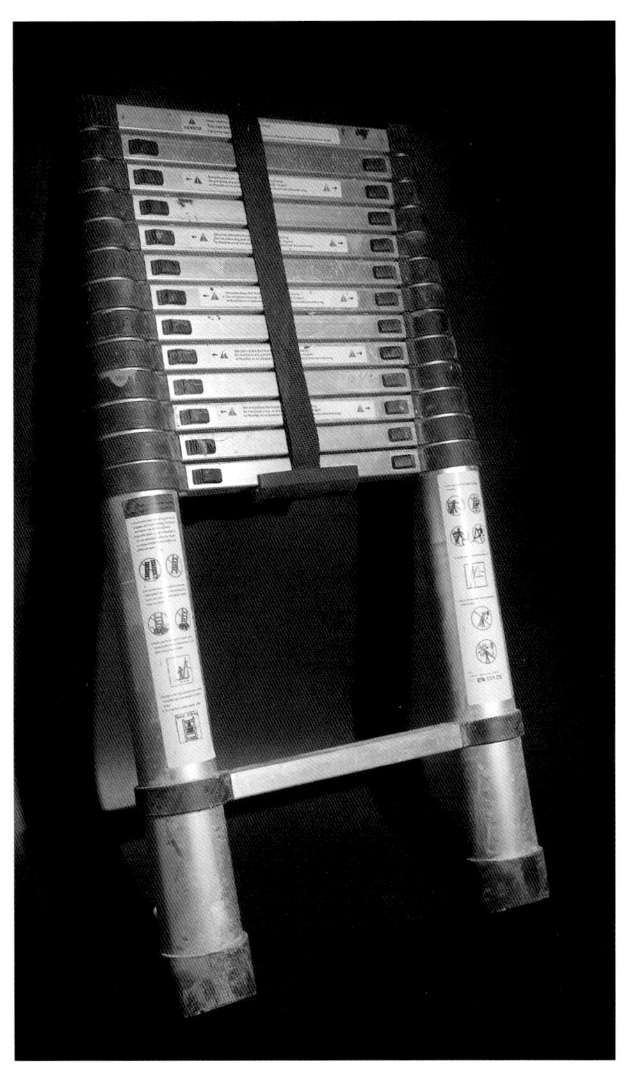

▲ 伸缩梯

◀ 组合脚手架

组合脚手架

组合脚手架常用于顶棚或高处的施工作业。它的特点是移动灵活、拆卸组装方便。

第十六章　电动工具

电工电动工具包括：手电钻、冲击钻、电锤、空气压缩机、角磨机、穿线管弯管器、砂轮切割机等。

▲ 手电钻

手电钻

手电钻是以电力为驱动的小型电气工具，配合不同的钻头有不同的功用，用途广泛，操作灵活。

◀ 充电手电钻工作场景

充电手电钻

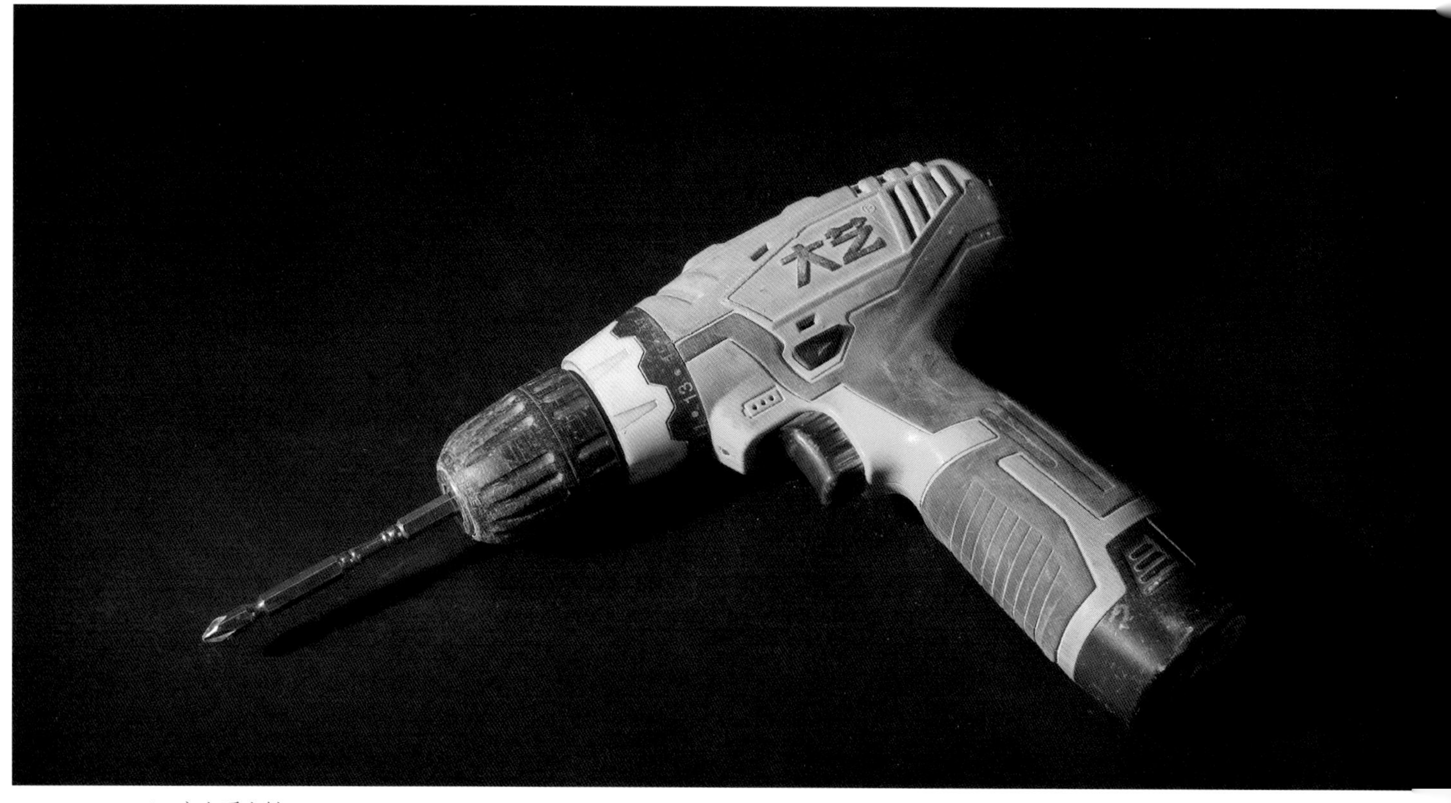

▲ 充电手电钻

充电手电钻工作时不需要外接电源，所以适合在野外或在没有电源的地方使用。

冲击钻

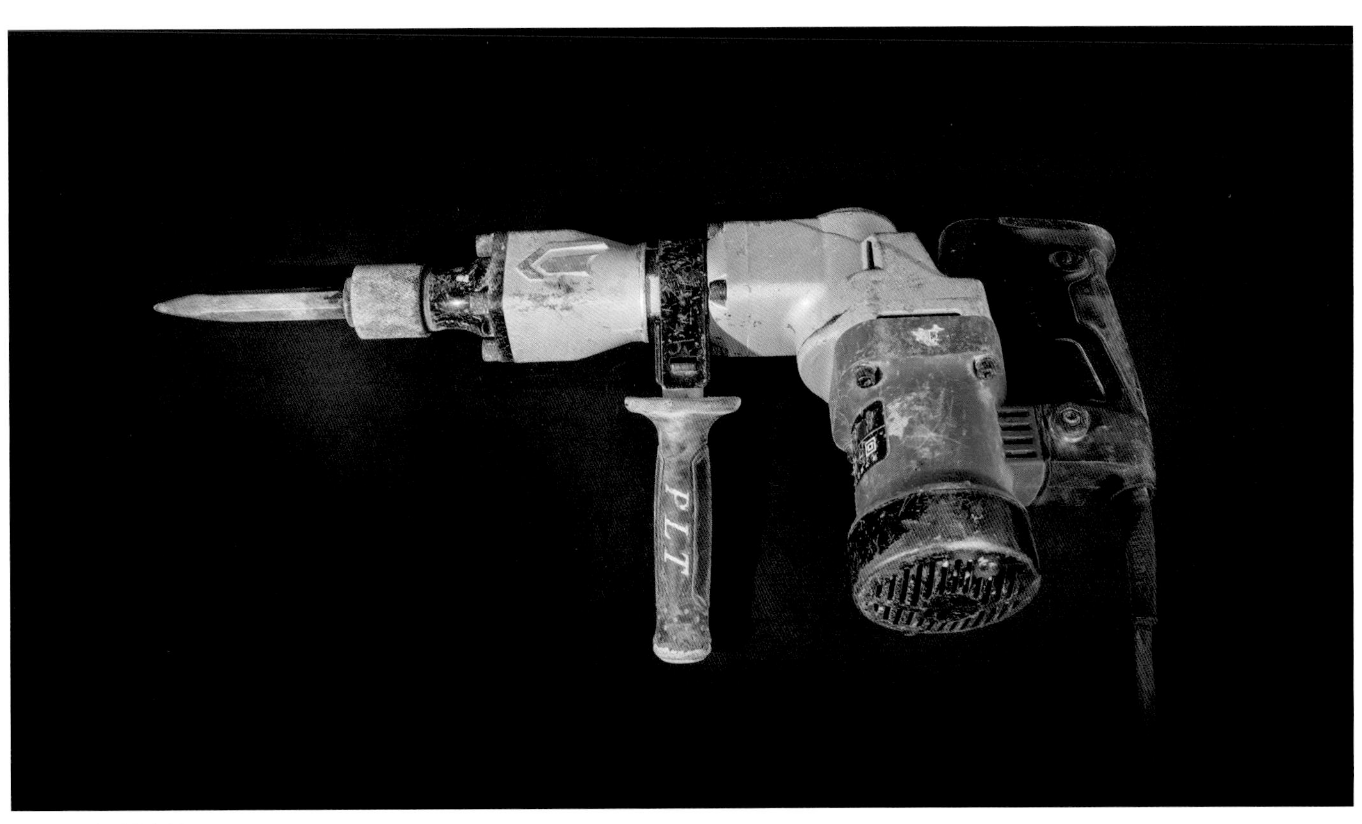

▲ 冲击钻

冲击钻主要用于对混凝土地板、墙壁、砖块、石料、木板或多层材料进行冲击打孔。

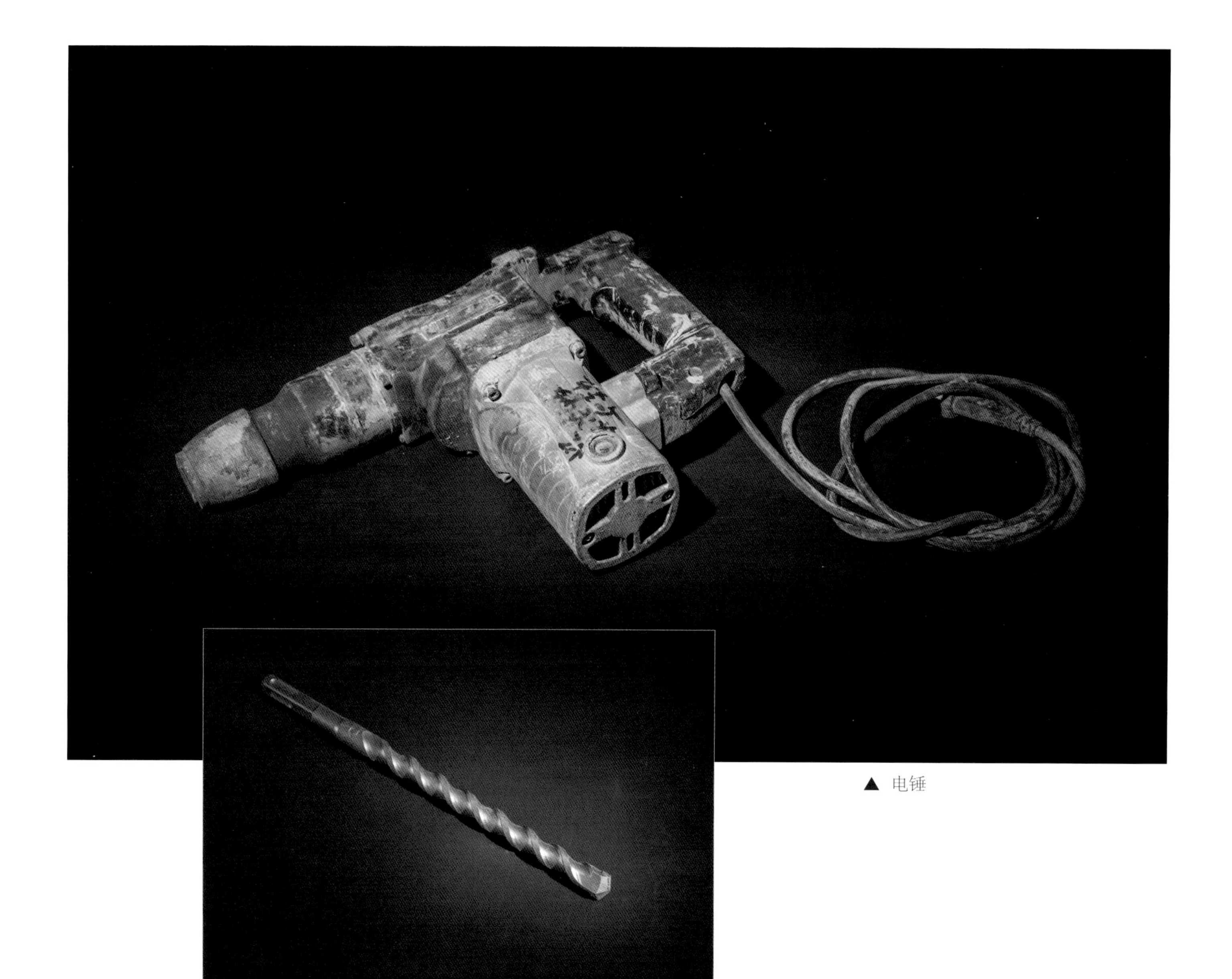

▲ 电锤

▲ 冲击钻头

电锤与冲击钻头

电锤是电钻中的一种，主要用来在混凝土、楼板、石墙、砖墙等坚固物体上钻孔。冲击钻头与电锤配套使用。

▲ 空气压缩机

空气压缩机

空气压缩机是一种用以压缩气体的设备，在工程中主要用于管道压力测试。

▲ 角磨机

角磨机

角磨机也称之为“研磨机”或“盘磨机”，是一种手提式电动工具，可用于切割、打磨、抛光。

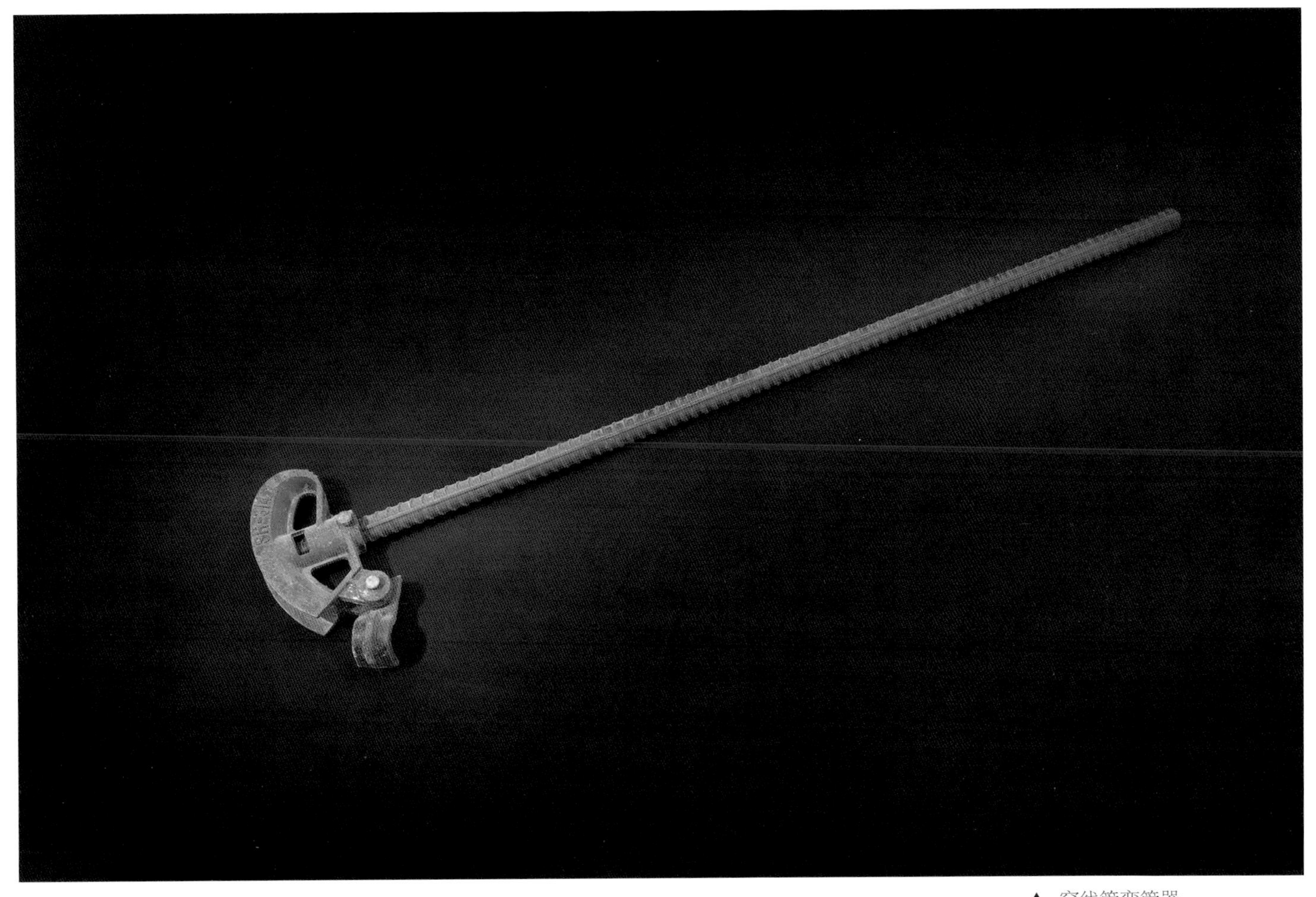

▲ 穿线管弯管器

穿线管弯管器

穿线管弯管器用于KBG、JDG管弯管使用，常用的有ø16、ø20、ø25等几种型号。

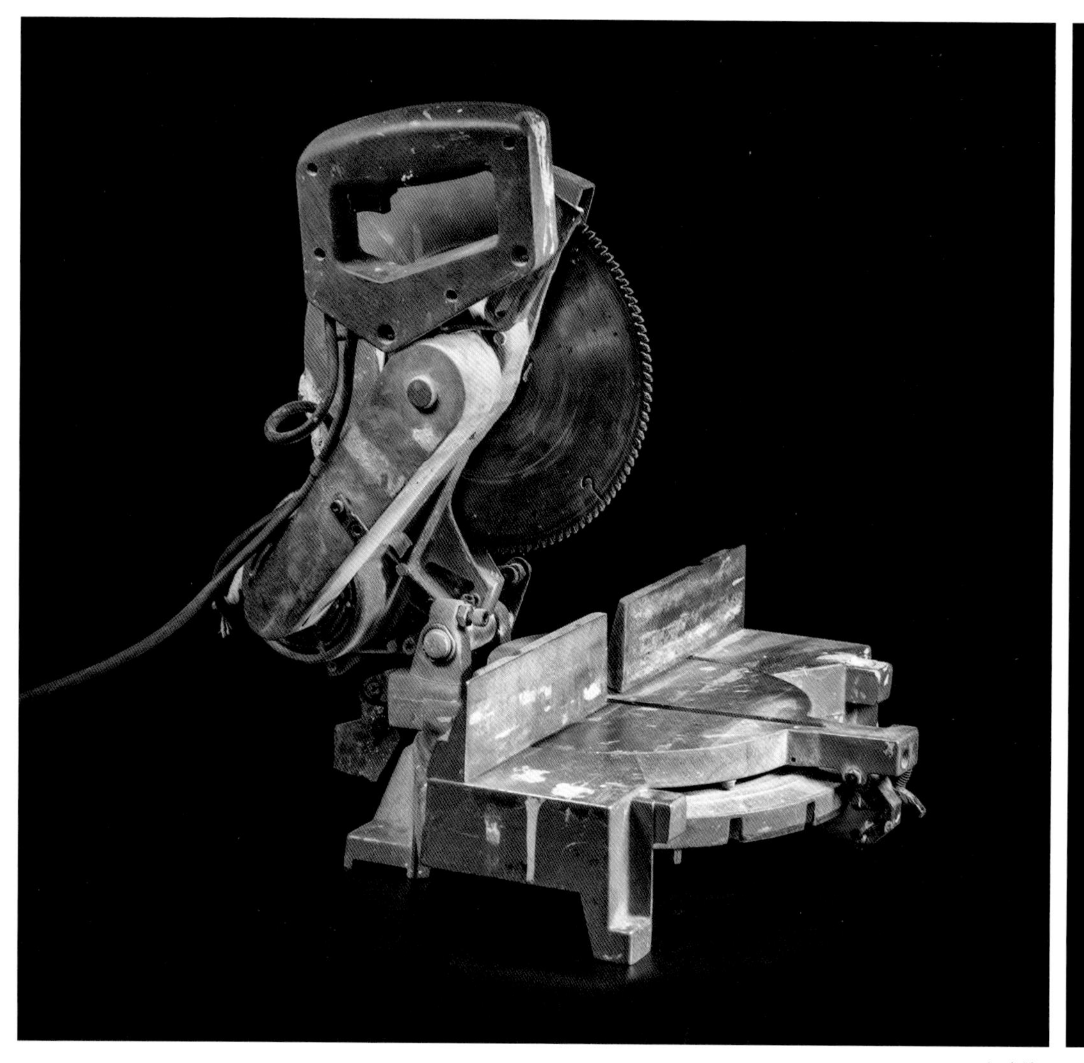

▲ 切割机

切割机

切割机，又称“型材切割机”，适用于建筑、五金、石油化工、机械冶金及水电安装等部门。型材切割机可对金属方扁管、方扁钢、工字钢、槽型钢、碳元钢等材料进行切割。

▲ 电动套丝机

电动套丝机

电动套丝机又名“绞丝机”“管螺纹套丝机”。套丝机是以电力为驱动的套丝机械。

▼ 套丝机板牙

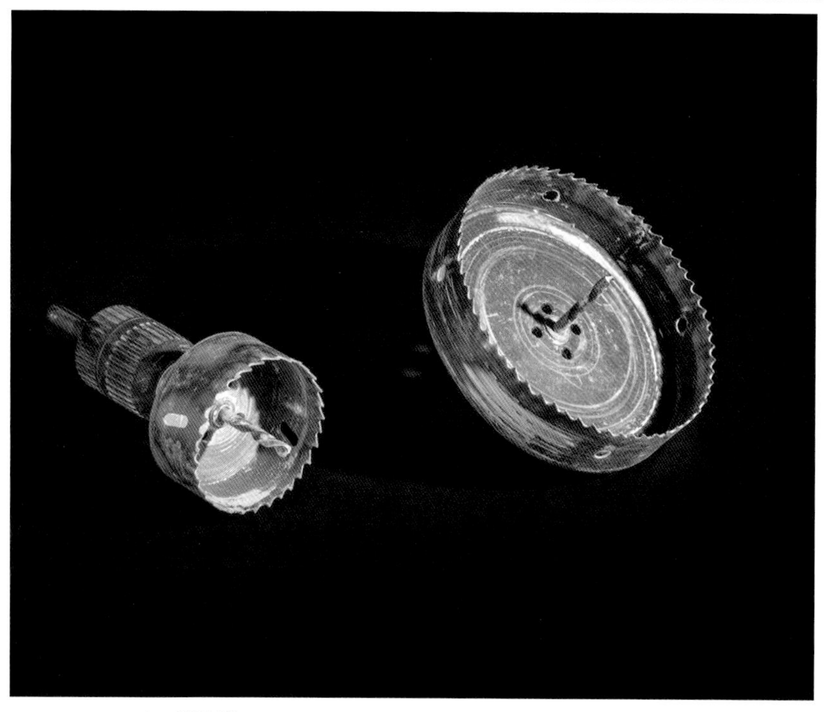

▲ 开孔器

套丝机板牙

套丝机板牙俗称管子板牙，是一种在圆管上能切削出外螺纹的专用工具，与套丝机配套使用。

开孔器

开孔器也称为“开孔锯”或“孔锯”，是现代工业中加工圆形孔的一种锯切类特殊圆锯，是电钻等电动工具的配件。开孔器根据不同大小、深浅的需求，有不同的孔径和规格。

▼ 电烙铁

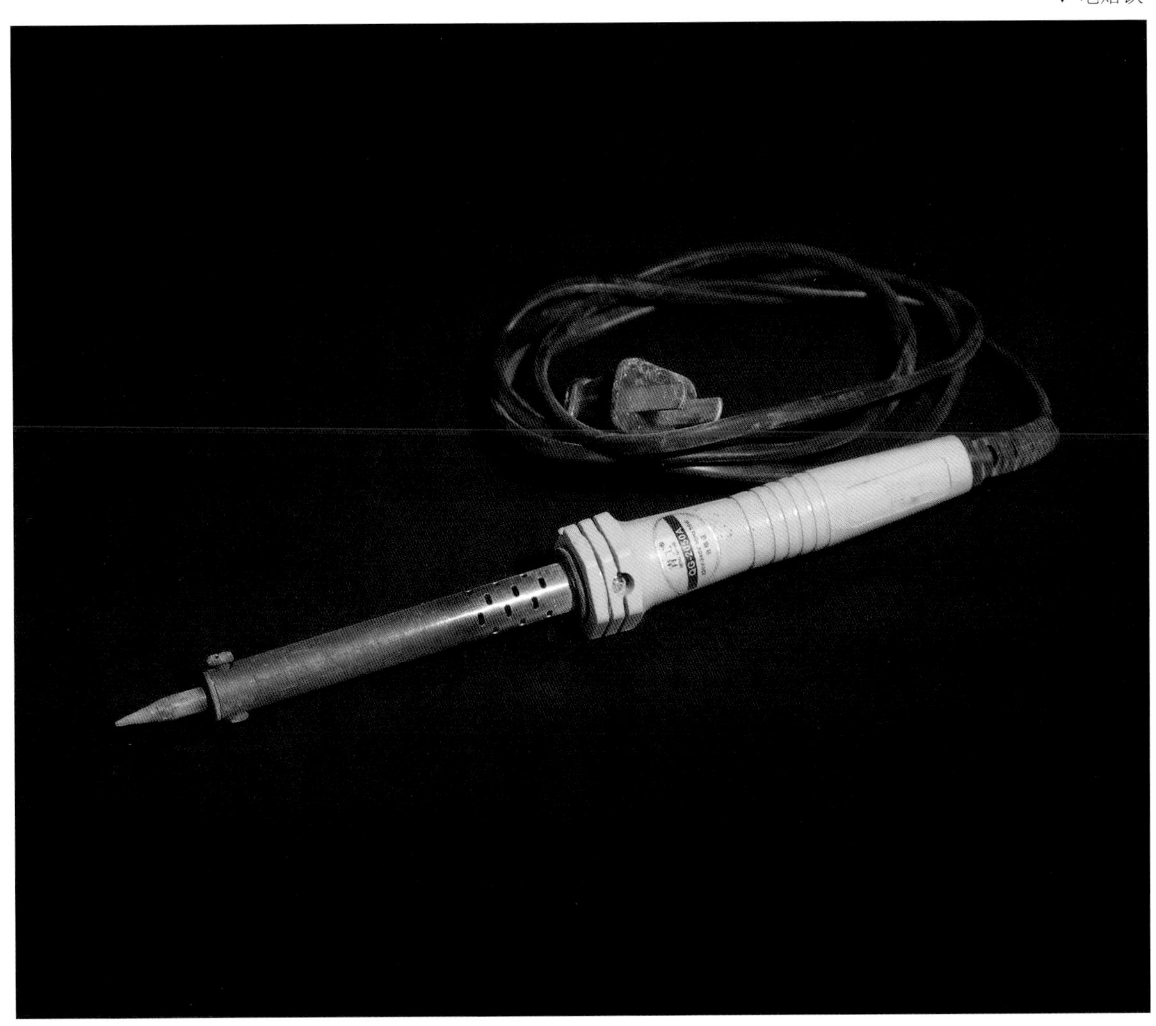

电烙铁

电烙铁是电工常用的一种焊接工具，有外热式和内热式两种，主要用于焊接电气元件及导线。

▼ 电炉

电炉

电炉是通过电阻丝接通在电路中的电流产生热效应的工具，常用于室内电路接头焊、锡焊加热（配套工具有焊锡锅、焊锡条、焊锡膏等）。

▼ 管道堵塞探测器

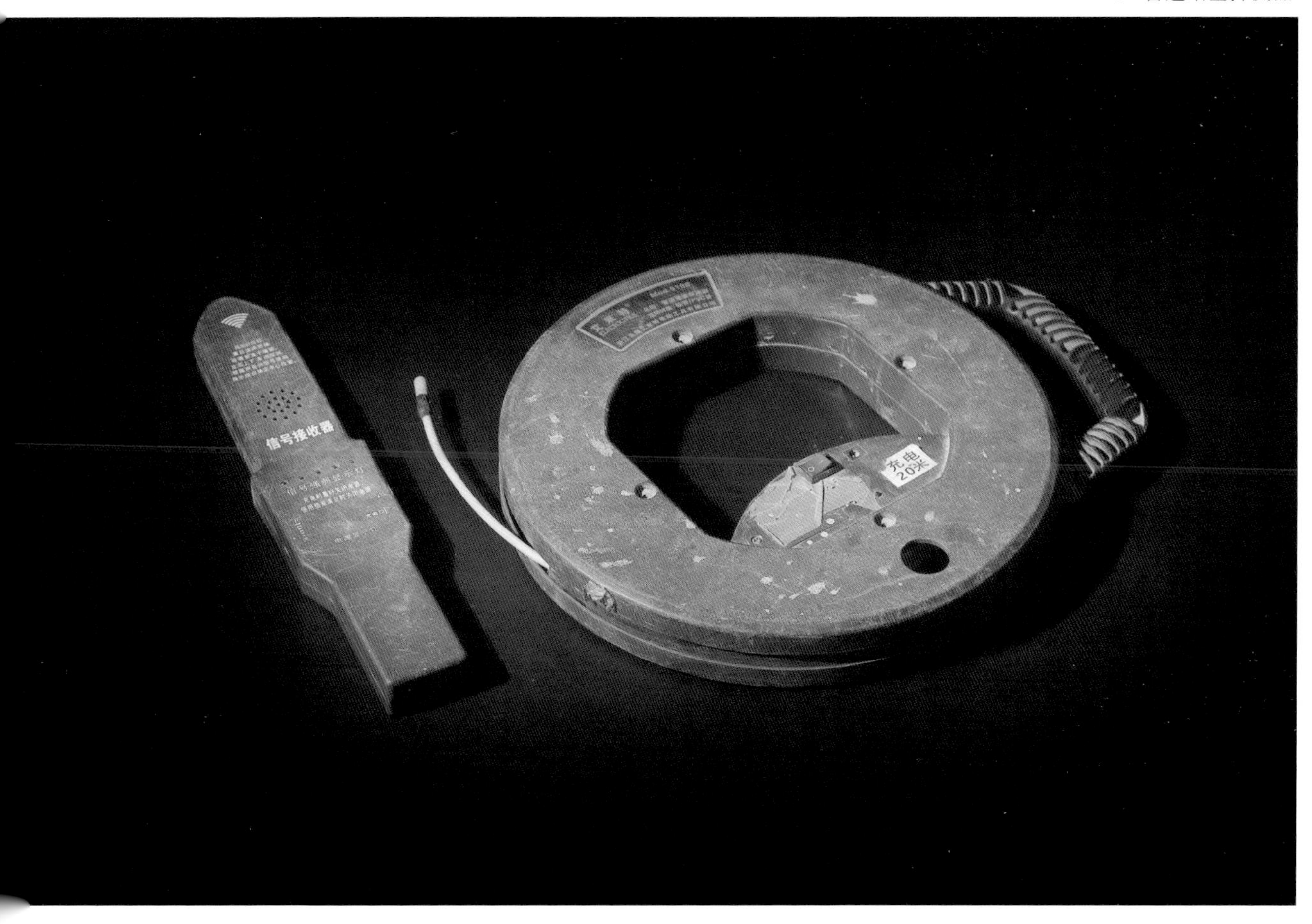

管道堵塞探测器

管道堵塞探测器是用于室内预埋管道检查堵塞的一种工具，由发射器和接收器组成。

▲ 喷枪

喷枪

喷枪是一种喷漆专用工具，在水电暖安装行业中多用来喷涂管材漆面。它是利用液体或压缩空气迅速释放作为动力的一种喷涂工具。

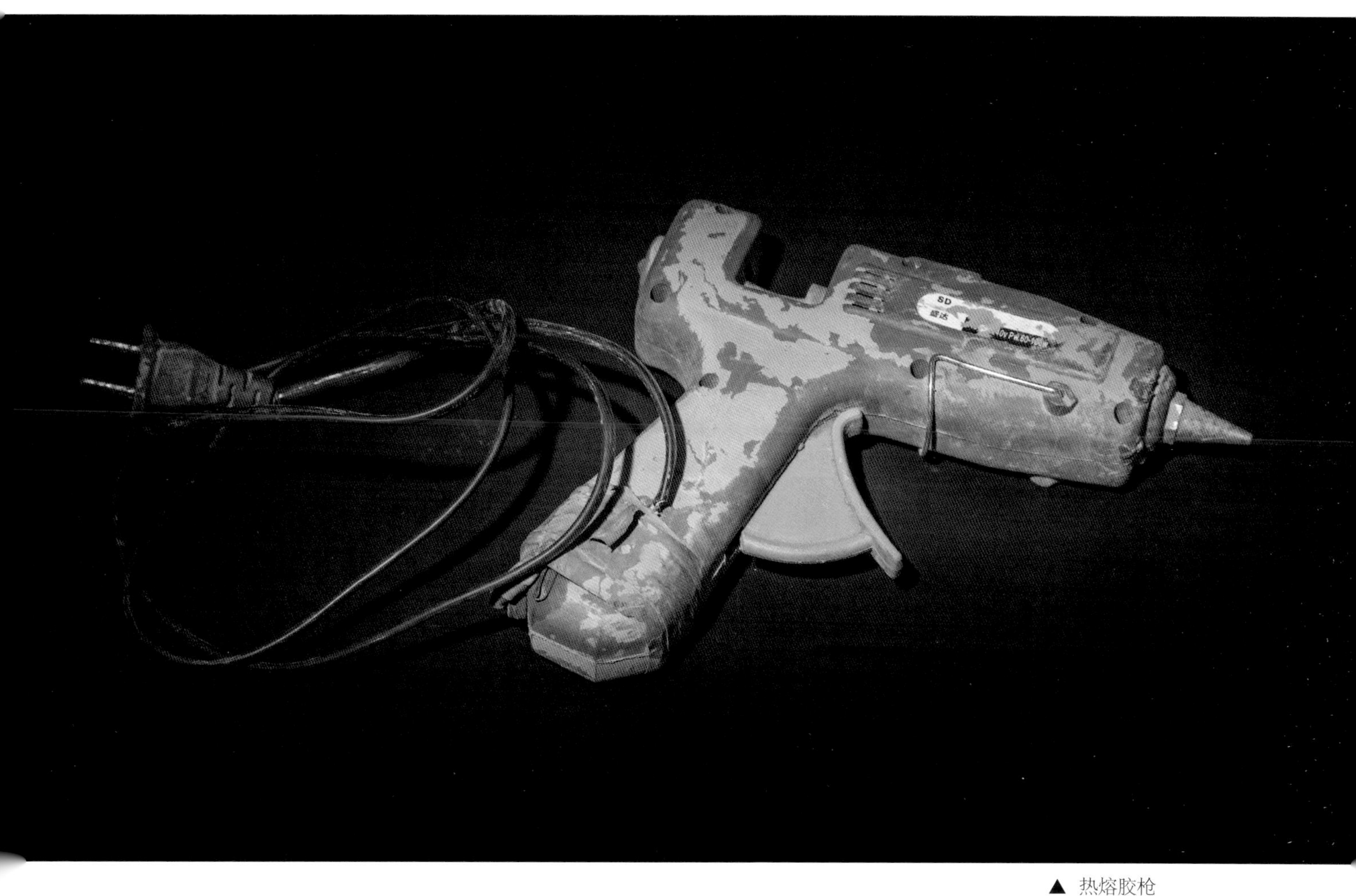

▲ 热熔胶枪

热熔胶枪

热熔胶枪，具有精确的开断效果、多种多样的胶嘴，可满足不同生产线的要求，适用小范围的胶接。

第十七章　安全防护工具

电工安装的安全防护工具主要有电焊面罩、电焊手套、手电筒、对讲机、高压接地线、高压拉闸杆、安全带绝缘手套、绝缘靴等。

▼ 电焊面罩

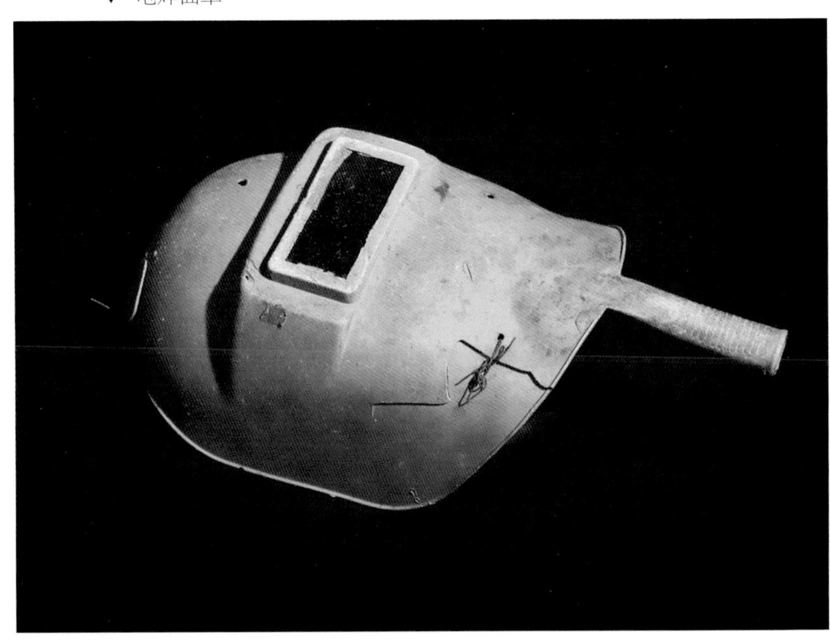

电焊面罩

电焊面罩俗称电焊帽，是焊割作业中起到保护作业人员安全的护具，主要有手持式、头戴式等样式，由罩体和镜片组成。保护工人眼睛免受强光刺激和皮肤烫伤，同时减少有害气体对身体的伤害。

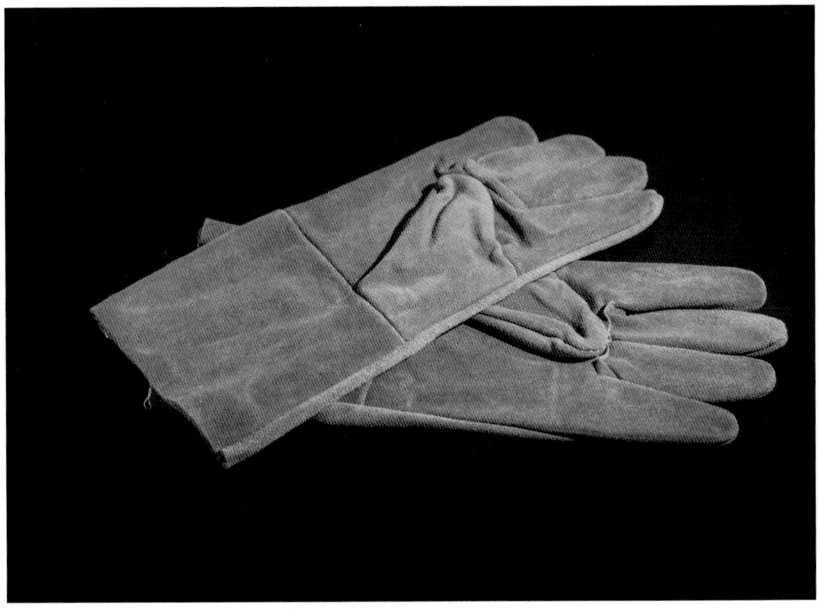

▲ 电焊手套

电焊手套

电焊手套主要有电弧焊手套和氩弧焊手套，是一种耐火、耐热的防护劳保用品，保护工人免遭火花烫伤、防止强光辐射手部。

手电筒

手电筒是用于黑暗环境或停电情况下作业照明用具。

▼ 手电筒

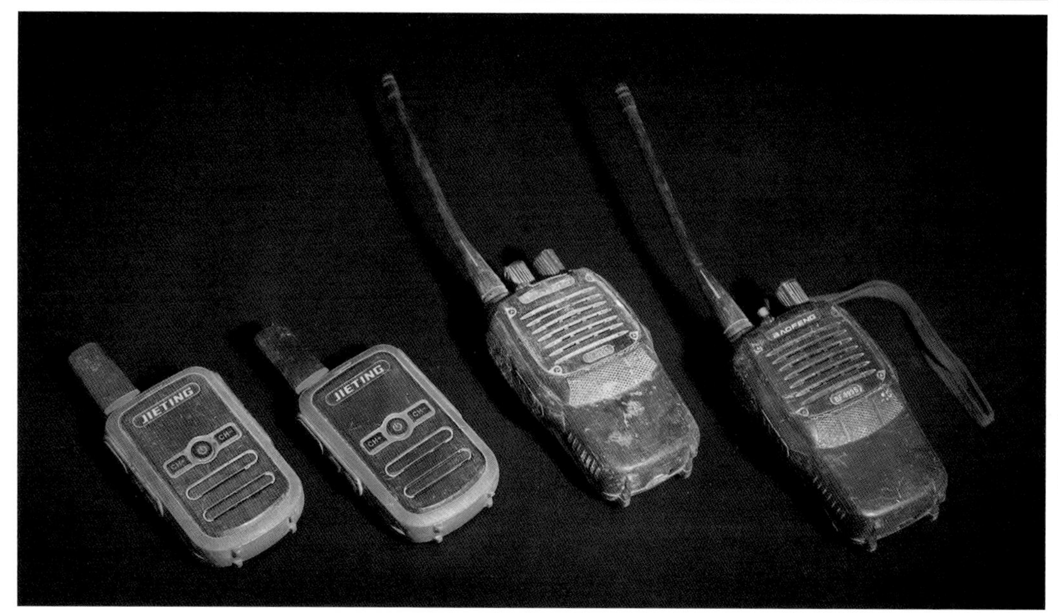

▲ 对讲机

对讲机

对讲机是施工人员远距离或隔层作业时的通信联络工具。

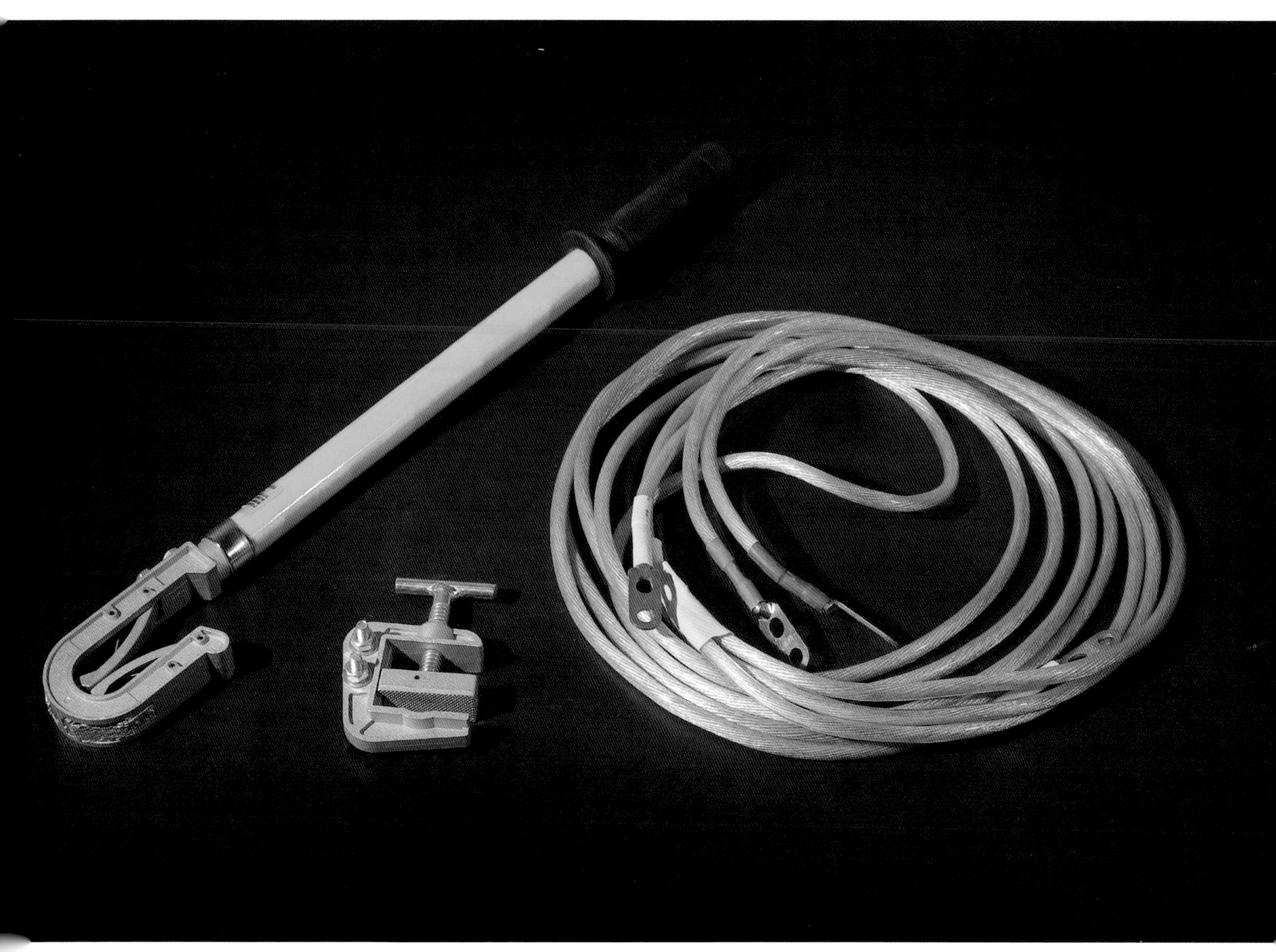

▲ 高压接地线

高压接地线

高压接地线采用优质玻璃钢材质，适用于电力系统停电时接地使用，是保证操作人员安全的必备防护设备。

高压拉闸杆

高压拉闸杆是电力系统停电、送电操作时用于短时间内对带电设备进行操作的绝缘工具，如接通或断开高压隔离开关、跌落熔丝具等。

▼ 高压拉闸杆

▲ 安全带

安全带

安全带属于防坠落护具，是伴随着建筑高度不断增加而出现的。安全带主要有半身型和全身型两种，是高处作业人员的重要防护用品。

▼ 绝缘手套

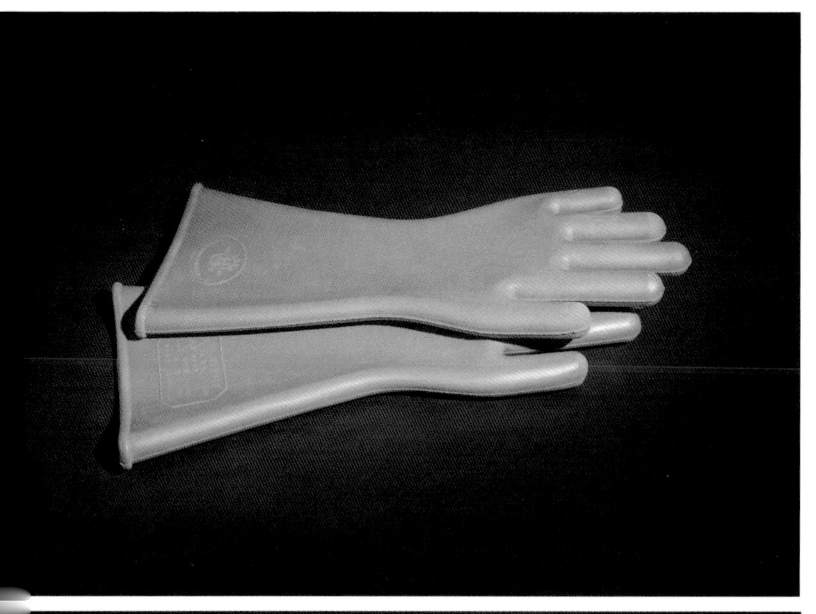

绝缘手套

绝缘手套是一种用橡胶制成的手套，具有防电、防水、耐酸碱、防化、防油等作用。

▲ 绝缘靴

绝缘靴

绝缘靴是高压电力设备电工作业时的安全用具，在1kV以下可作为基本安全用具。

▶ 灭火器

灭火器

灭火器是一种常见的防火、灭火器具。不同种类的灭火器内，装填的成分不一样，是专为不同的火灾起因预设的，应根据灭火需求选择使用。

▼ 安全帽

安全帽

安全帽由帽壳、帽衬、下颏带及部分配件组成，是施工现场必备的头部护具，可以防止高处落物打击与碰撞头部。

◀ 开关箱

开关箱

开关箱是工程施工队伍进驻现场后，从项目分箱单独接出的施工用电保护设施，分为三相开关箱和单相开关箱。

第五篇

陶器烧制工具

陶器烧制工具

黑陶，是中国古老的陶器制品，其器具有“黑如漆、声如磬、亮如镜、硬如瓷”的特点。最早可溯源至新石器时代晚期，其中以大汶口文化为最早，距今已有6000多年的历史。1928年中国考古学者吴金鼎，在山东省章丘市龙山镇的考古发掘中，发现了这一史前遗存，故被命名为龙山文化。山东省临朐县作为龙山文化的一个分支，有历史记载制陶技艺从明代就开始了，至今已有400多年的历史。

山东省临朐县的黑陶制陶技艺主要是经过细碎、滤筛、加水调合、捶砸等多道密实的工序而成澄泥，然后拉条盘坨上轮制坯。坯成后再经晾晒至半干，再绘图、雕刻、抛光、晒干，然后进入装窑烧制程序。

按照传统陶器制作的流程，我们大体可以把其工具分为：采土与晾晒工具，球磨与过滤工具，制坯与修坯工具，雕刻工具，装窑、烧制与出窑工具。

第十八章 采土与晾晒工具

陶器制作用土取自当地地表半米以下的纯净无杂质的生土，在场地晾干备用，若土内有杂质，则进行碾末除杂。

▼ 熟土

▲ 黑陶制作使用的主要材料——生土

镢

镢是一种常用的农具，陶器制作中常用来刨土、采土。

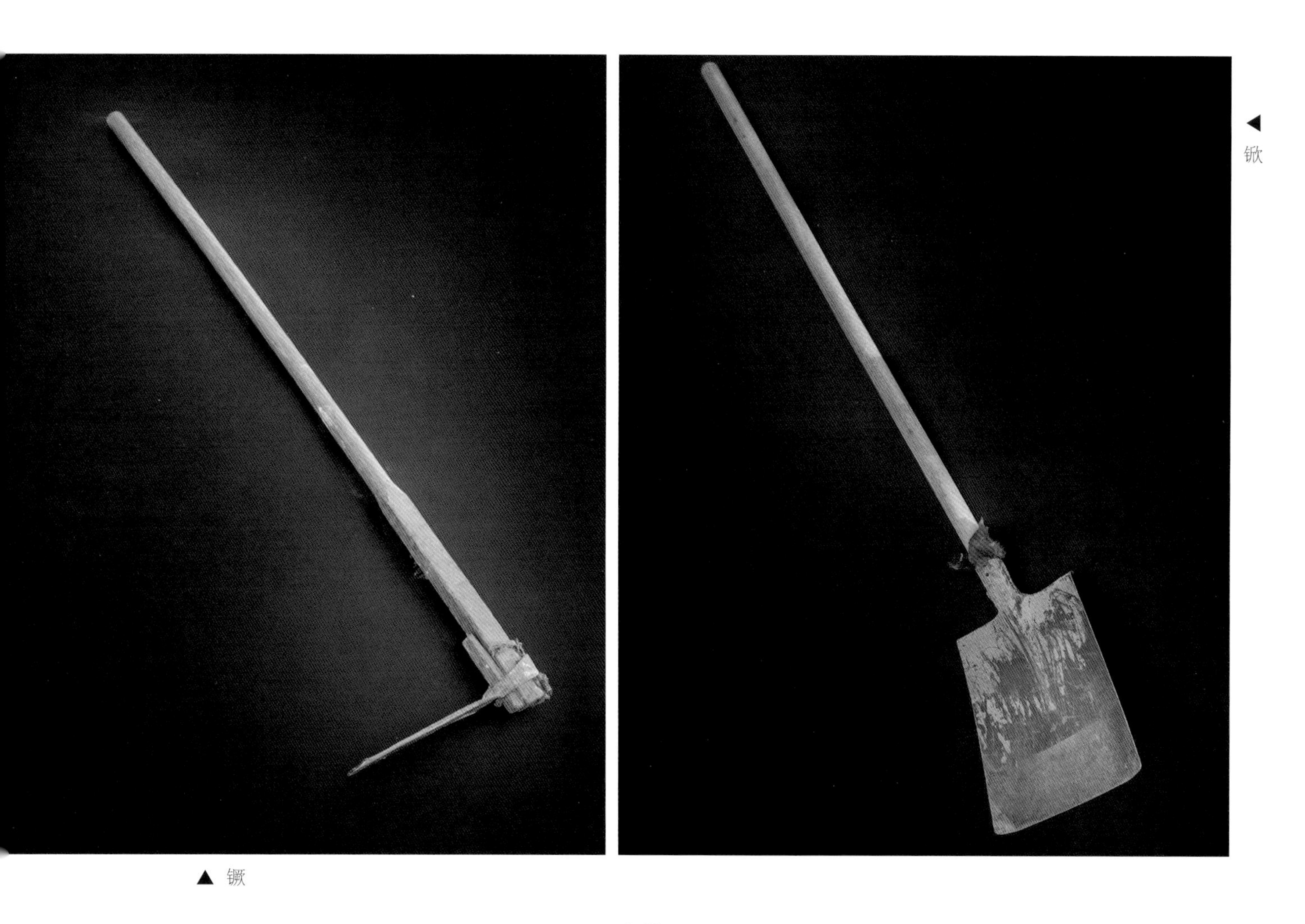

▲ 镢

◀ 锨

锨

锨是一种常用的劳动工具，陶器制作中常用来铲土、取土。

第十九章　球磨与过滤工具

由于泥料中掺入了沙子等杂质，如果直接使用，在成品风干的时候容易开裂，所以泥料要经过研磨、过滤、沉淀，待泥浆在池内沉淀后经过排水，自然晾干才能达到制作要求。

▲ 球磨机

球磨机

球磨机是粉碎、搅拌、过滤用的一种小型设备，把生土加入球磨机，加入鹅卵石、水进行搅拌、研磨，搅拌充分后过滤至沉淀池。

过滤工具

过滤工具组合包括细筛、过滤筛架、沉淀瓮。

▲ 过滤组件

▲ 细筛

细筛

细筛用于过滤泥浆，传统工艺是先把生土放入瓮中，倒入水，用木棍搅拌成泥浆，用细筛加滤网过滤至另一个瓮中，沉淀备用。

泥叉

泥叉的特殊设计，是为了减少与泥浆的接触面积，防止粘连，操作起来更省力。

◀ 泥叉

▲ 沉淀池

沉淀池

沉淀池是用来沉淀泥浆的一种设施。

第二十章　制坯与修坯工具

制坯是在转动的轮盘上，先将泥坯用手工拉成粗坯，等干燥后，再放置在旋转台上用刀具将粗坯修成所需要的各种中空形体。修坯与手拉坯操作类似，也是在旋转台上完成，坯体在旋转的过程中，用修坯刀对坯体进行精修。

▲ 匠人制坯修坯场景

泥钩

泥钩是一种割泥工具，用于切割泥坯。

▲ 泥钩

钢丝割泥器

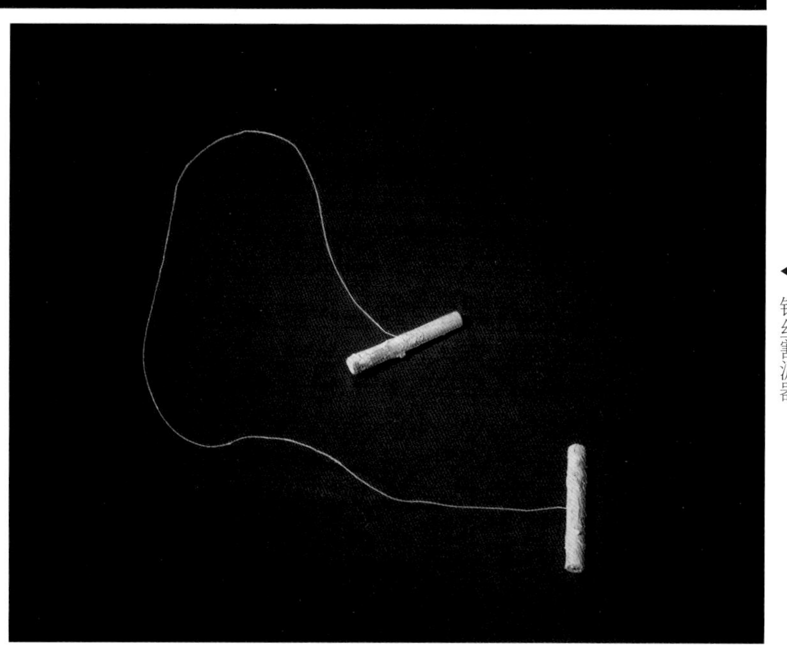

◀ 钢丝割泥器

钢丝割泥器又称“割线”，主要用于切割大块黏土以及将陶坯从旋转台上切割下来。

旋转台

旋转台也叫“定盘”，是制坯、雕刻用的操作平台。

▼ 定盘

▲ 旋转台

仓皮

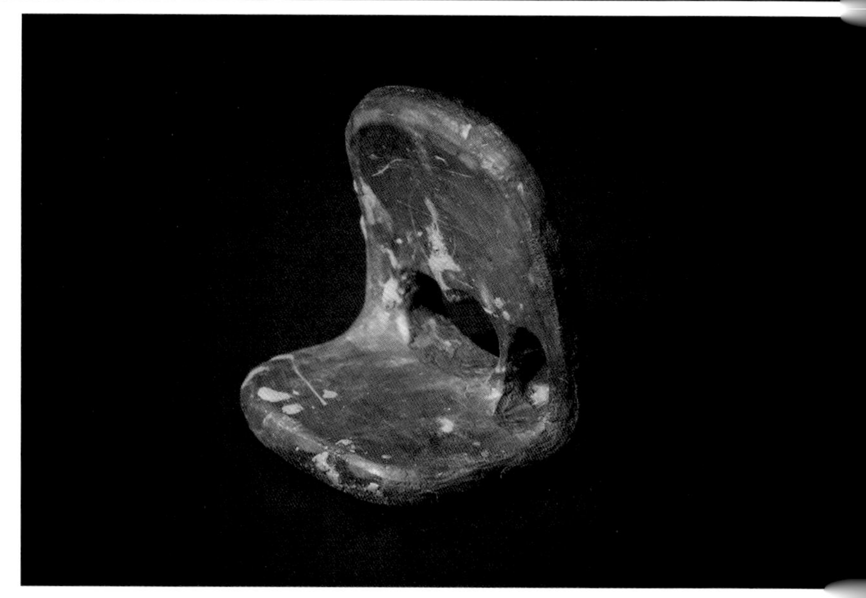

▲ 仓皮

仓皮是制坯整形工具，主要用于底部整平、研磨。

修坯刀

修坯刀是制坯过程中用于局部切割、修整、造型等的工具。

◀ 修坯刀

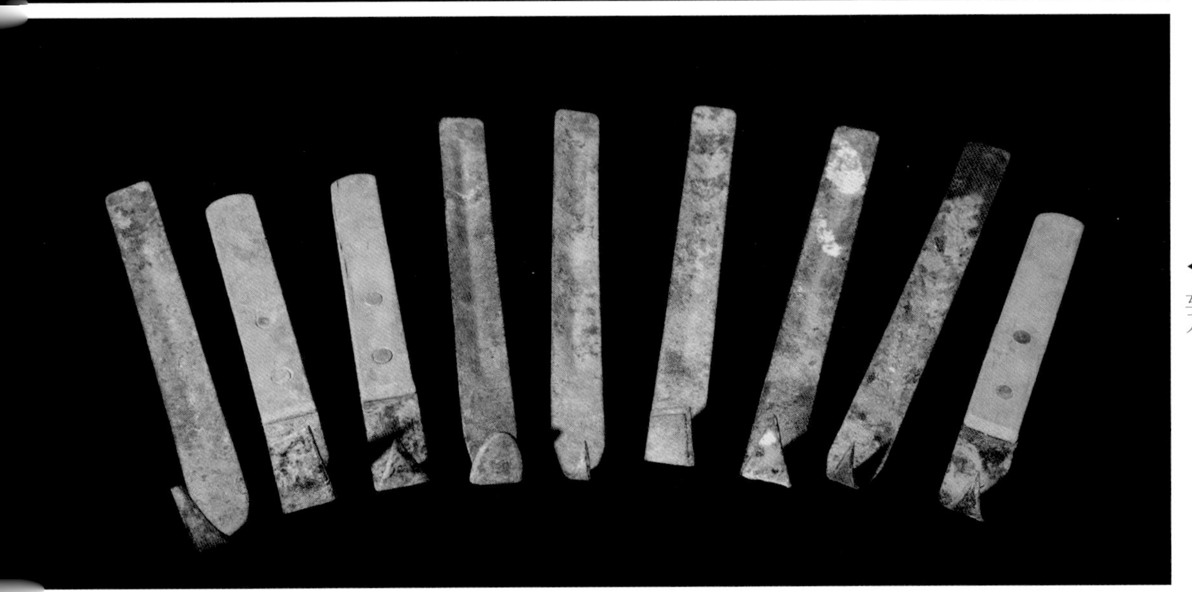

◀ 车刀

车刀

车刀又称修坯刀，一般为木柄，钢制刀头，刀头有圆形、方形、弧形、三角形等多种，以适应不同修坯功能使用。

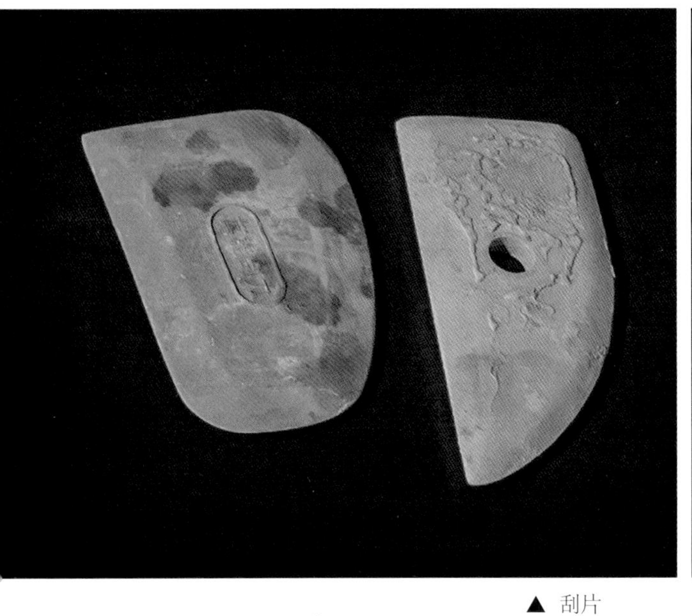

▲ 刮片

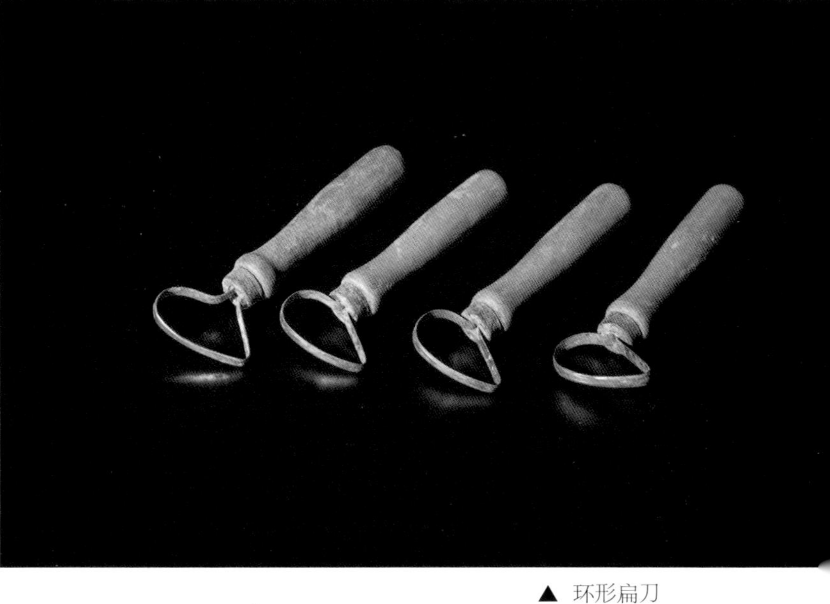

▲ 环形扁刀

刮片

刮片有半圆形、月牙形几种，月牙形称月亮刮片，用于黏土的开口、成型，使坯面光滑。

环形扁刀

环形扁刀又称大头刀，一般为木柄，扁形金属刀头，主要用来修正黏土形状，控制黏土壁的厚度。

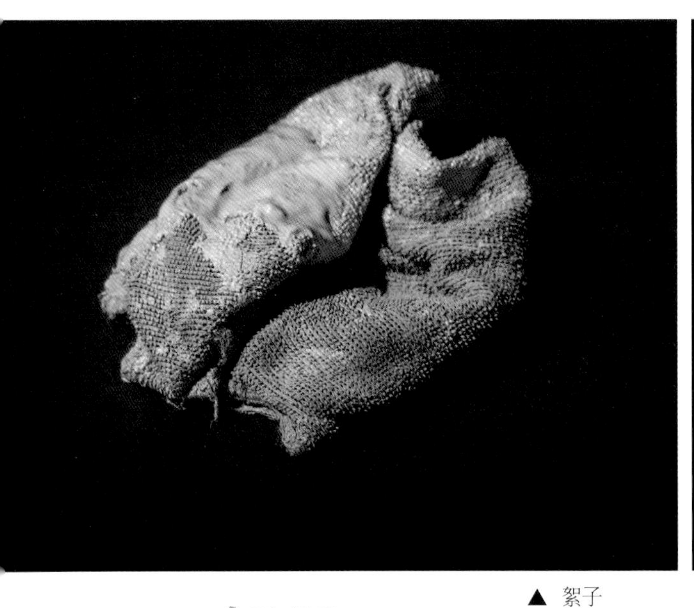

▲ 絮子

▲ 弧形木槌

絮子

絮子为制坯辅助工具，制坯时用于手部润滑及清理。

弧形木槌

弧形木槌为制坯整形工具，主要用于大型陶坯的弧度打造，常与其他工具配合使用。

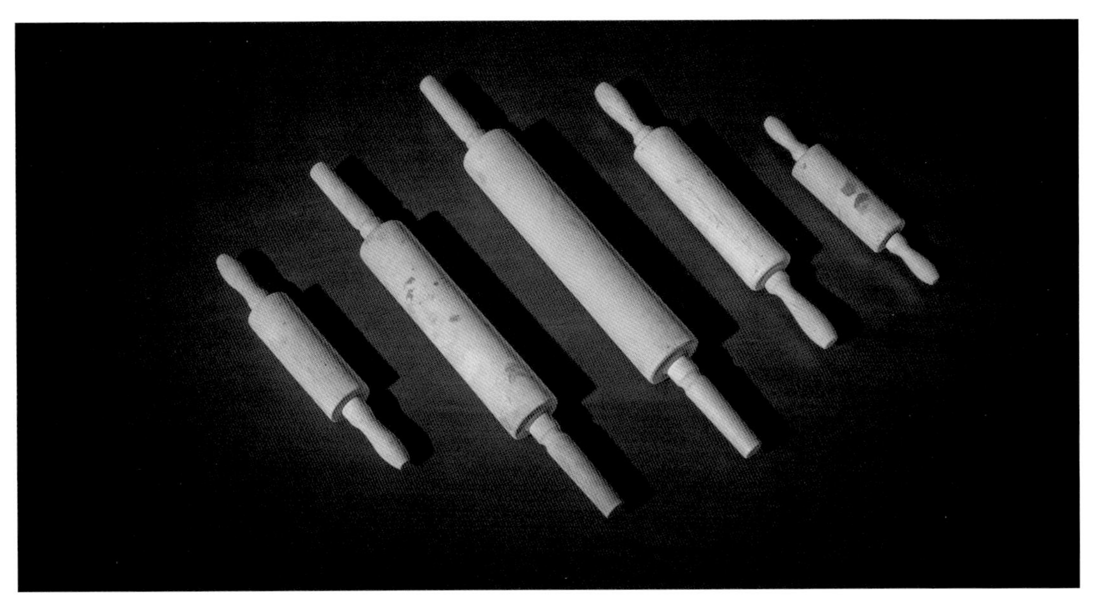

▲ 压辊

压辊

制坯整形工具，主要用于加工泥坯板。

▲ 敲板

敲板

敲板为制坯整形工具，主要用于大型陶坯底部弧形的击打成型，使陶坯底部成弧，防止摆放时底部破损。

木托板

木托板为制坯搬运工具，主要用于初坯的搬运、干坯的叠放等。

▼ 木托板

打砖

打砖为制坯整形工具，主要用于陶坯的平面整形，与其他工具配合使用。

▼ 打砖

▲ 撑圈

撑圈

撑圈为制坯搬运工具，主要用于搬运未干燥的初坯，做内衬用，防止初坯变形。

第二十一章　雕刻工具

制坯雕刻工具，主要用于初坯的雕刻、造型。雕刻工具主要包括：雕刻刀、丸棒、螺纹钢针、刮刀、打孔器、划子等。

▲ 陶坯雕刻场景

▼ 陶器雕刻工具

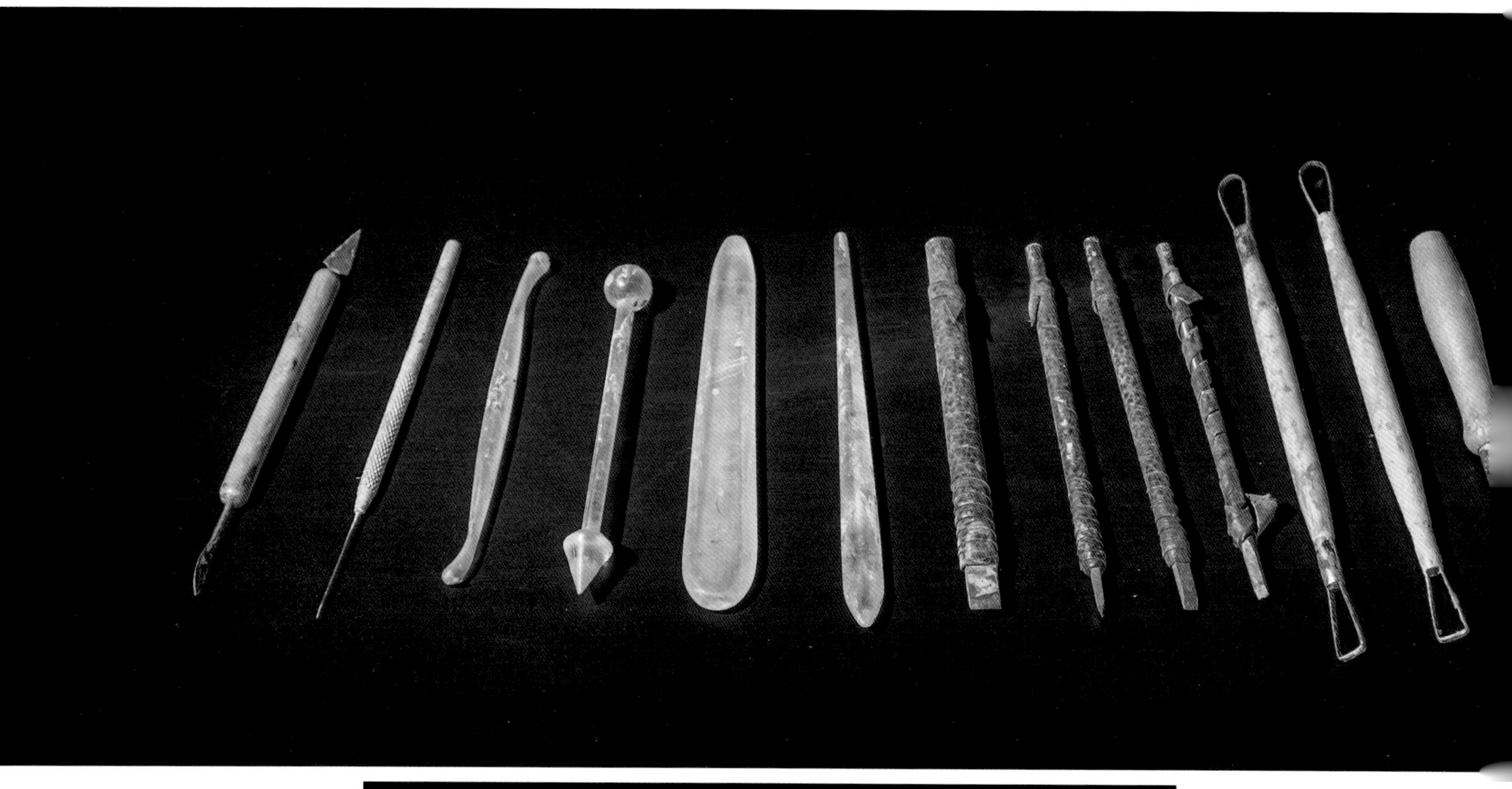

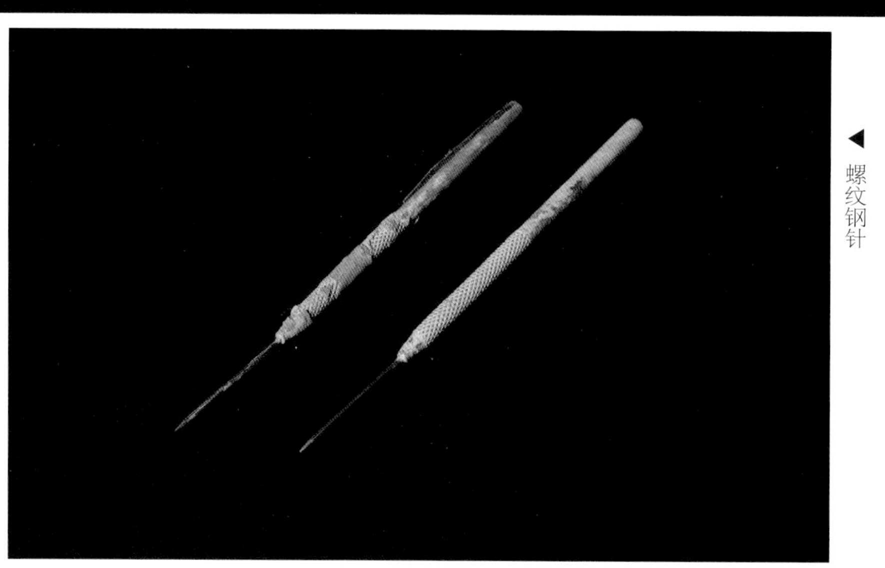

◀ 螺纹钢针

螺纹钢针

螺纹钢针是雕刻中精修及打孔工具。通常针头为钢制，把手处多做防滑处理。

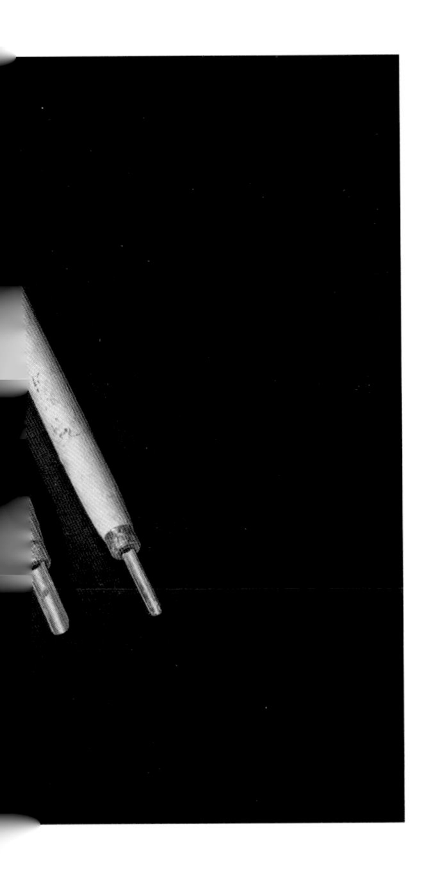

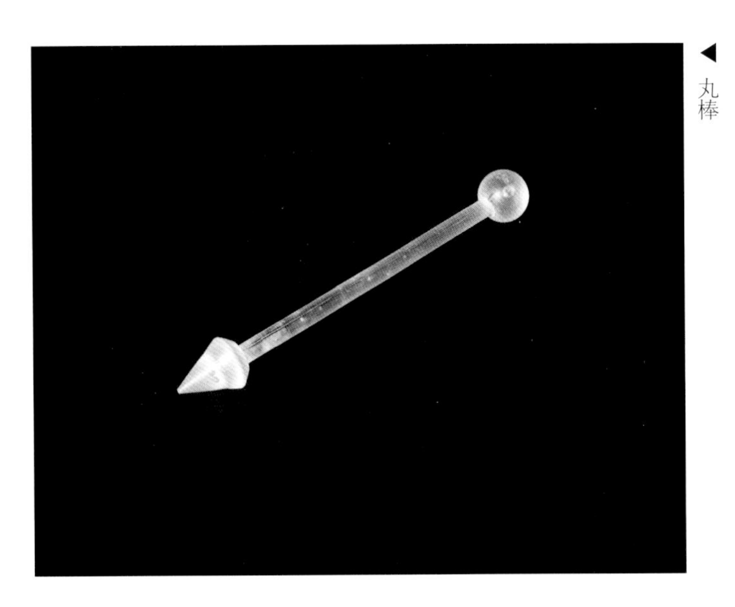

◀ 丸棒

丸棒

丸棒是泥坯表面制作凹形肌理的工具，传统为木质，现代多为不锈钢、亚克力等材质。

▼ 刮刀

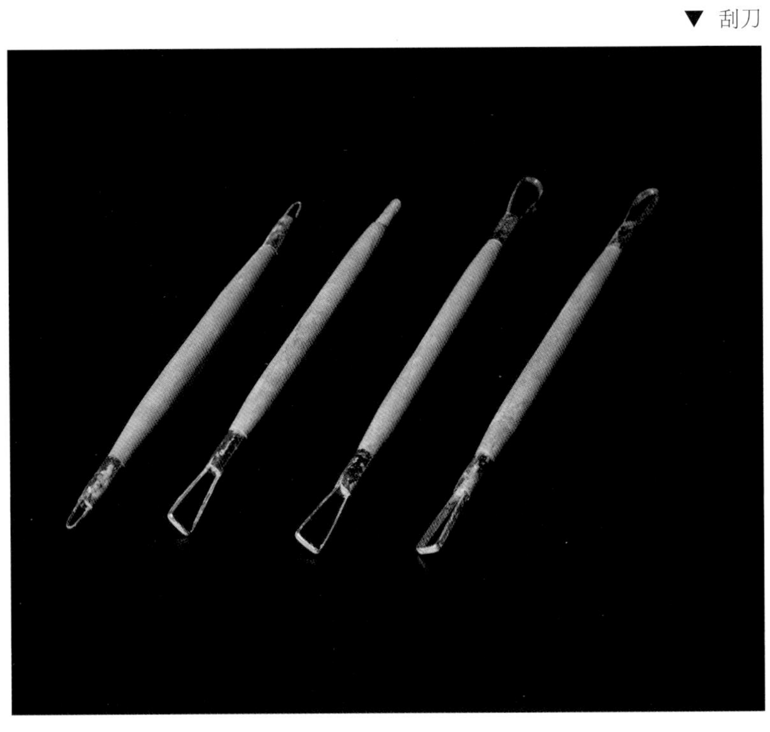

刮刀

刮刀是陶坯表面塑形工具，有大小多个型号，通常中间把手部分为木质，两端有或圆或方的刀头。

▼ 打孔器

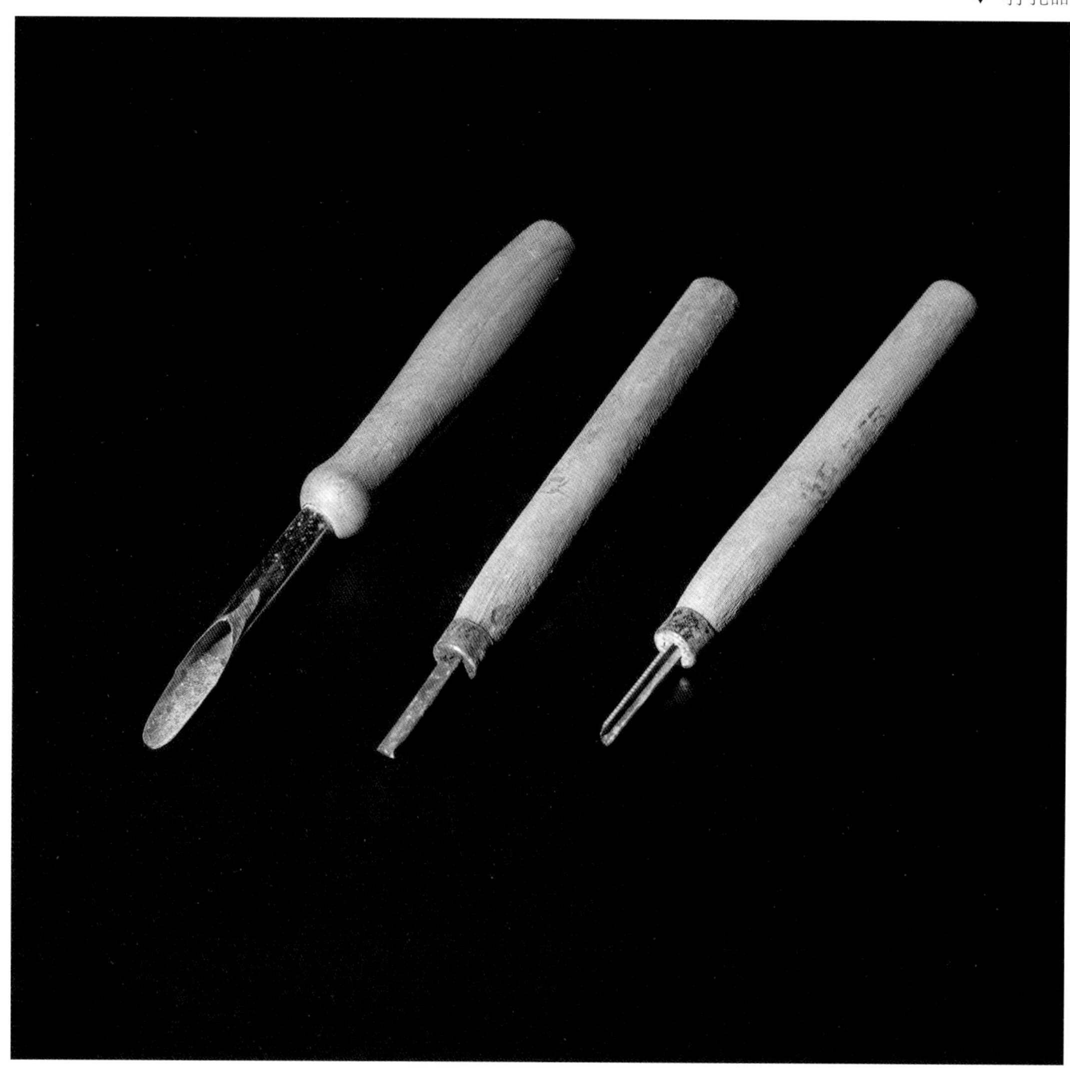

打孔器

打孔器主要作用是陶坯打孔，比如陶壶的壶嘴打孔。打孔器有全圆形、半圆形等多种。

瓦墩

瓦墩是制坯时的辅助工具，上覆蒲团，是工匠制作时的坐凳。

◀ 瓦墩

划子

划子又称“压坯刀”“压坯棒”，是一种表面塑形工具，传统为木质，现代多为金属或亚克力材质。

▼ 划子

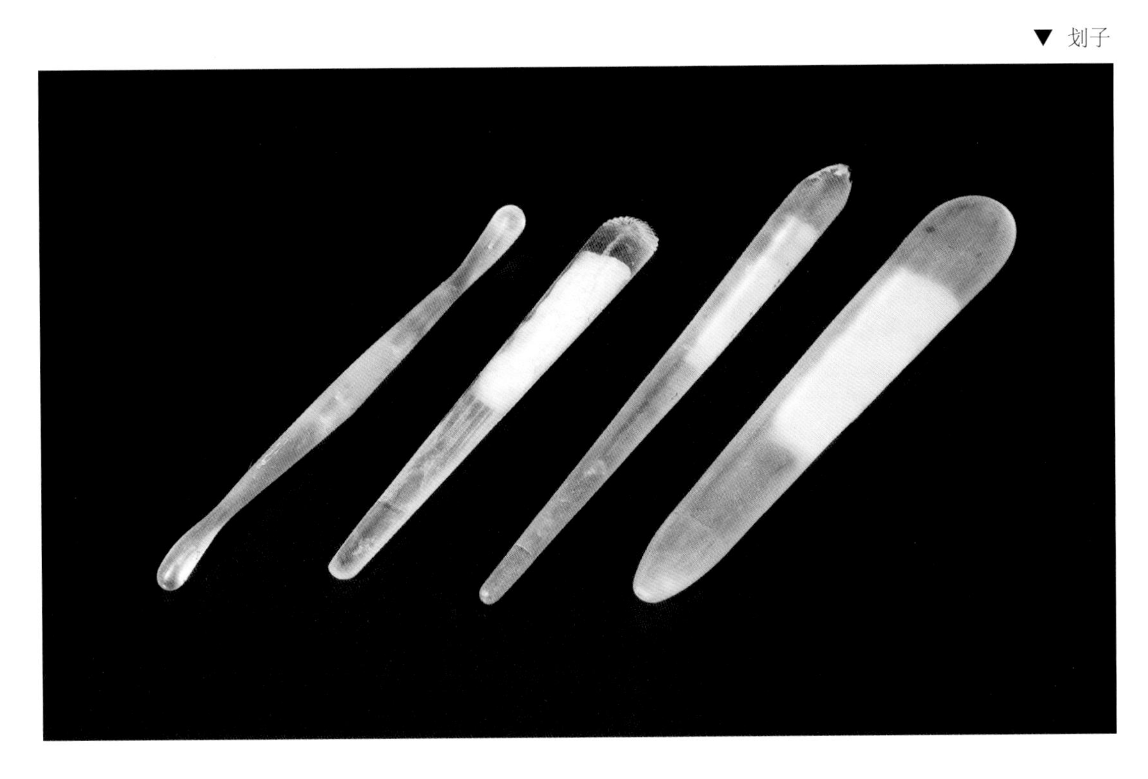

第二十二章　装窑、烧制与出窑工具

泥坯制作完成后，下一步就是装窑烧制。这一步对于火候和温度都要有精准的控制，不同的泥料需要不同的温度。烧制完成后需要借助出窑工具出窑。

◀烧制泥坯场景

▲ 挡风板

挡风板

烧制炉器具，控制炉内空气进出量，用于炉内温度调节。

▼ 钩条

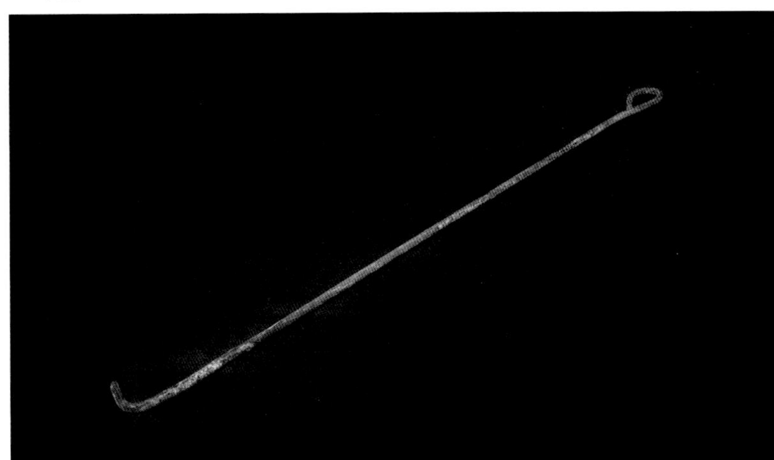

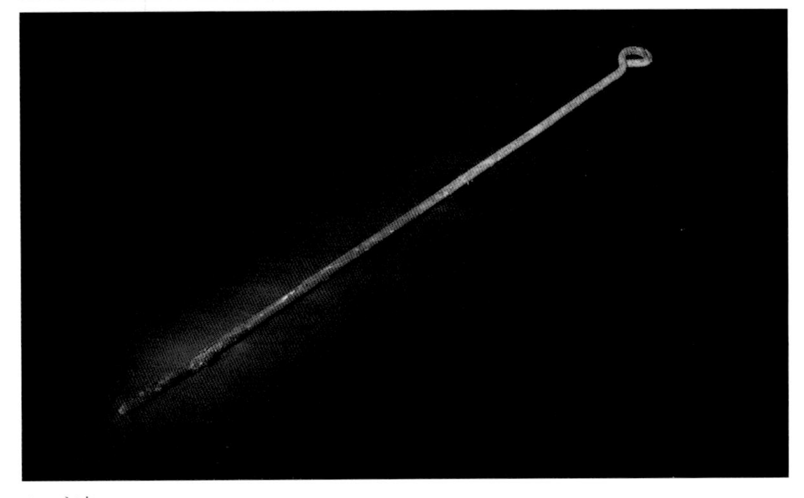

▲ 穿条

钩条与穿条

钩条与穿条用于炉内燃料挑拨，以使燃料达到合适的燃烧效果。

碳铲

碳铲主要用于炉内添碳。

▼ 碳铲

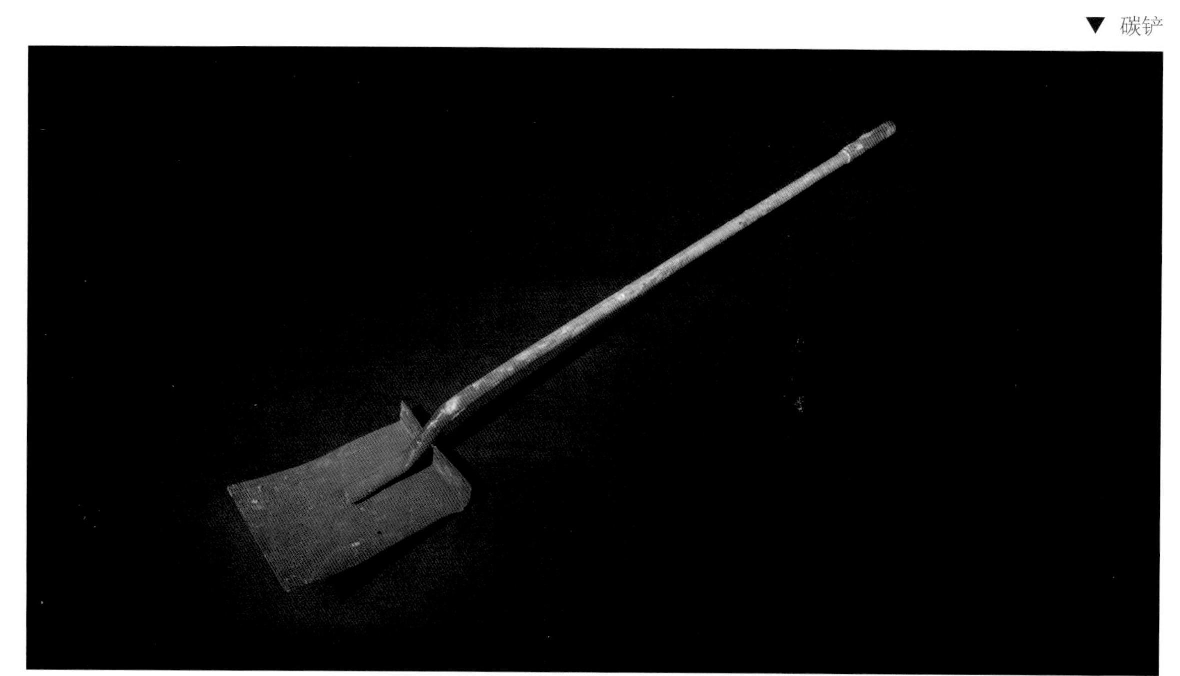

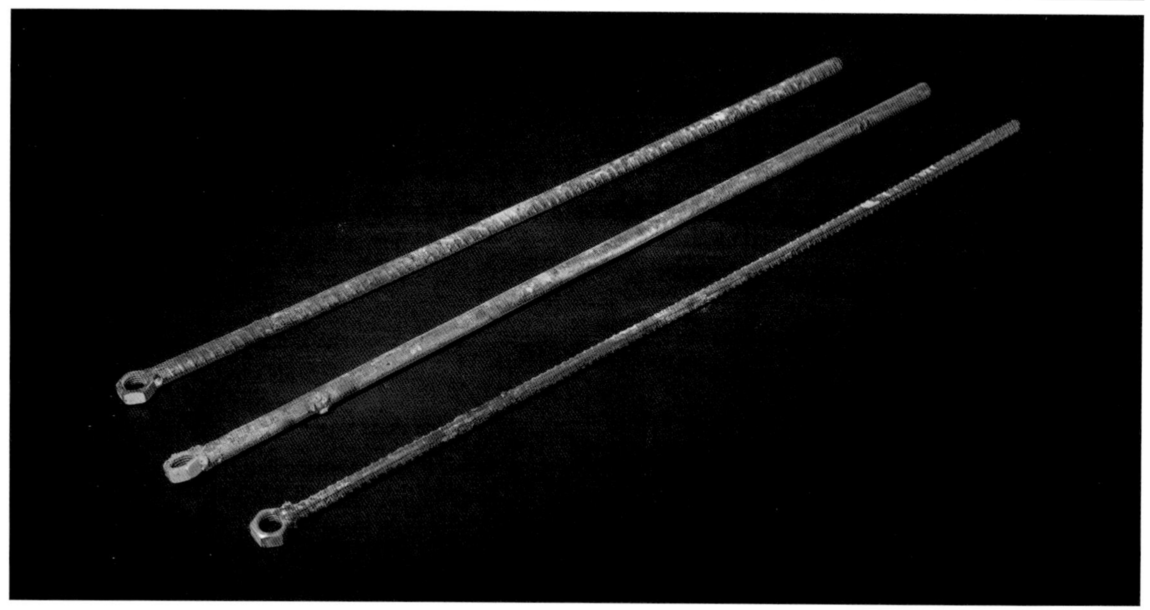

▲ 炉条

炉条

炉条为烧制炉器具，做移动炉底，托放燃料并用于燃料转换。

▲ 马蹄窑

马蹄窑

马蹄窑因造型酷似马蹄，故称为“马蹄窑”。使用时将已经干透的陶坯叠放在窑内，生火烧制，窑内温度火候的控制是陶器是否成功的关键。

达到烧制时间及要求后，加入松枝等燃料起烟封窑、熏制着色。

第六篇

园林工工具

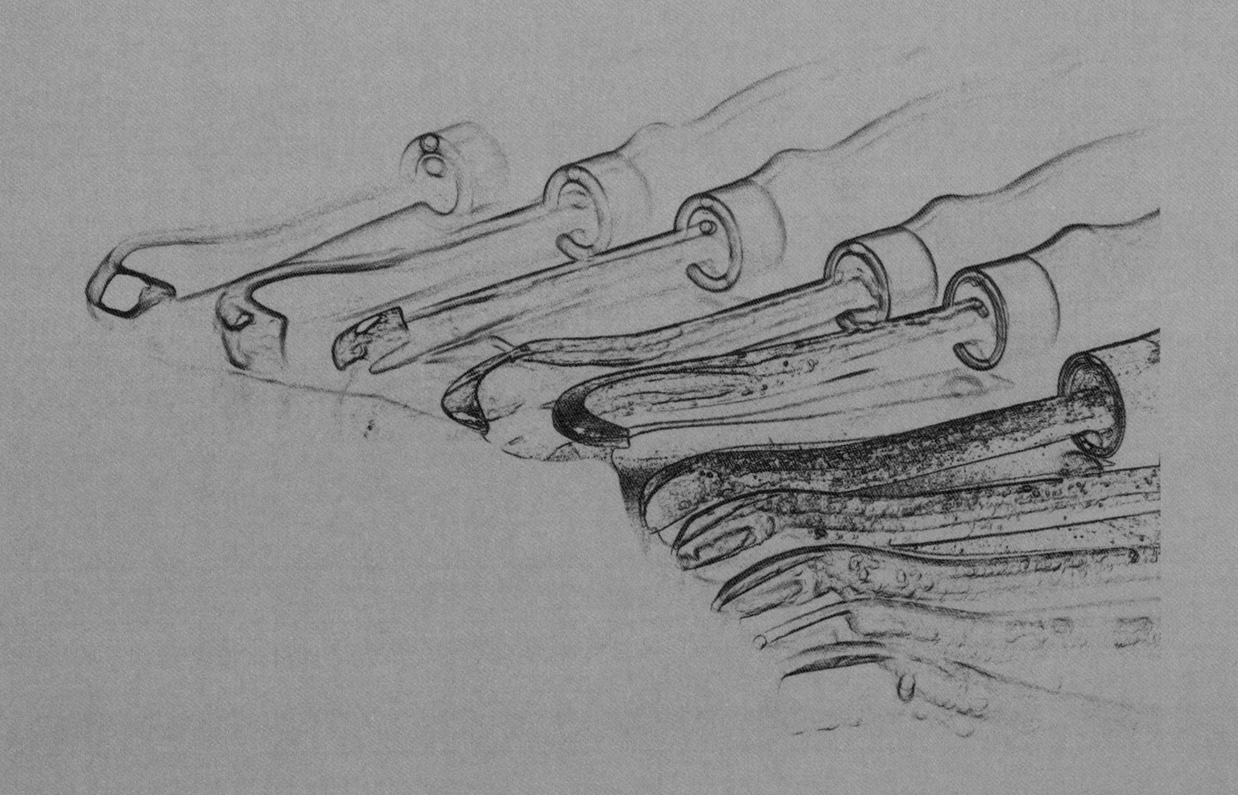

园林工工具

中国古典园林被称为文人山水园。“天人合一”的理念是中国园林的灵魂。明代万历年间，计成完成世界上最早的园林著作《园冶》，被奉为世界造园鼻祖。“虽由人作，宛自天开”更被中国古代造园家奉为信条。

现代园林传承中国传统造园思想，创造了具有传统韵味的造园思想理论体系，我们称它新中式造园，在这样的思想理论支撑下，我们运用现代工艺技术和材料做了诸多大胆的实践探索，建成了一系列的当代新中式园林景观。

如造园家们的认知：园林，尤其是中国园林是一门综合艺术，它涵盖了文学、诗歌、绘画、音乐、雕塑、盆景、家具、家居等诸多门类，是中华传统文化艺术的高度浓缩，是人与自然的契合与对话，是对原有建筑物和空间不合理之处的弥补与升华。因此，园林营造是综合复杂的施工工程，它涵盖策划、叠山、理水、花木栽培、构筑物施工等多个范畴。

从对中国传统造园理念的理解，结合当下造园实际，我们把园林工工具大致分为：叠石工具、理水工具、移栽工具、建造工具、管理与养护工具五部分。

第二十三章　叠石工具

中国古代造园家对园林里的石和水早有定位，“石为园之骨，水为园之脉”。石是山的代称，造园家把叠石又称“叠山”。陈从周先生总结叠石精句曾言，“真山如假方奇，假山似真始妙”。足见石在园林中的地位。

▲ 叠石

运输石头现场

传统叠石工具主要是石匠工具和一部分瓦匠工具，包括石抓、钢钎、撬杠、推车、大木杠等。当代造园叠石有了先进机械，包括吊车、运输卡车、机动三轮车等。打坡工具也不仅仅使用传统的铁锨、锄头等，现在的挖掘机、推土机早已成为主角。

运输车

运输车

石头运输车辆有多种型号，应根据石头的特点和运输量进行不同选择。

吊车

吊车是吊装叠石的重要设备。吊车在吊钩、钢丝绳锁、吊装带等工具配合下，将不同重量的假山石材吊至指定位置，并调整好最佳观赏面，大幅度地提高了叠石效率。

▲ 吊车

叉车

叉车是园林施工过程中短距离搬运石材的小型机械设备，具有轻便灵活等特点。

▲ 叉车

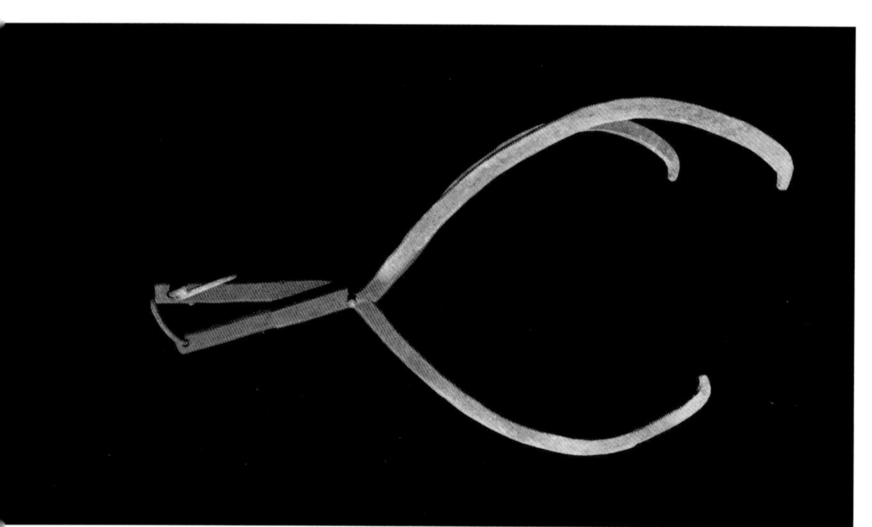

▲ 石抓

石抓

石抓，是搬运石材的工具，用石抓把石材套住，上边系一根铁链或粗绳，穿一根木棍，两个人就可以抬走。石抓的设计看似简单却是精巧，石头越重，越不容易松动掉落。

三脚架

三脚架是与手拉捯链配合使用的起重工具，叠石时可用来进行吊装、安放、调整。

▲ 三脚架

捯链

▲ 捯链

捯链是一种小型手动吊装工具，在园林施工过程中，适用于小型石材的短距离吊运，配合三脚架使用，可以吊装、安放、调整石材角度等。

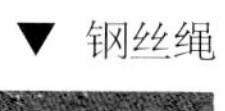

▼ 钢丝绳

▲ 吊装带

▶ U形环

石头吊装工具

石头吊装过程中配合吊车使用的工具，包括：吊装带、U形环、钢丝绳等。

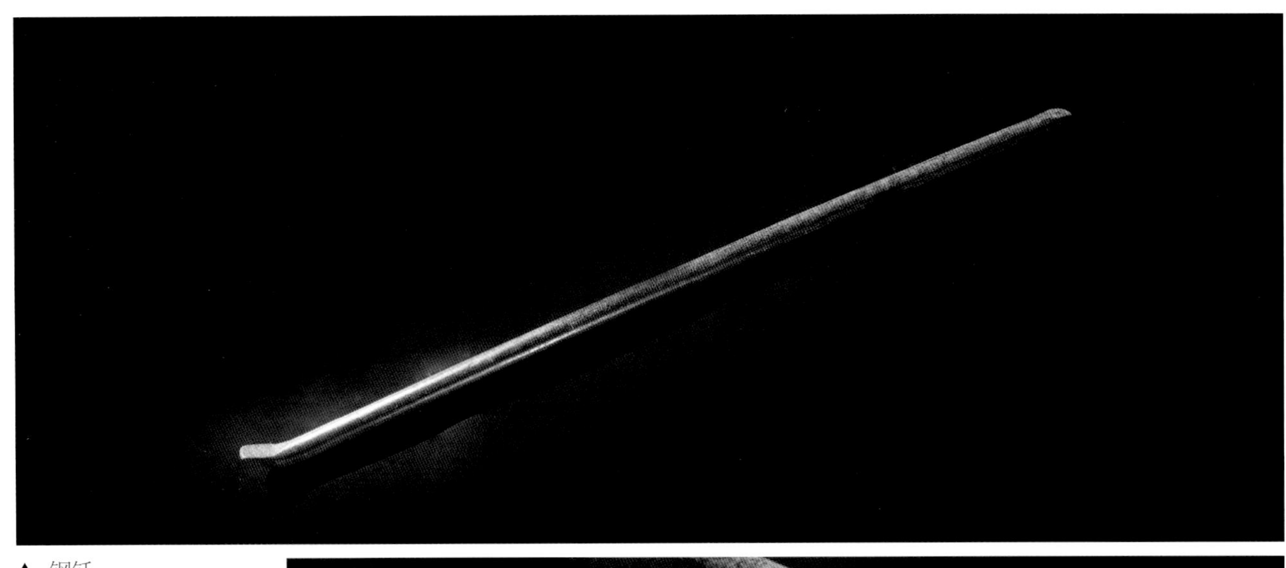

▲ 钢钎

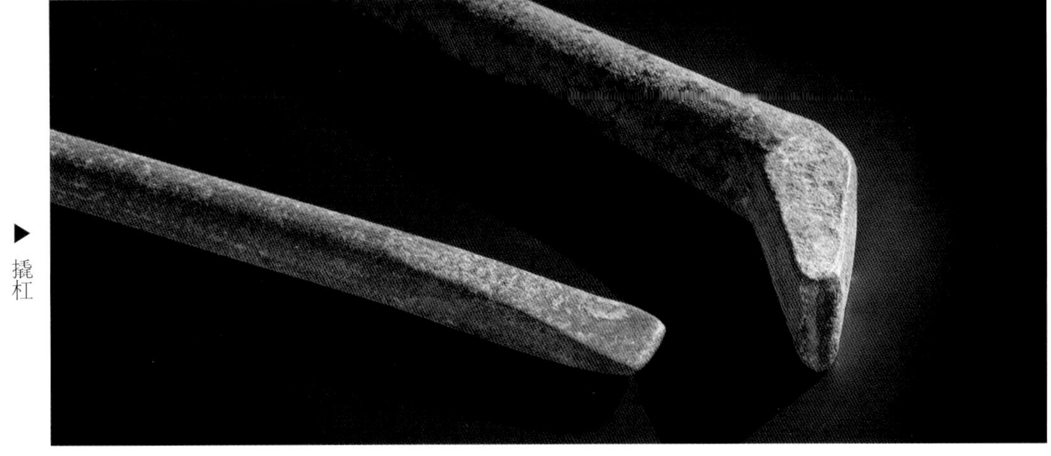

▶ 撬杠

钢钎与撬杠

钢钎与撬杠在叠石过程中主要用于合力移动石材，调整角度及安放位置。

▲ 八磅锤

八磅锤

在叠石施工现场中，用于分解破碎石块，对石材进行简单的整型处理。

▼ 打坡作业现场

打坡工具与机械

打坡作为叠石成山的园林手法古已有之，最耳熟能详的应该是颐和园的万寿山，它正是利用了昆明湖挖湖的土方堆积而成。现代园林施工中打坡也是重要的一道程序，它依据设计要求，在叠石之前对地形高低起伏做预先的坡度施工。许多现代园林设计中，也有不叠石，纯以打坡方式模仿自然地理形态，做出起伏变化，以顺应藏露及观景要求。

打坡除了用到一些传统工具，现代机械如推土机、挖掘机、自卸车等，让打坡变得简单高效。

▲ 自卸车

挖掘机、推土机、自卸车是现代造园中最主要的打坡机械设备。

▶ 推土机

▲ 碾压机

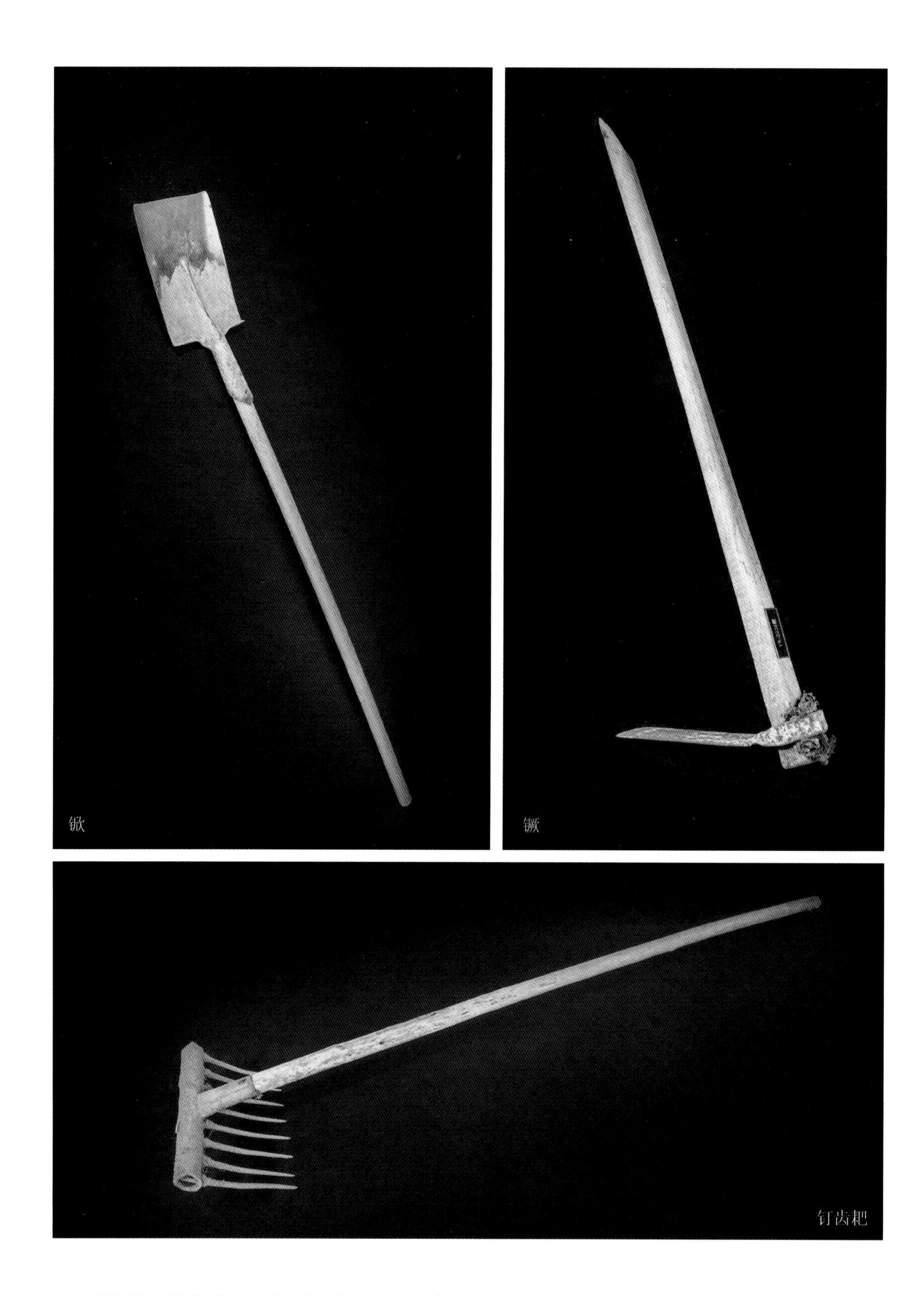

锨　镢　钉齿耙

用于园林绿化人工打坡的工具包括：锨、镢、钉齿耙等。钉齿耙多用于平地碎土、耙土、耙堆肥、耙草等，特别适用于草皮播种前的找坡平整。

独轮木车与独轮铁车

▼ 独轮木车

▲ 独轮铁车

打坡过程中人工搬运土方使用的传统运输工具有独轮木车、独轮铁车等。

第二十四章　理水工具

“水为园之脉”，在中国园林营造理念中，水既是园林里美的符号，又是园林里活的灵魂。它不仅仅有美观的作用，更是园林空间分隔、导向、倒影、基底、连接的重要手段。园林里对水的各种规划设计施工，传统造园家们统称为“理水”。“石令人古，水令人远，园以水活”，水与其他要素组合在一起，使园景富有变化和创新，同时赋予园林以生机。在古典园林和现代园林中，水的处理有明显不同，水体的变化，既创造了园林意境，又提高了造园艺术水平。

理水古今不同，传统理水多“静”，现代园林理水重“动”。理水又有南北之别，南方多自然水的河湖处理，北方多人工水的池与河道处理。

▼ 苏州园林水系景观

▼ 公园水系

▲ 山东省临朐县朐山·恺瑞苑小区水景

理水主要工具既包括传统的肩挑人扛工具，如铁锨、推车、土筐、挑担等工具，也包括现代的挖掘机、推土机及各类运输车辆等机械，还包括混凝土基础浇筑工具与给水排水管道施工工具、水电施工工具、防水施工工具及园林绿化灌溉系统所需工具等诸多相关专业工具。

▲ 理水作业现场

机械水泵

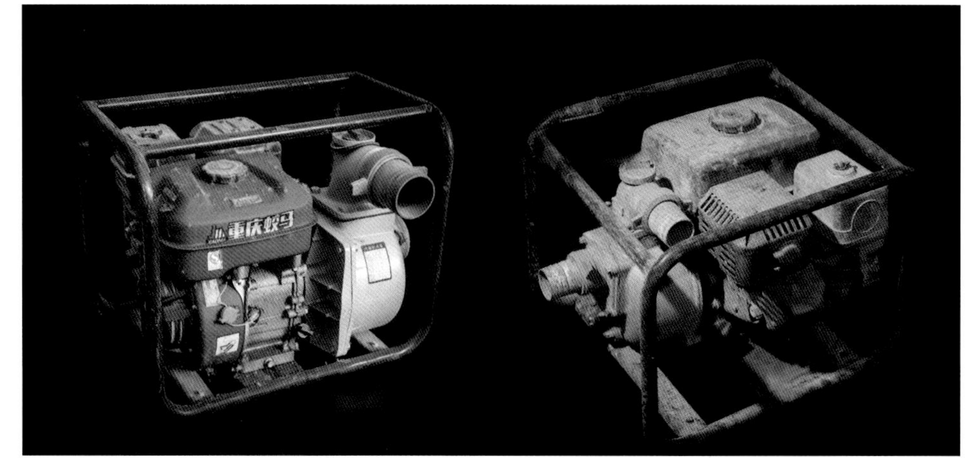

▲ 机械水泵

机械水泵主要用来抽水、排水。施工现场多用以柴（汽）油机作动力的机械水泵，因不受电力的限制，移动灵活，方便实用。

挖掘机

▲ 挖掘机

推土机

▲ 推土机

料筒和搅拌器

料筒、搅拌器、水钻和毛刷是JS防水涂料施工中最常用的施工工具。JS防水涂料多用于理水施工中做防水处理。

▲ 料筒、搅拌器、水钻

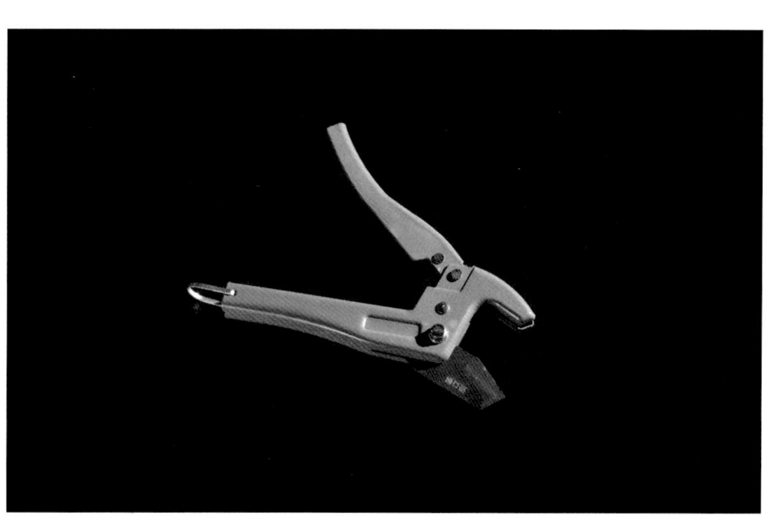

▲ PPR快剪

PPR 快剪

PPR快剪，主要用来剪裁PPR管材，多用在水池管道施工作业中。

清洗机

清洗机是利用电力气泵加压形成高压水流，广泛用于汽车清理、场地清理等作业中。园林施工现场多用于清理施工场地。

▶ 清洗机

▼ 热熔器

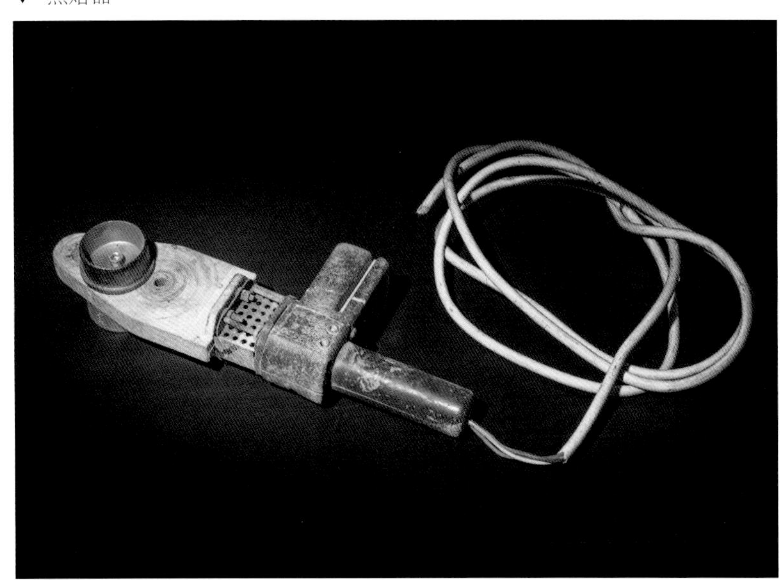

热熔器

热熔器也称热合器、热合机，是一种用于加热对接PE、PPR管的工具。

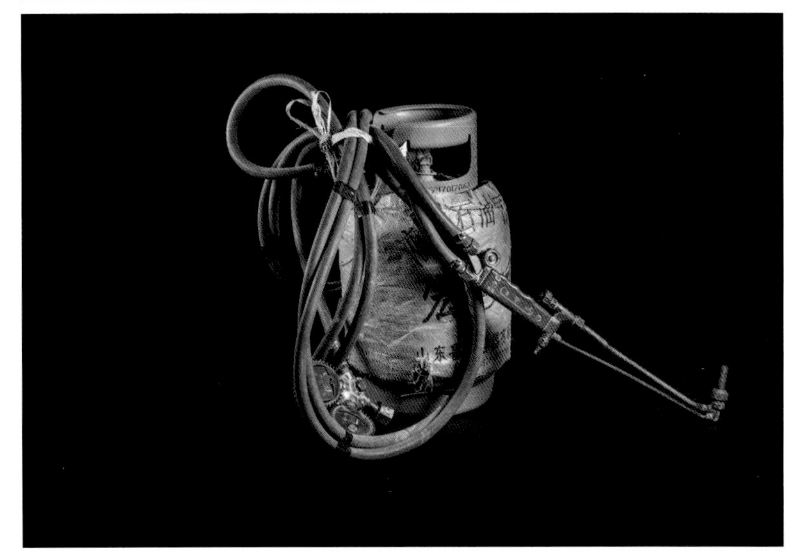

▲ 双管式火枪

双管式火枪

双管式火枪常用在TS等防水卷材热熔施工中。

◀ 剪刀

剪刀

用于剪裁TS防水卷材。

第二十五章　移栽工具

中国传统文化中有“移花接木”“花木移情”的说法。古代造园家早有“雕梁易构，古树难成”的观念。园林花木栽植是园林工程中一项重要的施工内容，主要工具有吊车、绑扎绳、阻根板、锨、地钻、铲、镐等。

▲ 花木栽植施工现场

◀花木栽植施工现场

园林景观施工中为提高植被的存活率，许多花木植被需要预先进行“假植”，待成活稳定后再依据不同设计要求和使用需求进行移植。所谓“假植”，就是把购买来的成品树木、植被，先移至固定区域进行成活养护，作为景观绿化的备用选择材料。假植的优点是大大提高了植物移植的成活率，降低了施工成本。

绑扎绳

绑扎绳是树木移植中绑扎植被的捆绑材料。

为防止根部土球在搬运、栽植过程中散裂，要对其进行绑扎，绑扎主要材料就是绑扎绳。

▶绑扎绳

阻根卷板

屋顶绿化时为防止植物根茎对防水层的破坏并排出积水，须设一层排水板，这种板即为“阻根卷板”。在花木假植中也经常使用阻根卷板。

▲ 阻根卷板

▼ 锨

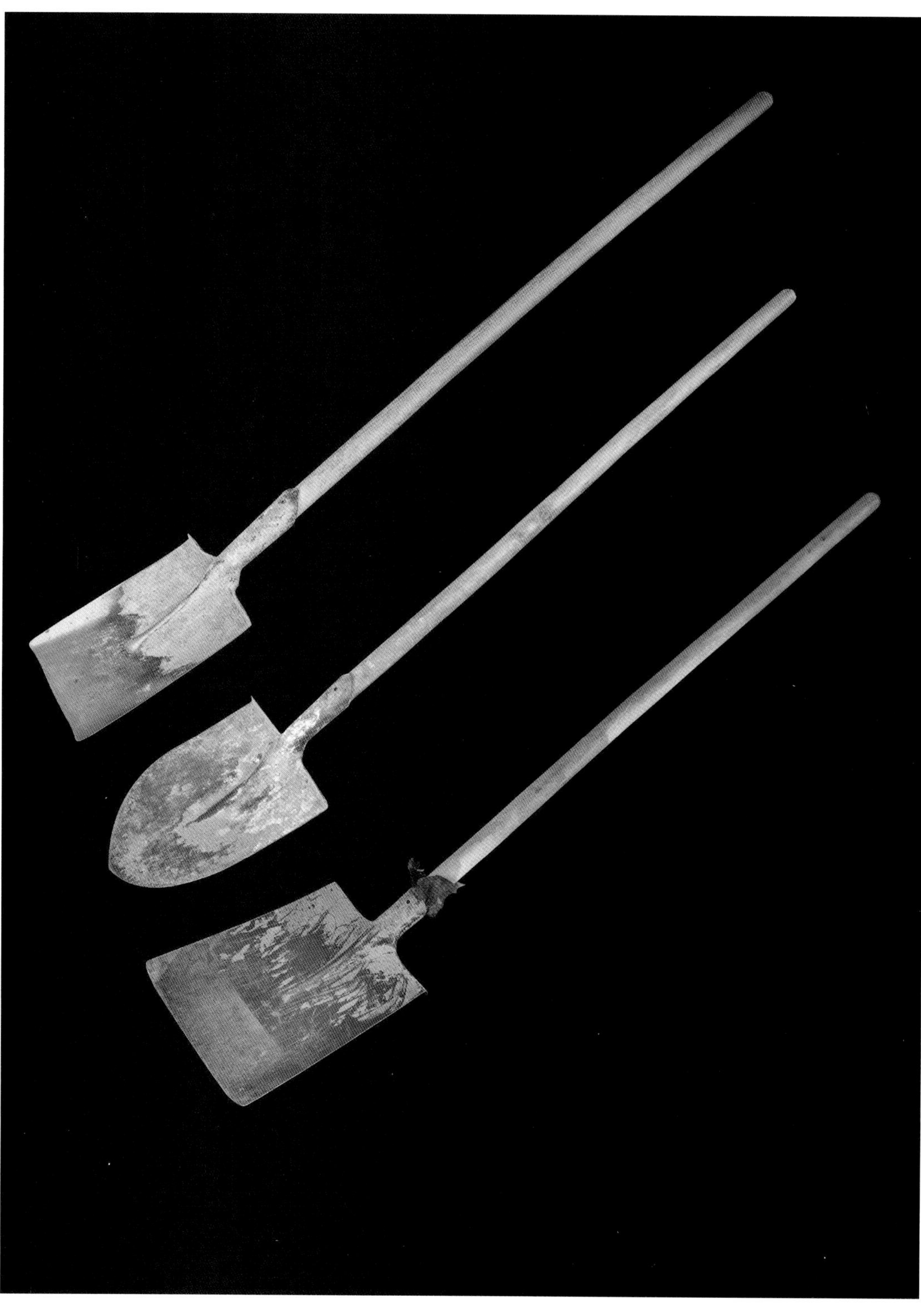

锨

锨是植被移栽施工中的主要人力挖培工具。

◀ 工人用锨挖土现场

▼ 地钻

地钻

地钻是园林绿化工程中，苗木种植挖坑工具，广泛应用于起挖大树的外围出土，围栏埋桩挖穴，果树、林木施肥挖穴，园林绿化工程的中耕、除草等。

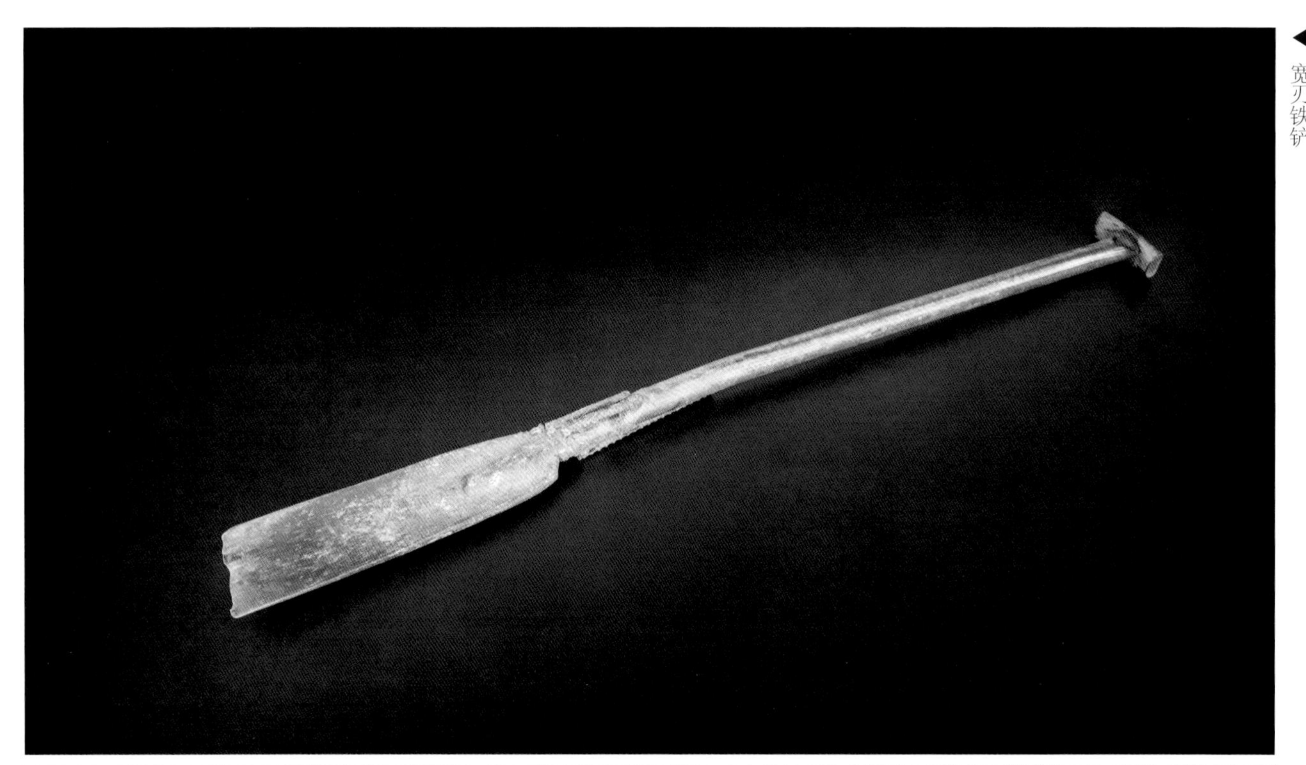

◀ 宽刃铁铲

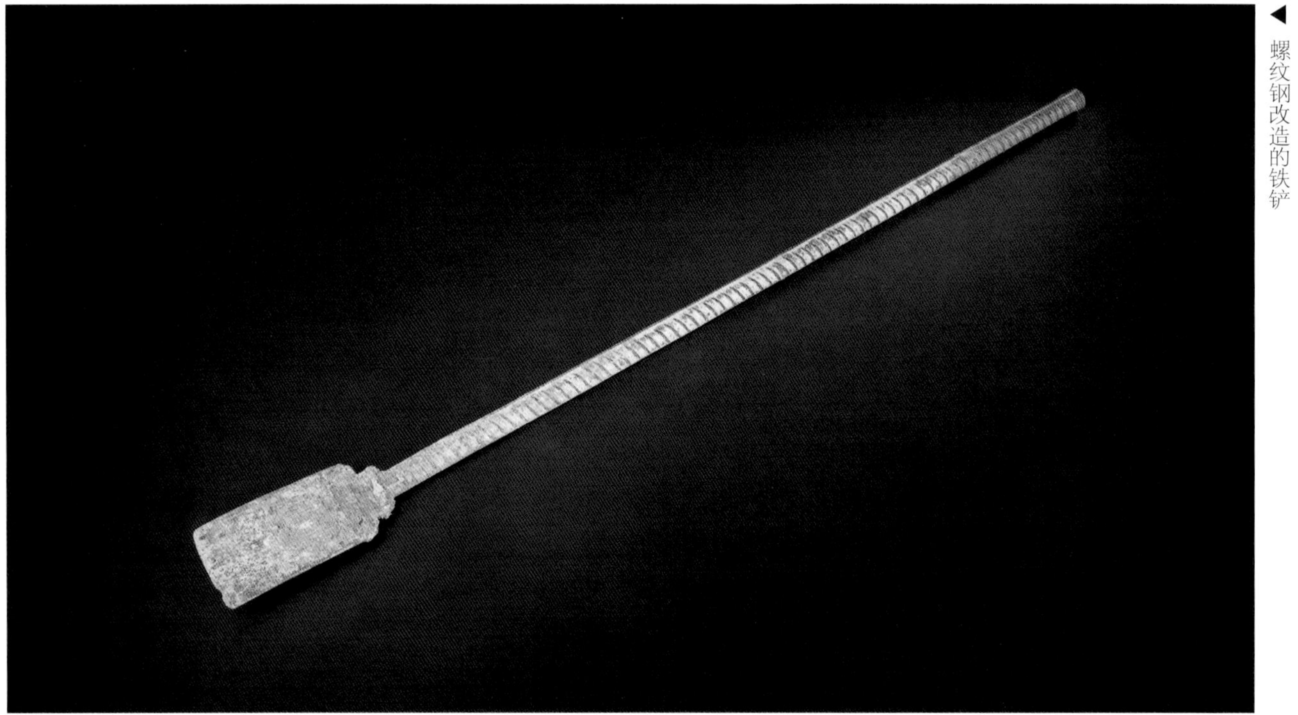

◀ 螺纹钢改造的铁铲

铲 移栽竹子等苗木时的专用工具。

镐

一种人力刨土的工具，适合比较坚硬土地的挖刨。

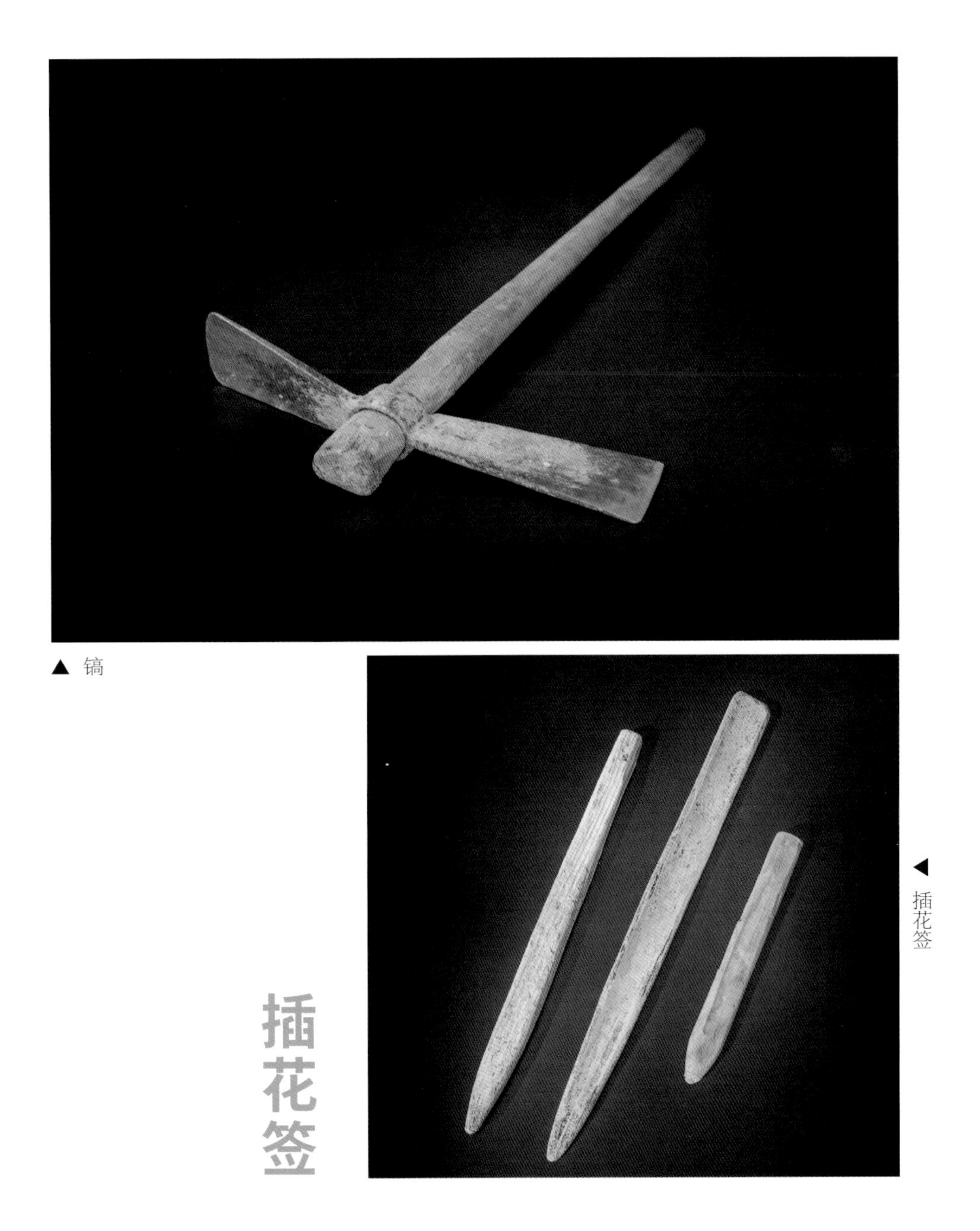

▲ 镐

◀ 插花签

插花签

栽花草时先用插花签在土壤中成孔，再将花草植入土壤中，它是一种挖孔、成孔工具。

第二十六章　建造工具

园林建筑物，常见的有亭、榭、廊、阁、轩、楼、台、舫、厅堂等。通过建造这些建筑物、构筑物，可以在园林里造景或为游览者提供观景及休憩的场所。

园林建造工具涵盖宽泛，包括各类瓦工、木作、油漆等多个工种的工具。其中主要有瓦工工具、木工工具、漆匠工具、机械设备等。

▲ 叠石与亭

▼ 山东巨龙建工集团办公区楼顶花园影壁墙

▲ 山东省临朐县尚筑公园实景

▼ 山东省临朐县龙苑尚筑售楼处实景

◀ 竹篱笆

油灰刀

油灰刀又名“刮刀”，是一种可以用来刮、铲、涂、填的工具。

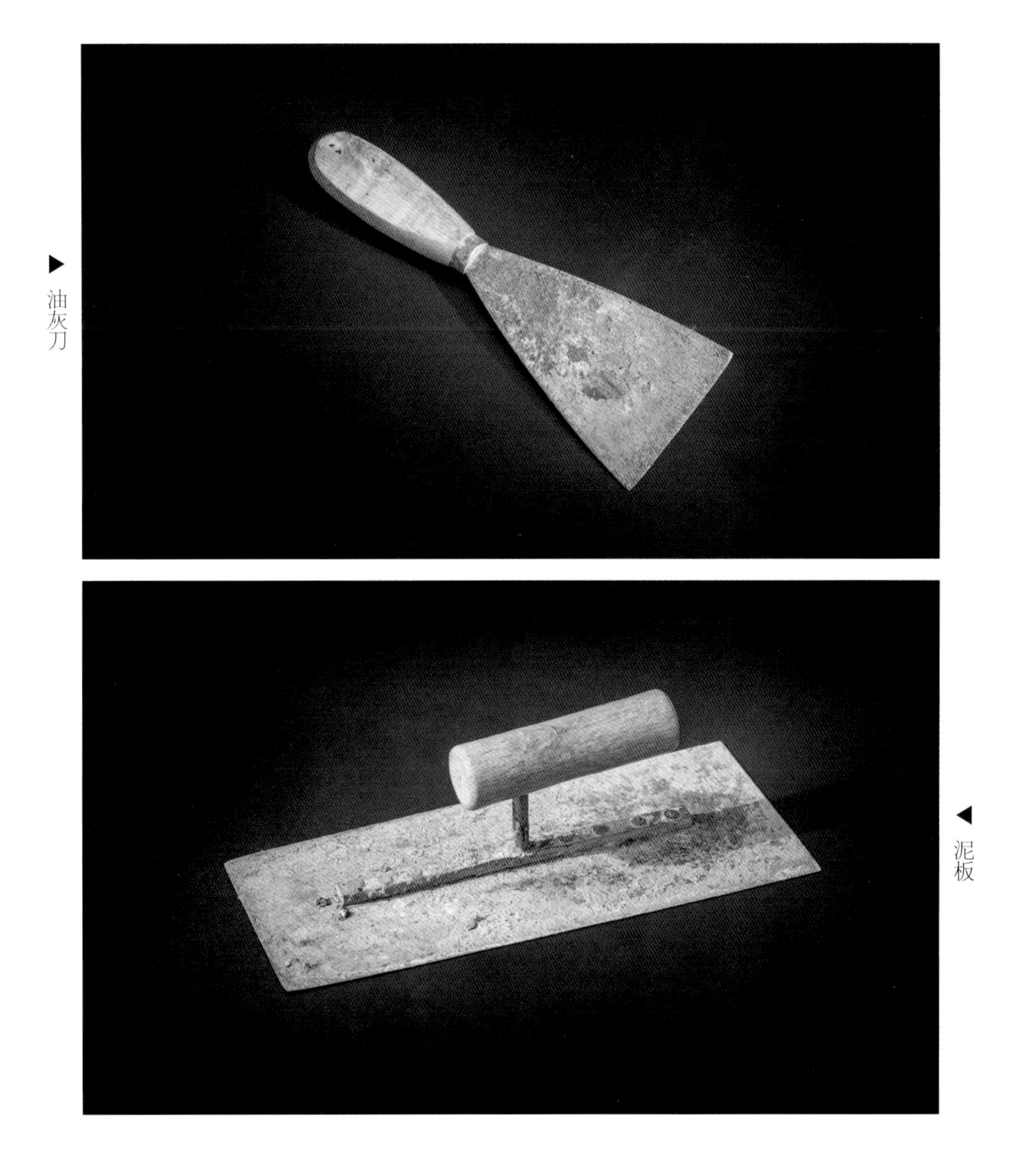

▶油灰刀

◀泥板

泥板

泥板为瓦工常用工具，铺装中常用来进行摊平砂浆等。

▼ 工人用水平管测定水平

水平管

水平管是园林施工最常用的测平工具，在建筑地基、路面铺装、水面设计施工中使用较多。

手锤和凿子

手锤和凿子是瓦工进行铺装、砌筑、维修、拆除等操作时的常用工具。

▲ 工人用手锤捶打凿子现场

手提切割机

手提切割机是园林施工中木工、装修工进行下料切割的主要工具。它的优点是携带方便，操作灵活。

▲ 工人用手提切割机施工现场

藤箩架

空气压缩机是木工、装修工、油漆工作业中常用的辅助设备。

空气压缩机

▶ 空气压缩机

◀ 切割锯

切割锯

切割锯是园林施工中木工、装修工常用的切割下料工具。

平板刨

园林木作中对木作表面进行找平、刨光的工具。

◀ 平板刨

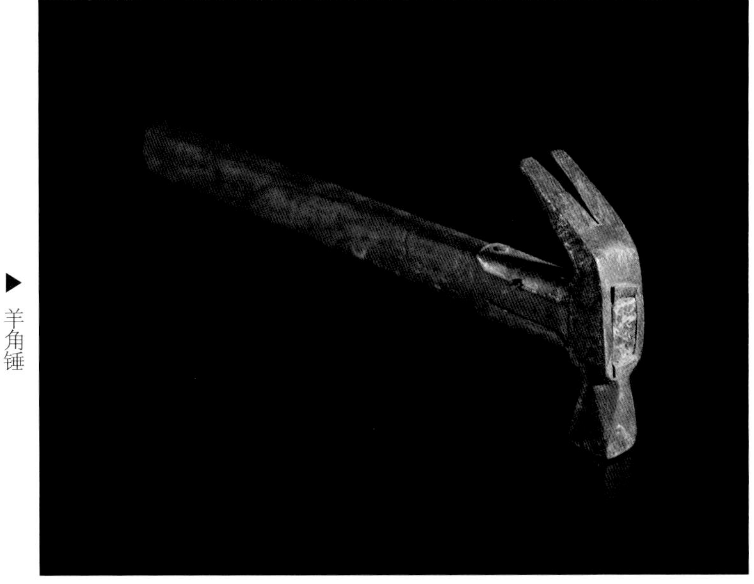

▶ 羊角锤

羊角锤

羊角锤，具有锤、敲、扒、撬多种功能，因此是木作中常用工具。

▼ 磨光机

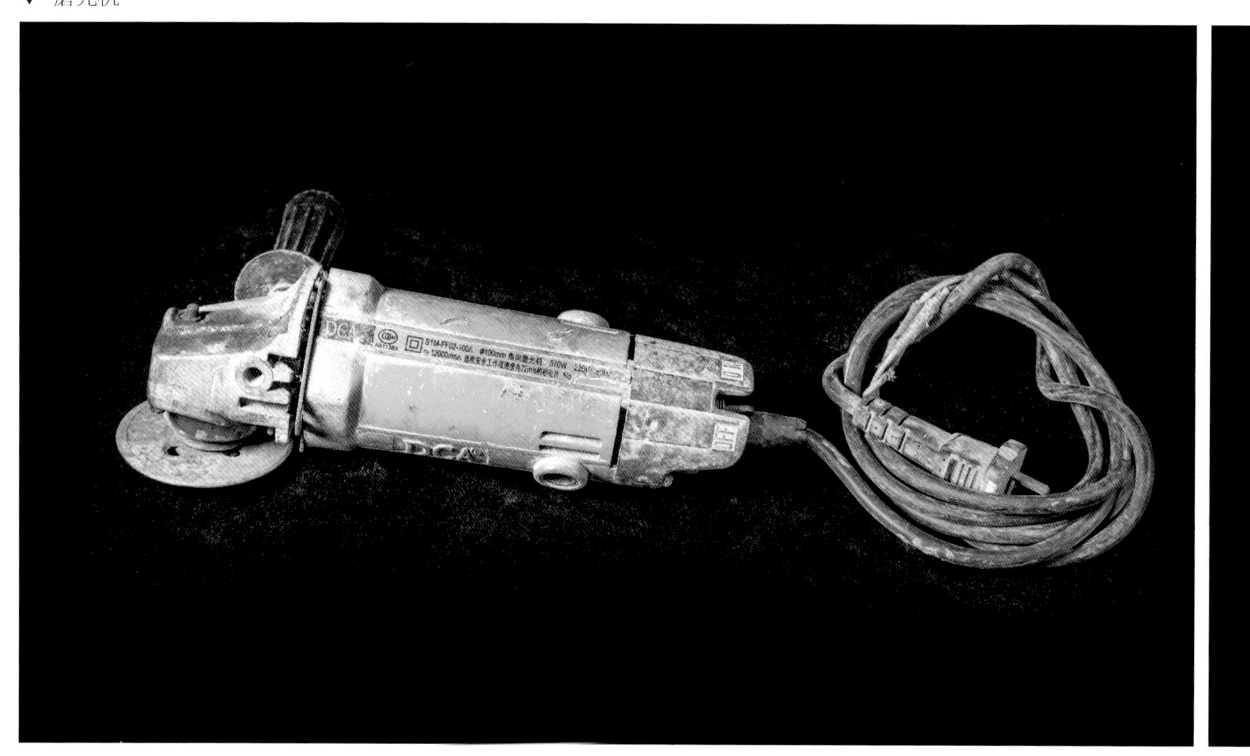

磨光机

磨光机又称“研磨机”“盘磨机”，是用于切削和打磨的一种磨具。

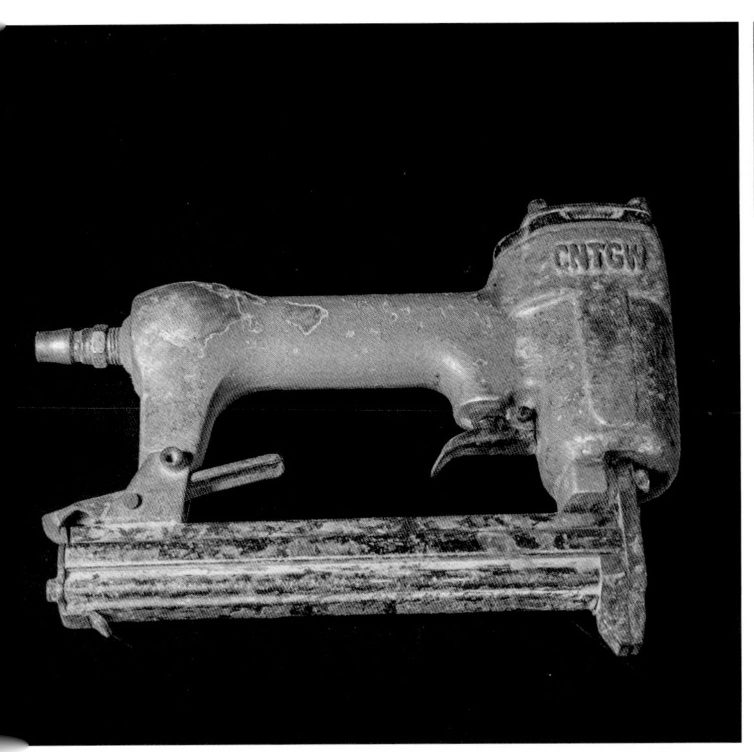

▲ 直钉枪

▲ 码钉枪

直钉枪与码钉枪

直钉枪与码钉枪是气钉枪的常用类型，是利用空气压缩原理，把装在弹夹里的气钉打入木材、水泥、砖头等，用于固定、连接。

第二十七章　管理与养护工具

绿化养护，即绿化施工完成后的浇水、修剪、除草、打药、补苗等工作的统称。俗话说，“三分栽、七分养”，园林景观要想达到预想的效果，就要实行科学规范的养护管理，其中用于养护的工具是必不可少的。

▲ 景观维护现场

▲ 园林工为树木刷保护层

刷子与料桶

刷子与料桶为树木刷保护层使用，防止病虫害。

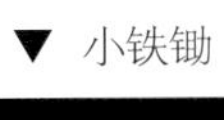

▼ 小铁锄

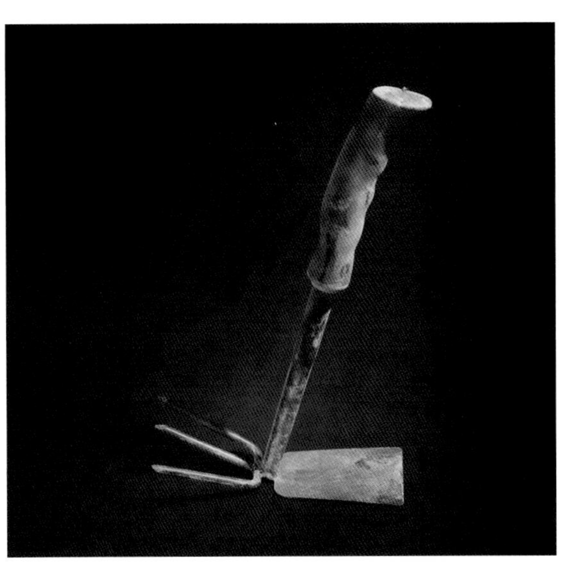

◀ 花锄

锄

锄是一种用来除草、松土工具，园林养护中主要用来清除花木的杂草。

▼ 污水泵（一）

▲ 污水泵（二）

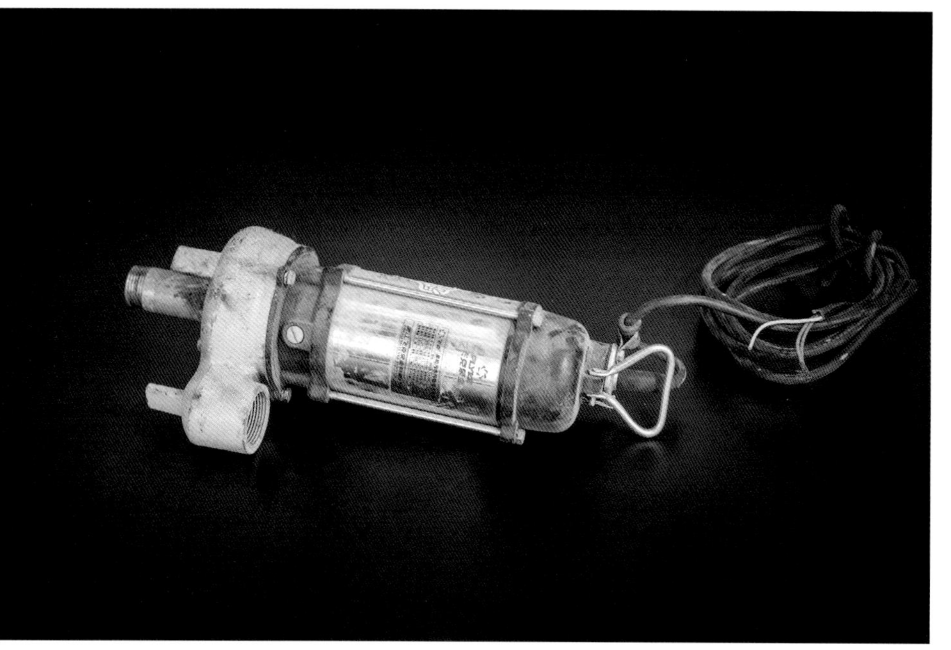

▲ 污水泵（三）

污水泵

污水泵为电动排涝装置，多用于湾塘、坑洼地段的积水排除，有离心式水泵和潜水泵两种。

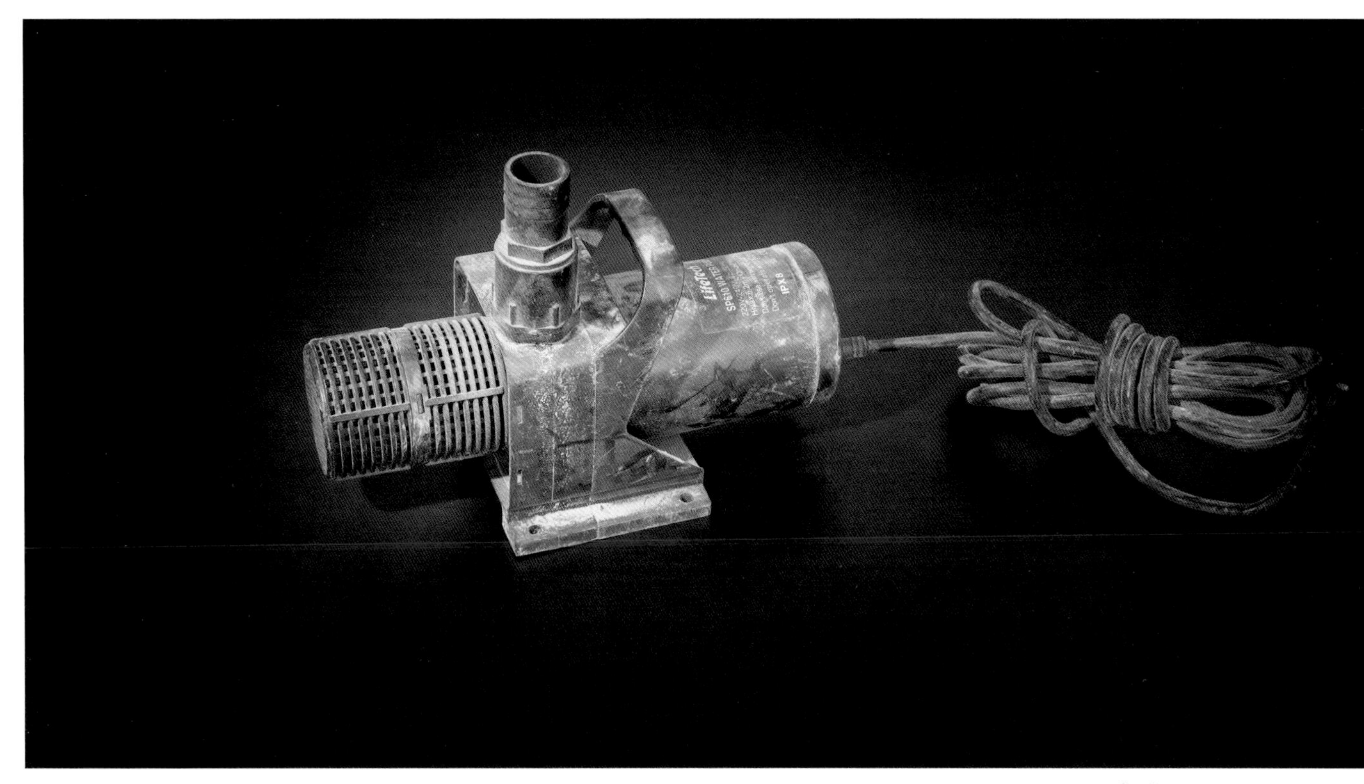

▲ 水泥

水泵

水泵是抽水、灌溉、绿化植被的工具。

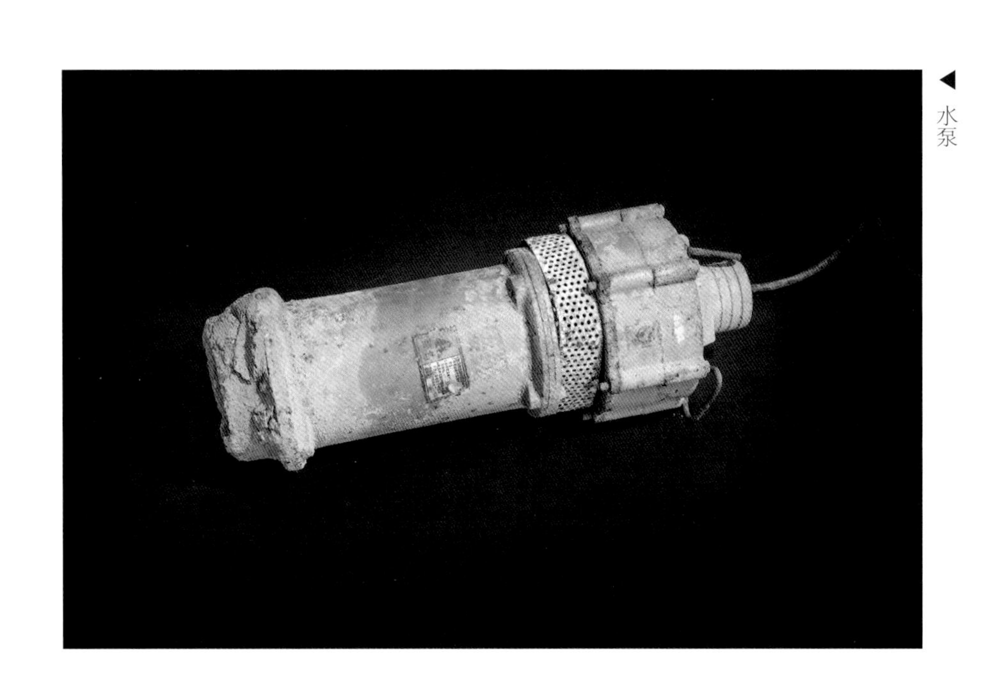

◀ 水泵

▲ 绿化喷头

绿化喷头

绿化喷头是灌溉系统喷头的一种，一般采用地埋方式铺设，绿化喷头包括散射、旋转、射线三种形式。

▼ 高扬程水泵

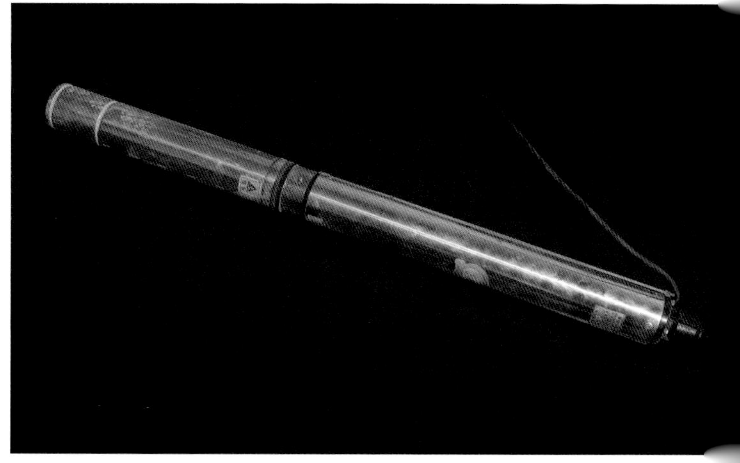

高扬程水泵

高扬程水泵用于深水井的抽水设施。

▼ 地插取水阀

地插取水阀预埋设于绿地中，管口与地面齐平，能与浇水软管快速连接，闲置时处于自动关闭状态。

喷雾器

喷雾器是喷洒药物及喷淋养护的工具。

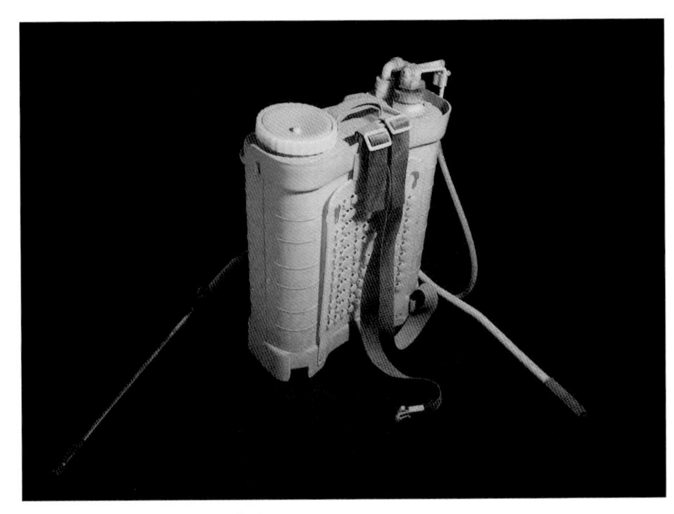

▲ 喷雾器（不同拍摄角度）

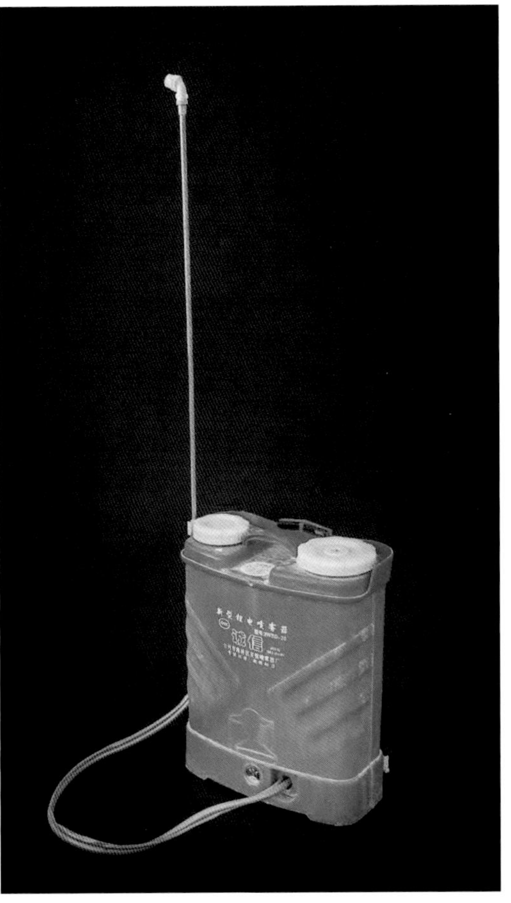

▲ 喷雾器

喷淋花洒

喷淋花洒与浇水软管结合，可人工进行喷洒浇水。

▼ 喷淋花洒

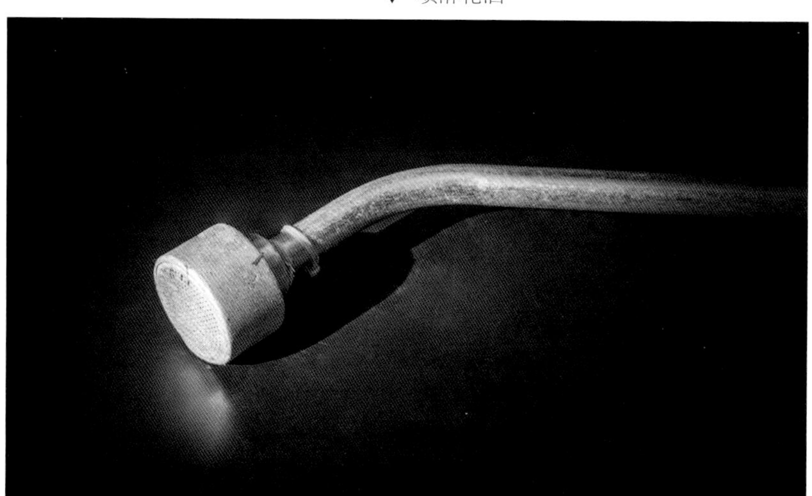

▲ 园林工用喷淋花洒喷水现场

喷水壶

喷水壶手动加压，出水成雾状，用于小面积花草的药物喷洒、喷淋养护等。

▲ 喷水壶

▼ 雾化吊挂喷头

雾化吊挂喷头

雾化吊挂喷头是自动喷洒系统的一部分，悬吊于植物上方，可实现空间空气加湿或者植物的浇水养护。

◀ 洒水壶

洒水壶

洒水壶是一种花卉喷淋工具。

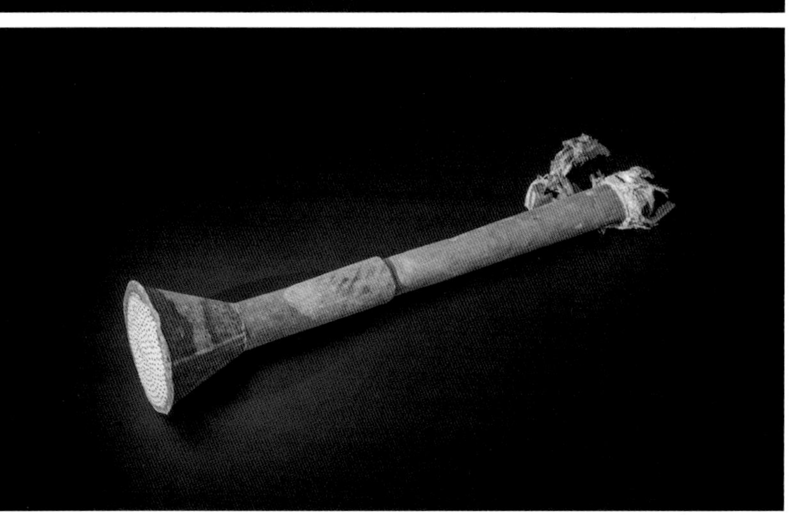

▲ 喷头花洒

喷头花洒

喷头花洒与浇水软管结合，对植被进行浇水养护。

▼ 链锯（一）

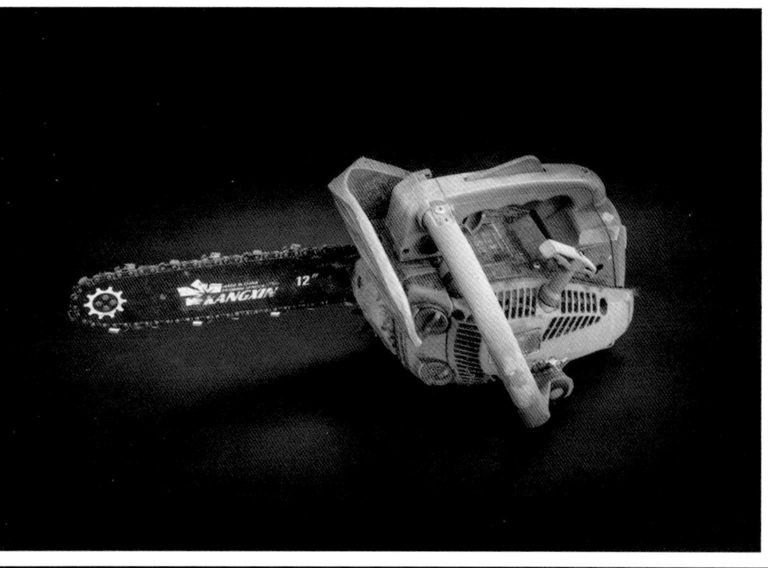

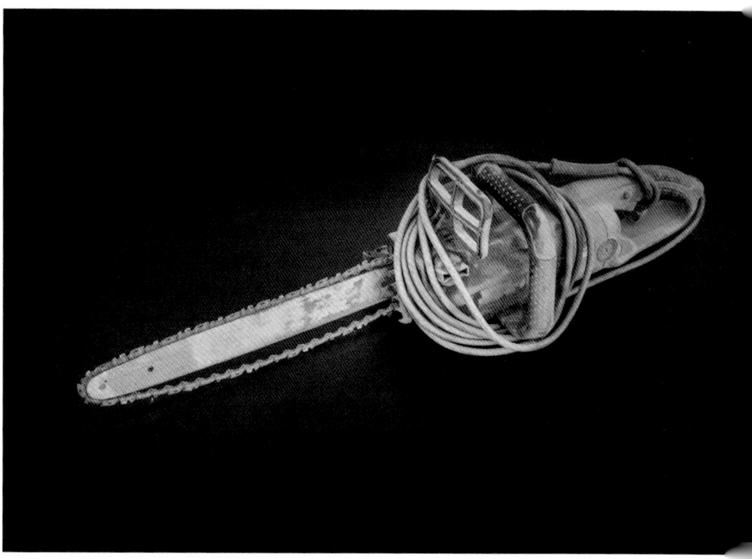

▲ 链锯（二）

◀ 链锯（三）

链锯

链锯是一种锯割器材，可用来伐木，切割木材，根据动力来源，有电锯和油锯之分。

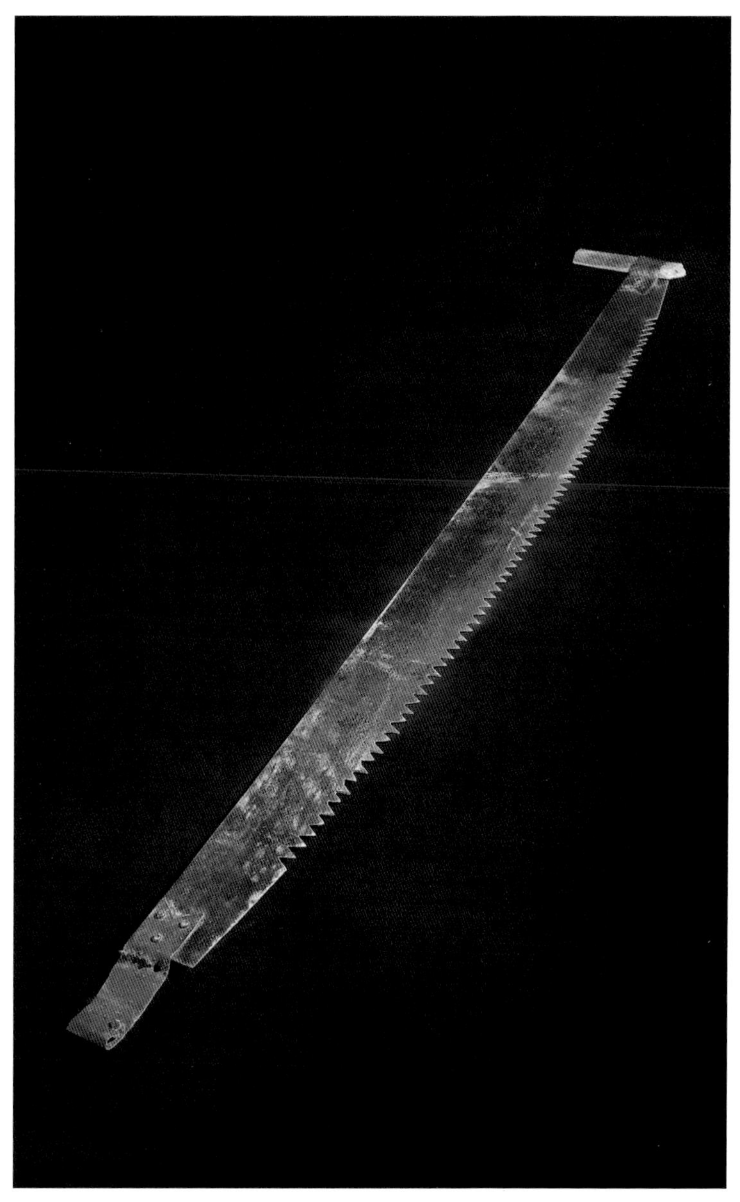

▲ 马子锯

马子锯

马子锯是用来伐、截树木的工具。

绿篱机

绿篱机是修剪绿篱的专用工具。

▲ 绿篱机

▼ 高枝锯

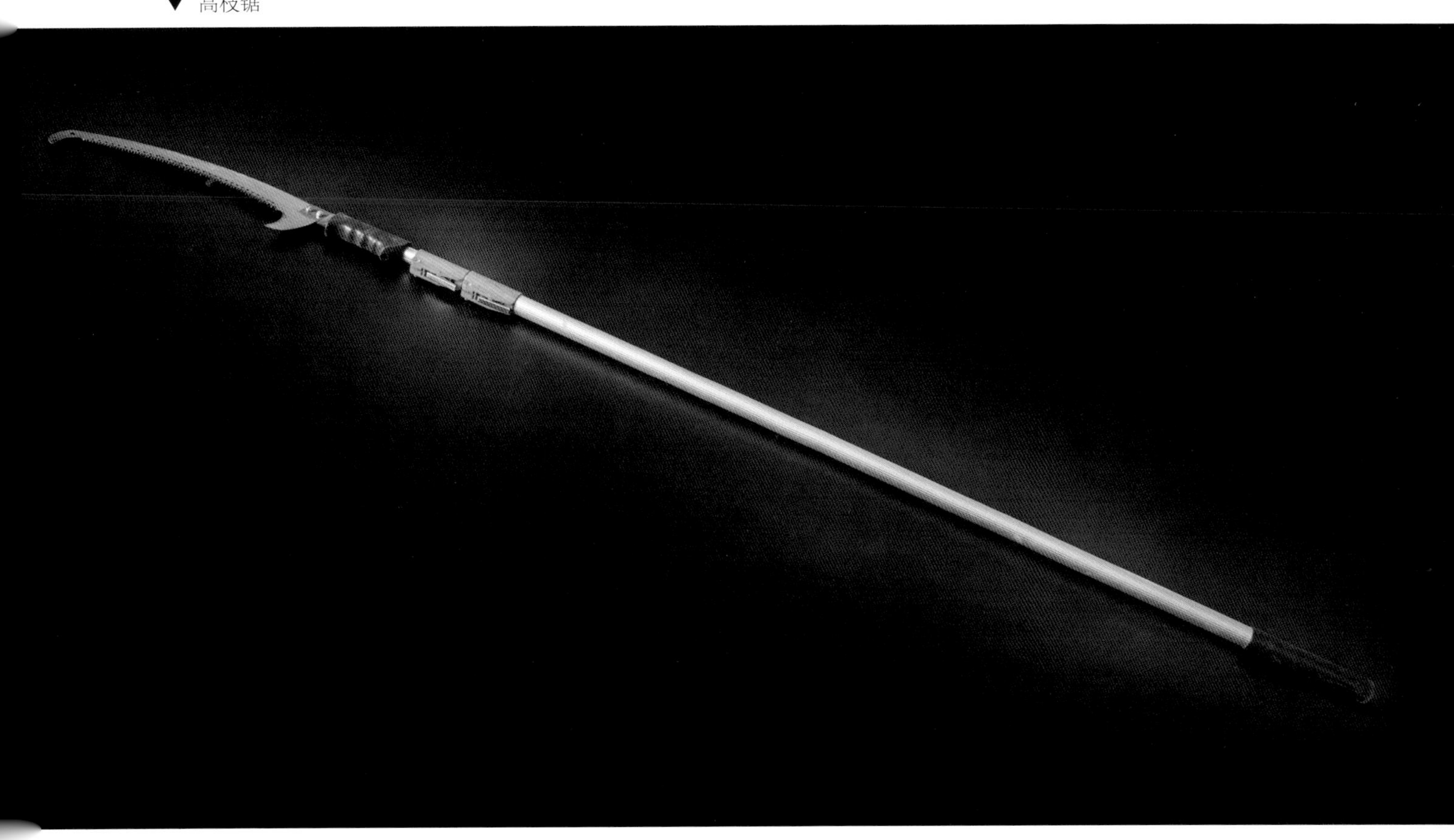

高枝锯

高枝锯由锯弓、锯条和伸缩杆组成，可在不用登高的情况下修剪、锯割高处的树木枝条。

▼ 小刀锯

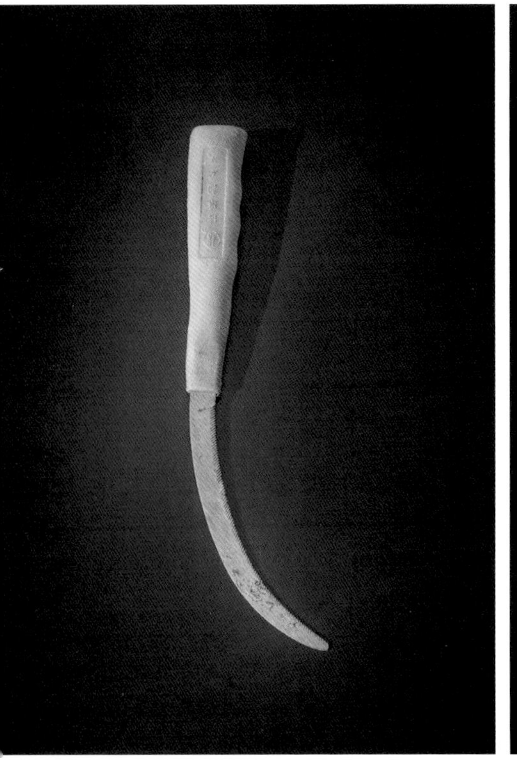

▼ 刀锯

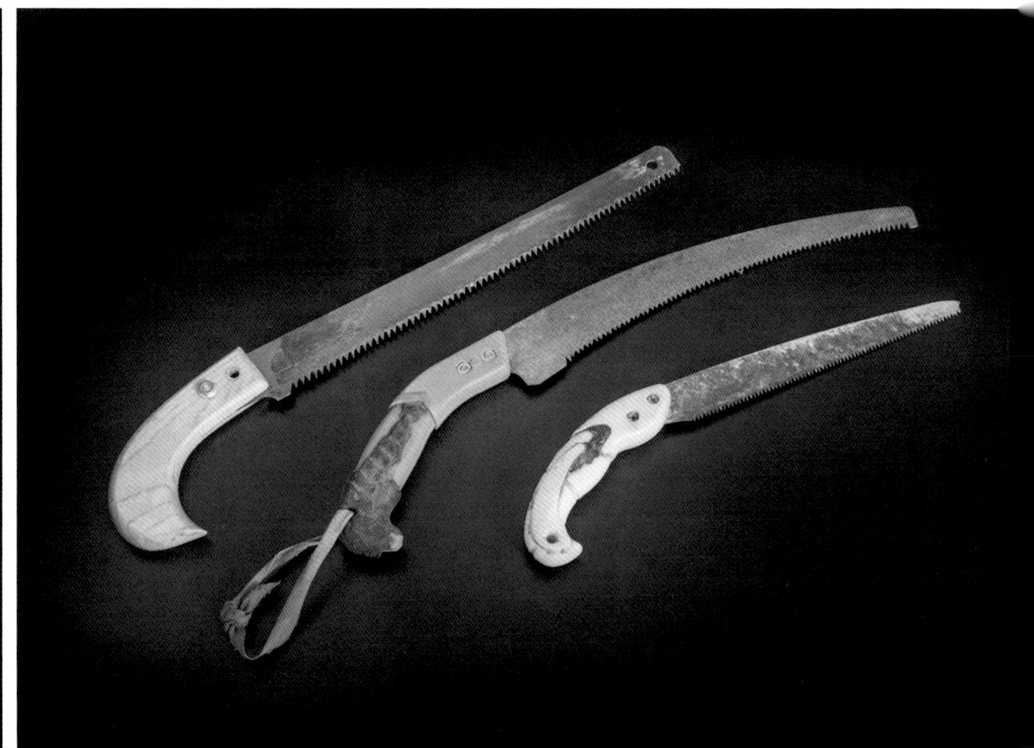

刀锯

刀锯是用于盆景修剪或小型树木枝条修剪的工具。刀锯有多种样式、型号，有小型刀锯如小刀锯，有的则可以折叠，可以保护其锯刃，便捷安全。

▼ 折叠刀锯

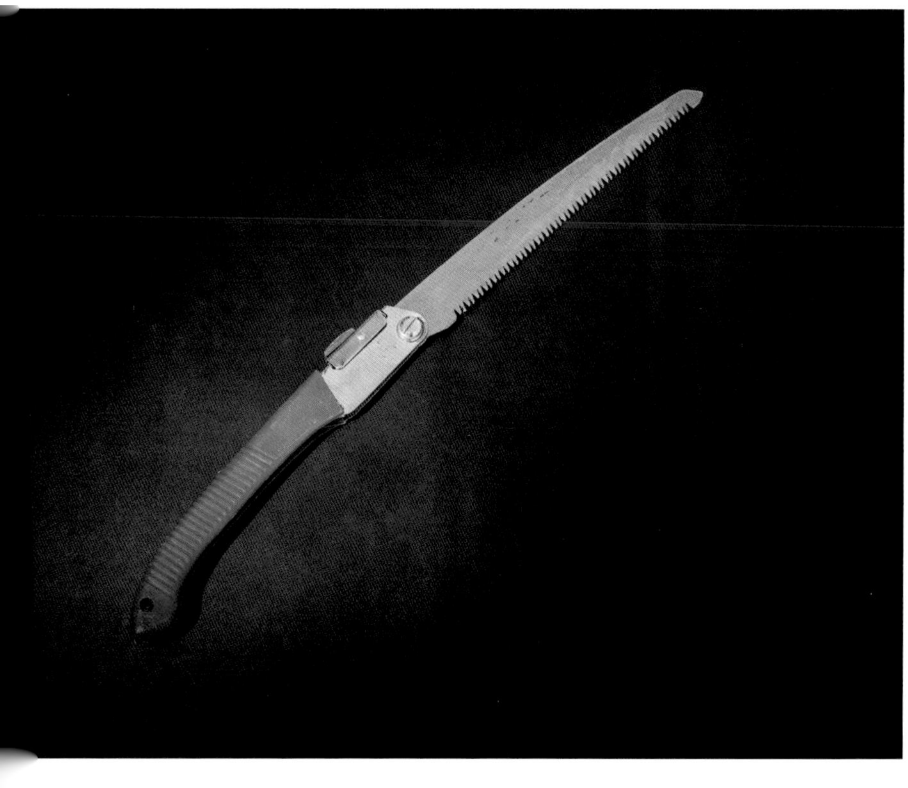

▲ 园艺匠人用刀锯修整盆景

刻刀

刻刀也称"美工刀"，树木移栽过程中用于切割包装带等物料。

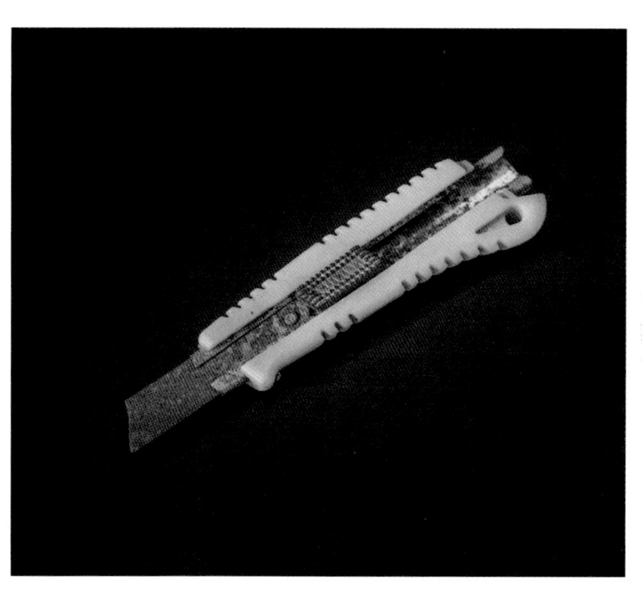

◀ 刻刀

芽剪

芽剪是用于修剪狭窄处树木或花木苗芽的工具。

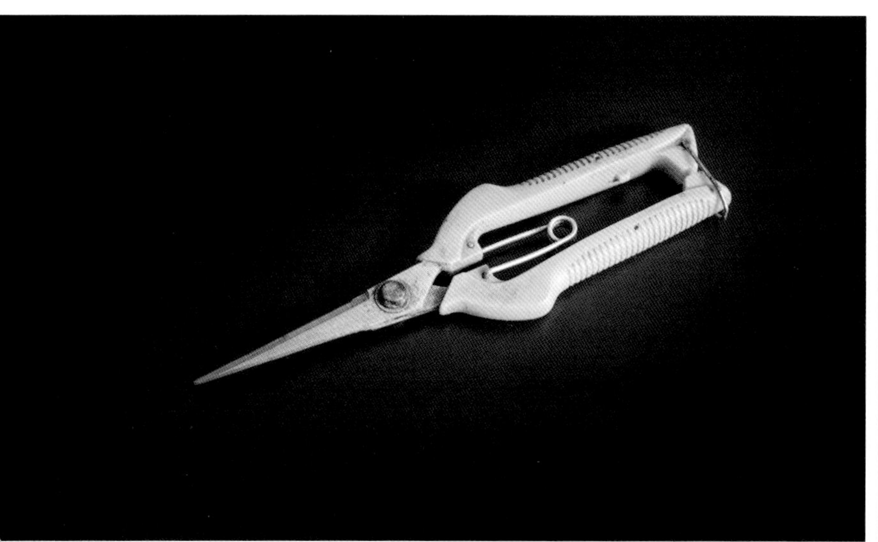

▲ 芽剪

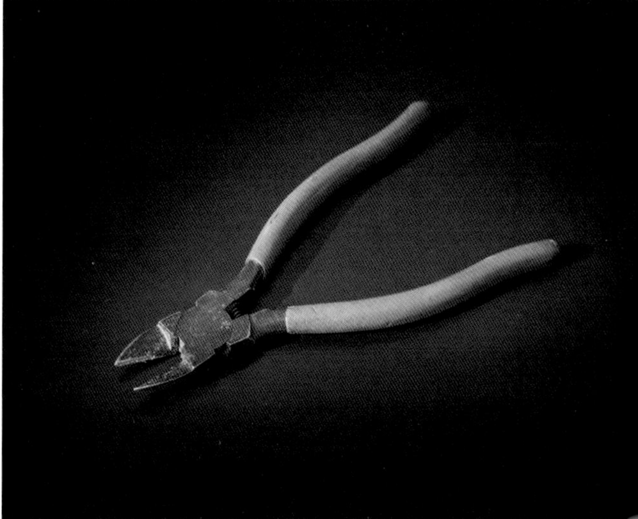

▲ 剪钳

剪钳

剪钳形状像剪子，刃部比普通的剪子更小、更厚，就像钳子头的后半部分，制作盆景时常常用到。

▲ 园艺匠人用剪钳修整盆景

▼ 尖嘴钳

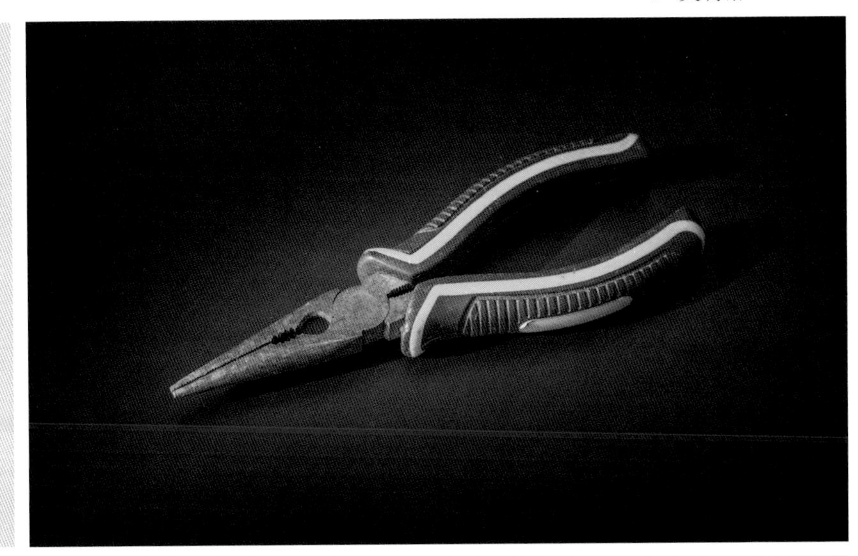

尖嘴钳

尖嘴钳用于盆景整形铝丝的弯曲拧紧。

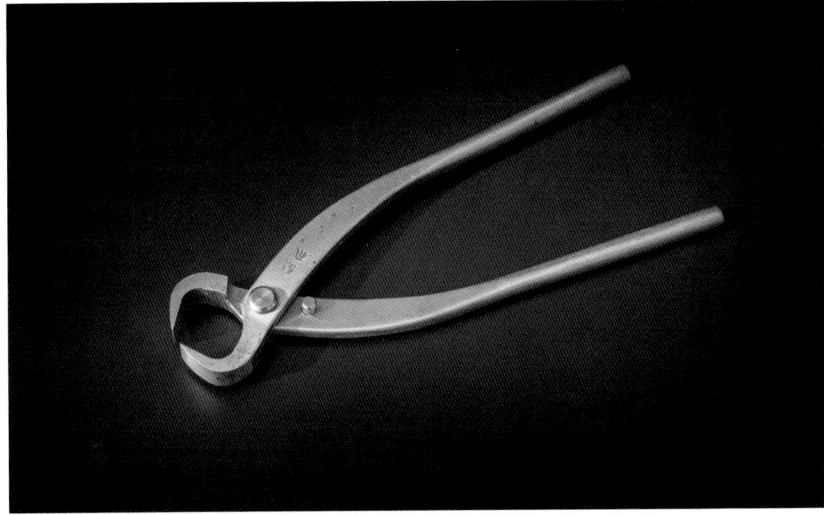
◀ 破杆钳

破杆钳

破杆钳用于盆景枝干整形时将树皮拆开，便于枝干的弯曲成型。

◀ 老式破杆钳

▼ 梯子

▲ 园林工脚踩梯子修剪树木现场

梯子

园艺修剪所使用的梯子有钢、木、铝合金等多种材质的，多数就地取材，有高低之分，主要用于修剪树木。

钢丝刷

钢丝刷是一种丝雕工具，用于枝干毛刺的清理。

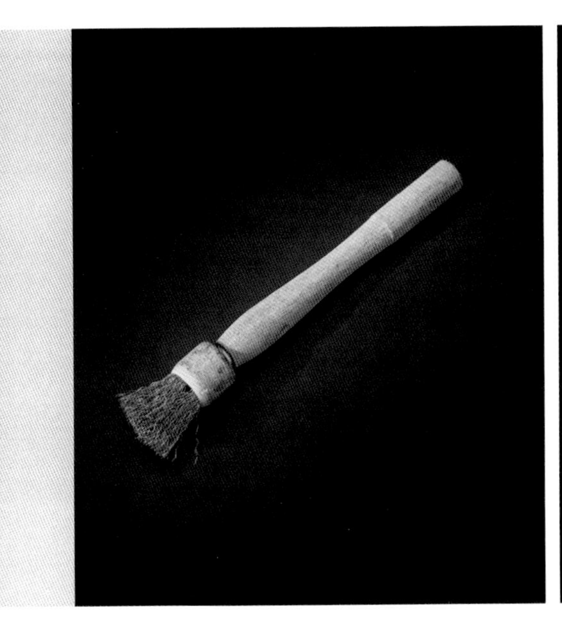

▲ 钢丝刷

▼ 钢丝绳收紧器

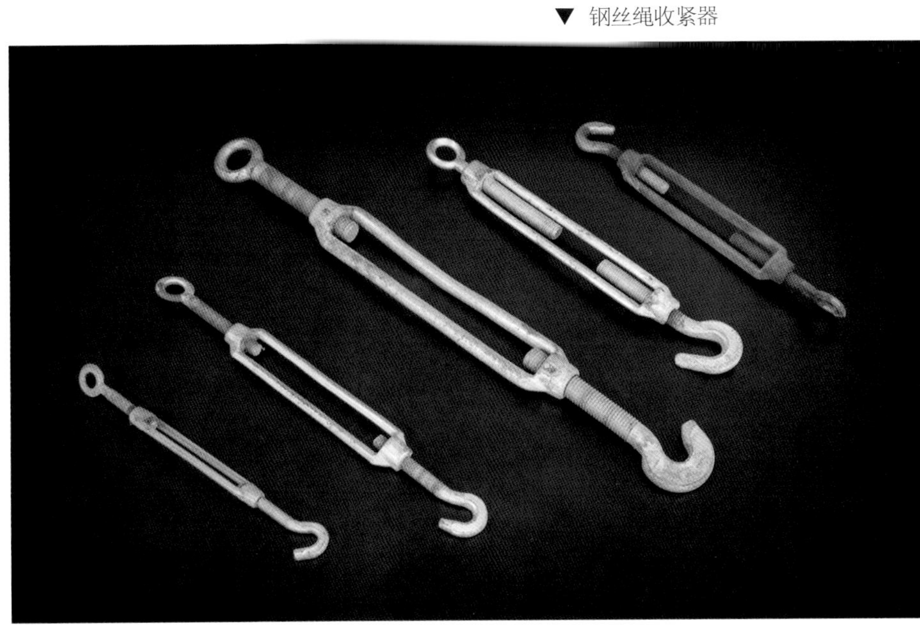

钢丝绳收紧器

钢丝绳收紧器主要用于盆景园艺枝干整形中，拉紧钢丝绳用。

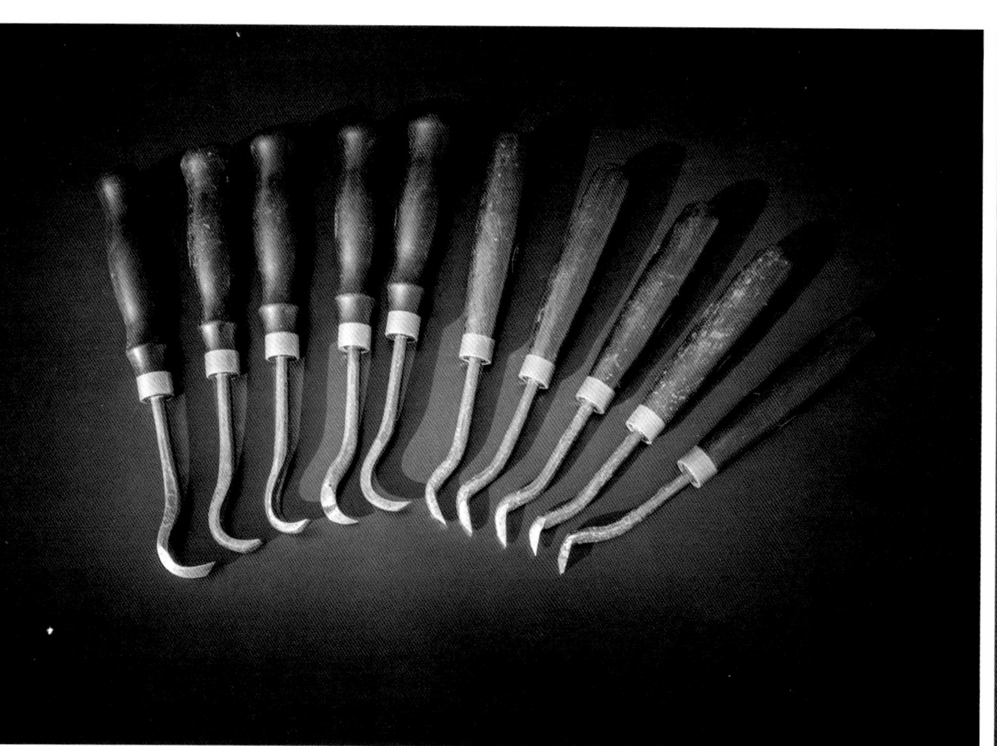

▲ 丝雕钩子（一）

▲ 丝雕钩子（二）

丝雕钩子

丝雕钩子是园艺中盆景制作的专用工具，主要用于对枝干的整形。

造型铝丝

用来造型的材料很多，过去用棕丝与棕绳子，现在一般都用铝芯园艺丝。它有大小不一的规格，看枝条的粗细，根据特点来选择铝丝大小。

▼ 造型铝丝

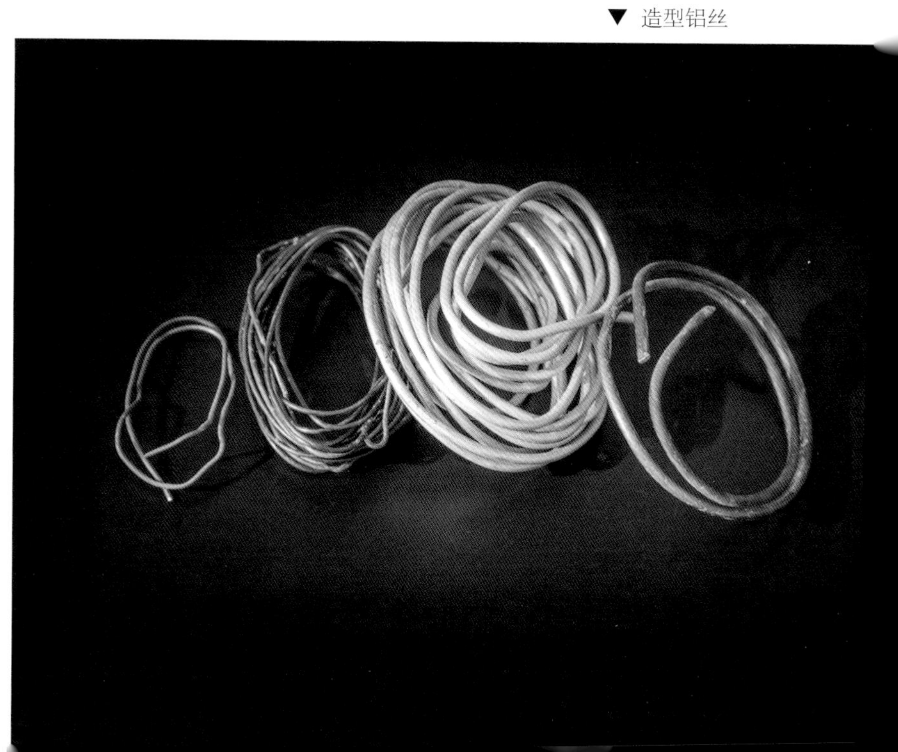

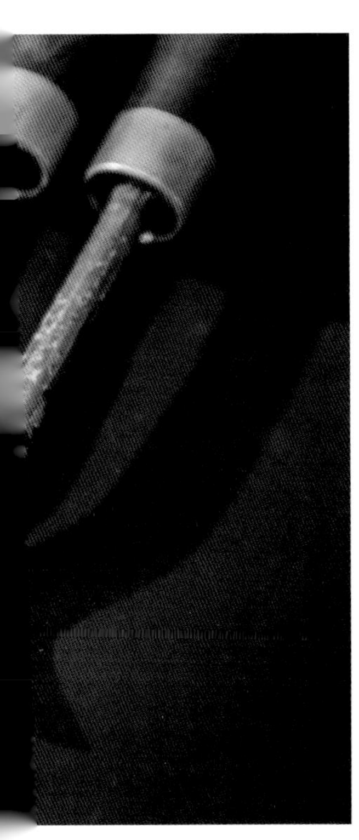

◀ 丝雕钩子（三）

▲ 园艺匠人用丝雕钩子为盆栽整形

凿子

凿子是一种雕刻工具，主要在盆景制作中为盆景塑形。

▼ 凿子

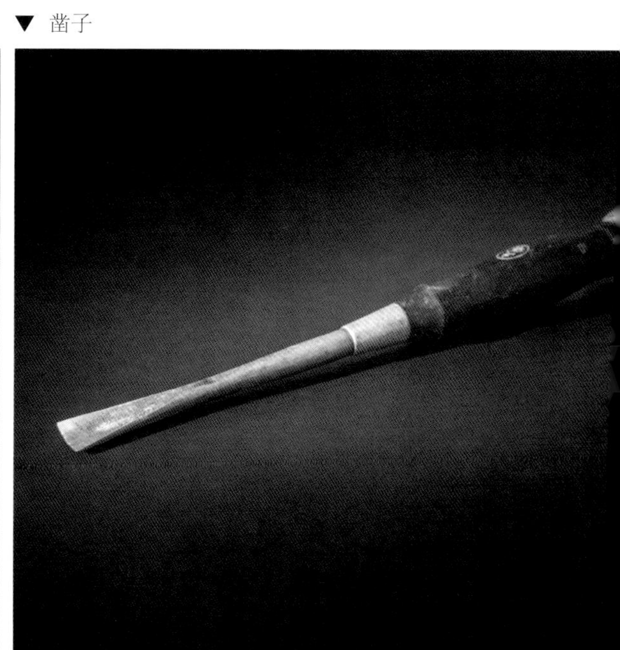

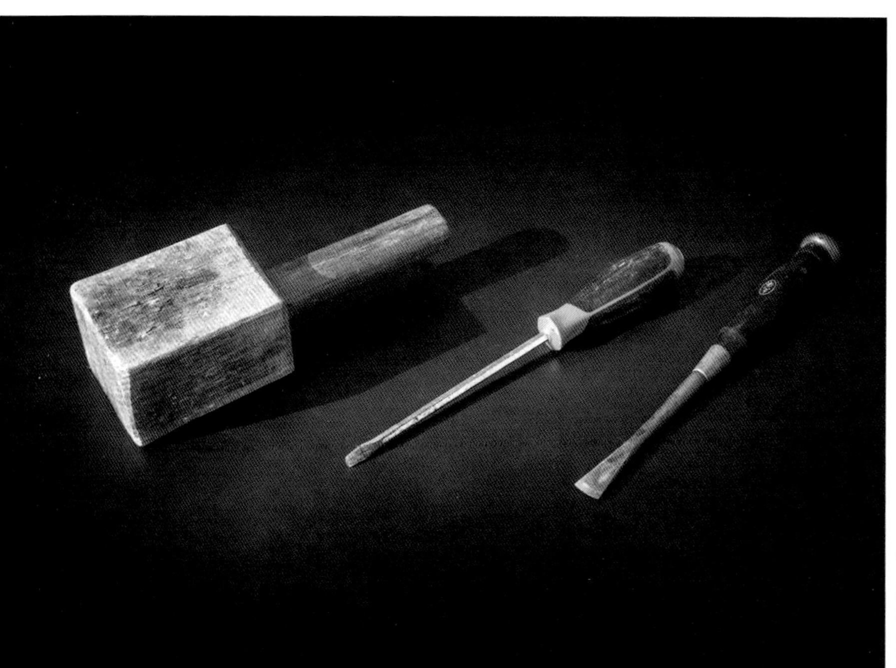

▲ 木槌与凿子

▶ 园艺匠人为盆景塑形

▲ 羊角锤

羊角锤

羊角锤是一锤多用的常见锤子，主要用于嵌钉和拔钉。

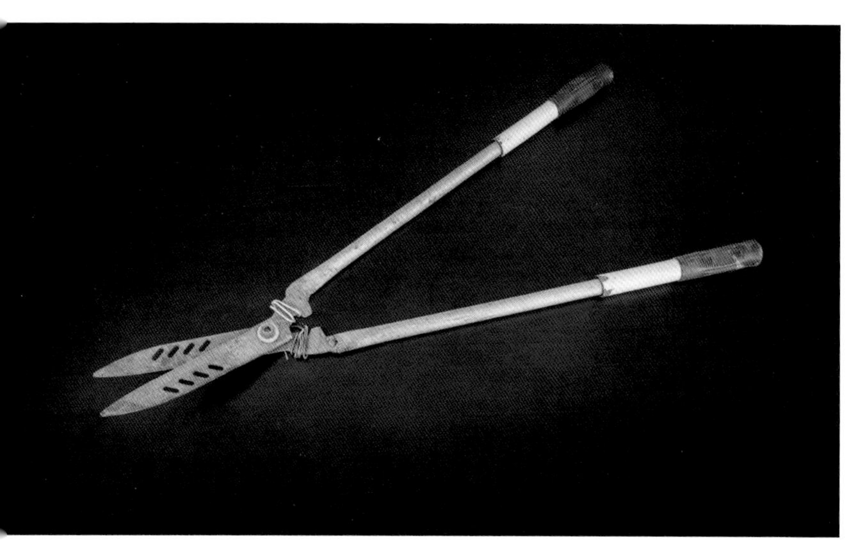

▲ 绿篱剪

绿篱剪

绿篱剪用于修剪绿篱等苗木的工具。

草坪剪

草坪剪多用于大面积园林绿篱、花草等修剪工作，但不适合剪粗壮枝。

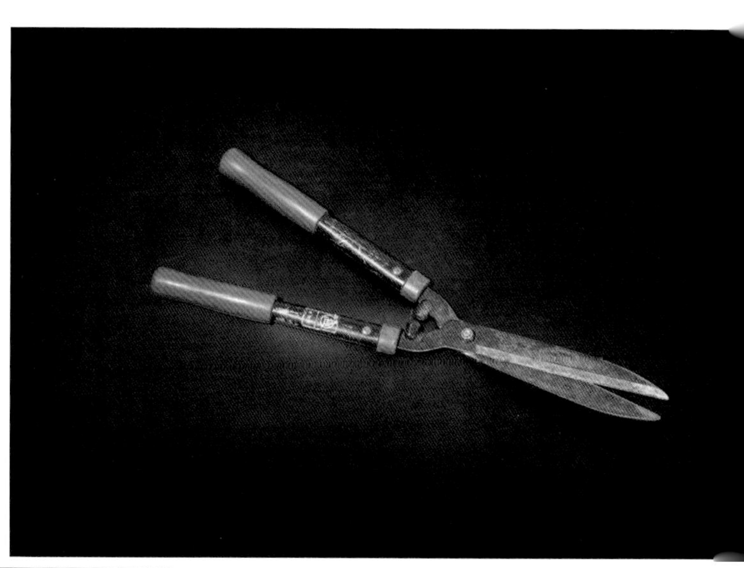

▶ 草坪剪

拉绳高枝剪

拉绳高枝剪主要功能是修剪树枝，适合剪直径4cm以下的高空树枝。

▲ 拉绳高枝剪

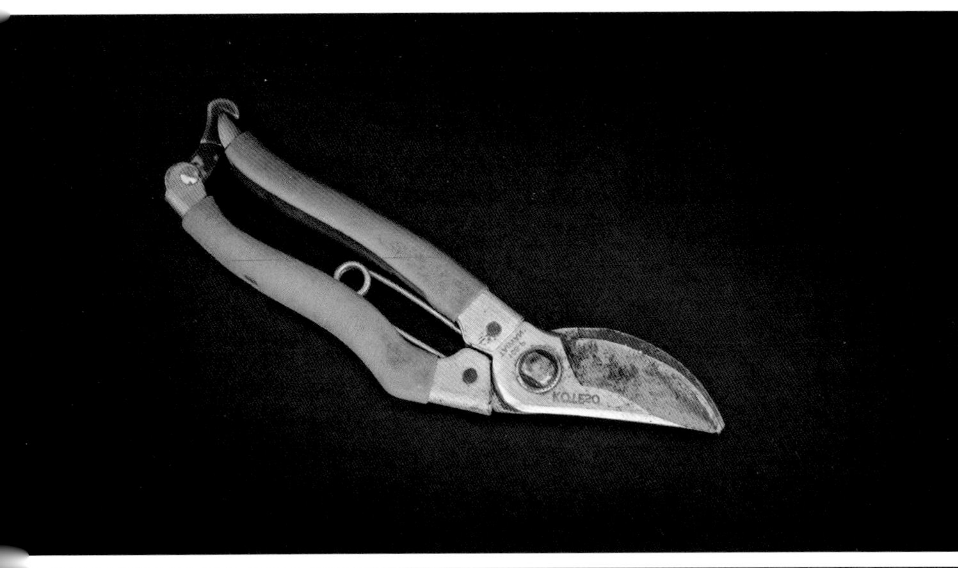

◀ 枝条剪

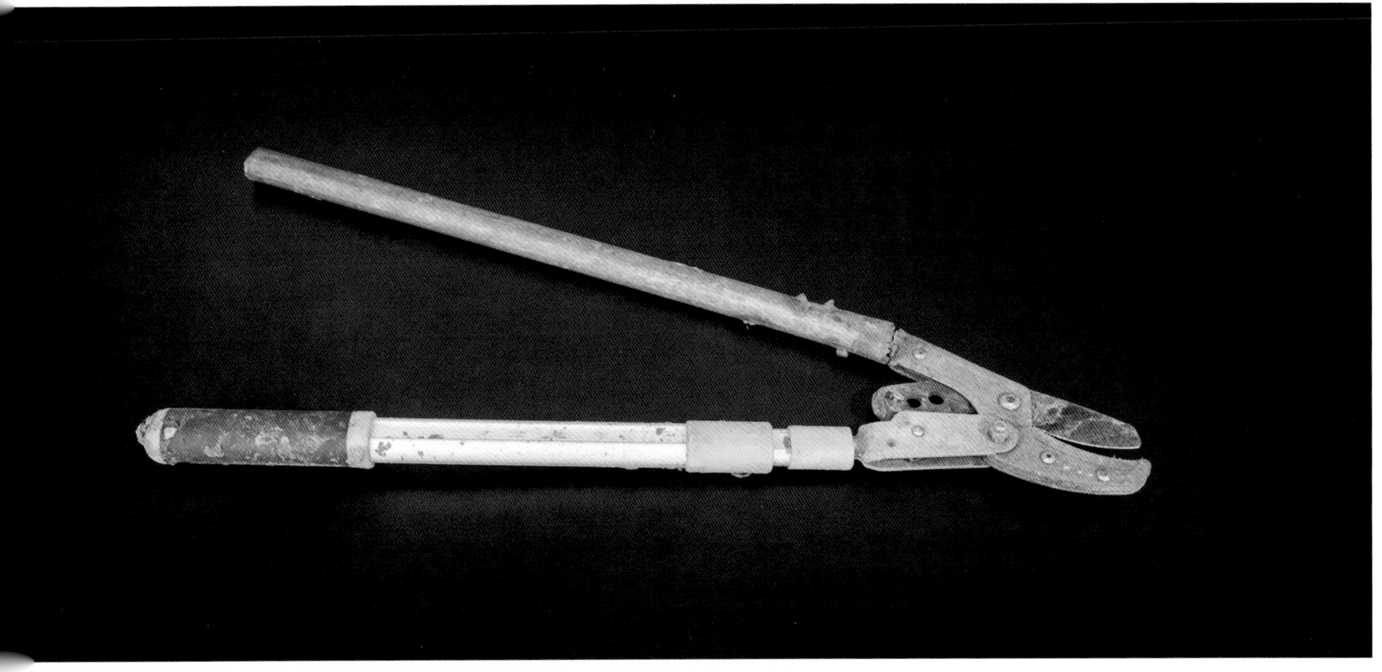

▲ 大力剪

枝条剪与大力剪

枝条剪与大力剪用于树木或花卉较粗枝条的剪除。

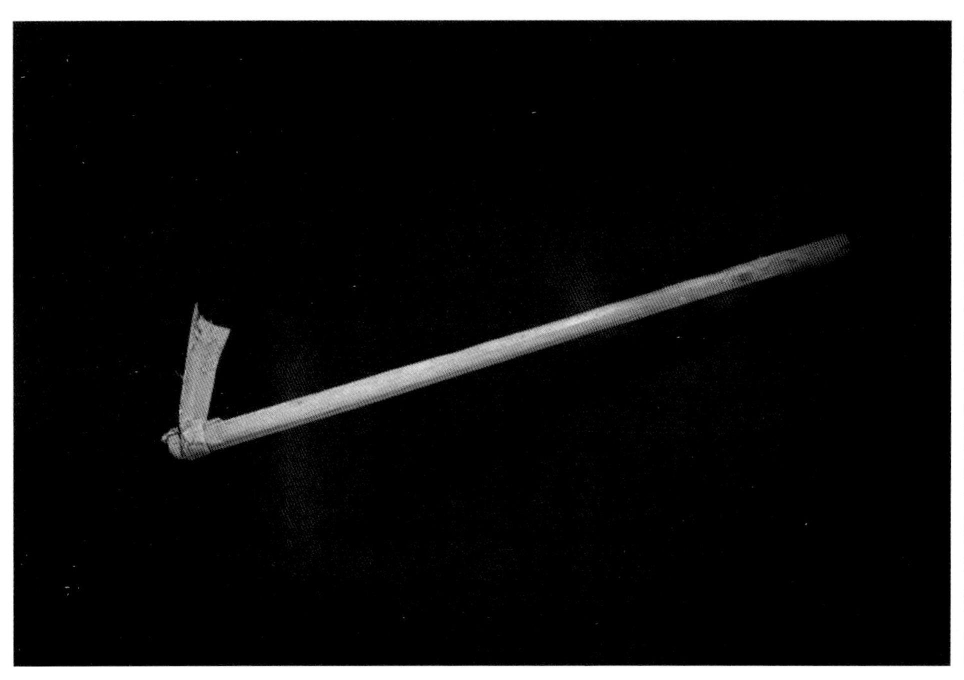
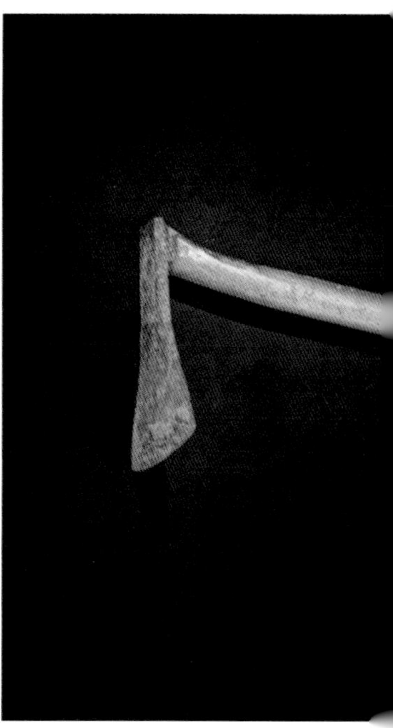

▲ 木把镢

镢

镢是用于刨土、清理场地的一种常用工具。

剁草根刀

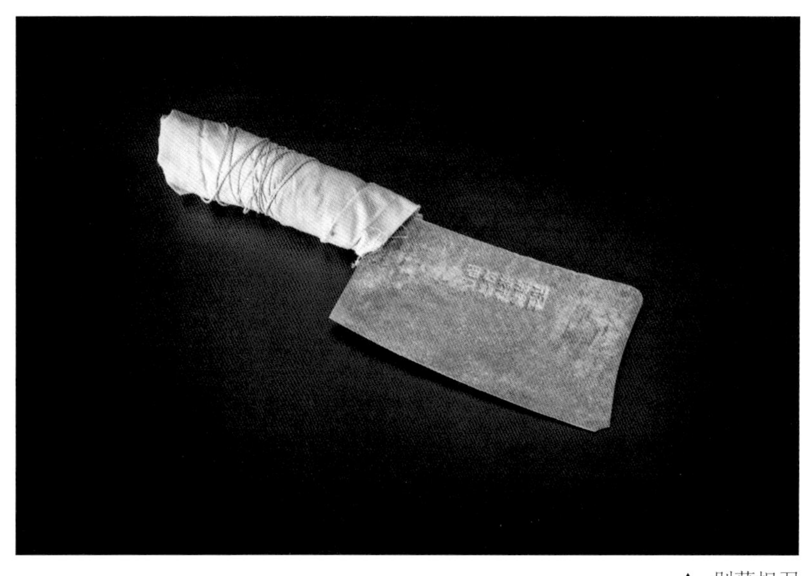

▲ 剁草根刀

麦冬等草类植物在移栽前需将原根系进行清理，用刀剁掉部分草根，更利于成活返青。

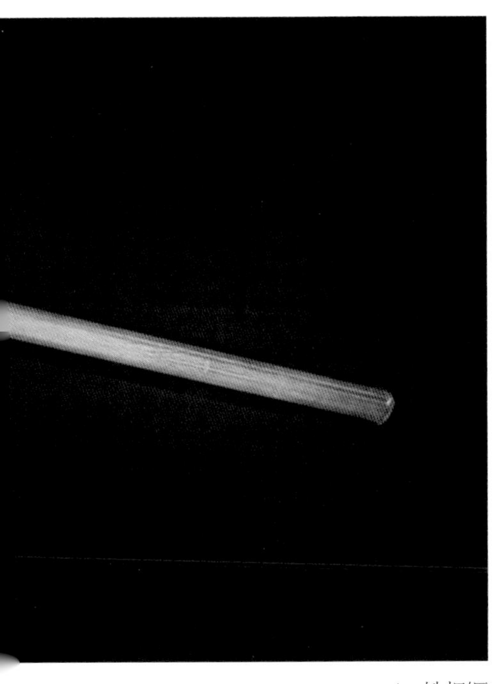

▲ 铁把镢

搂耙

搂耙由竹、木或金属等材料制成，是清理绿化苗木中枯叶、柴草及垃圾的主要用具。

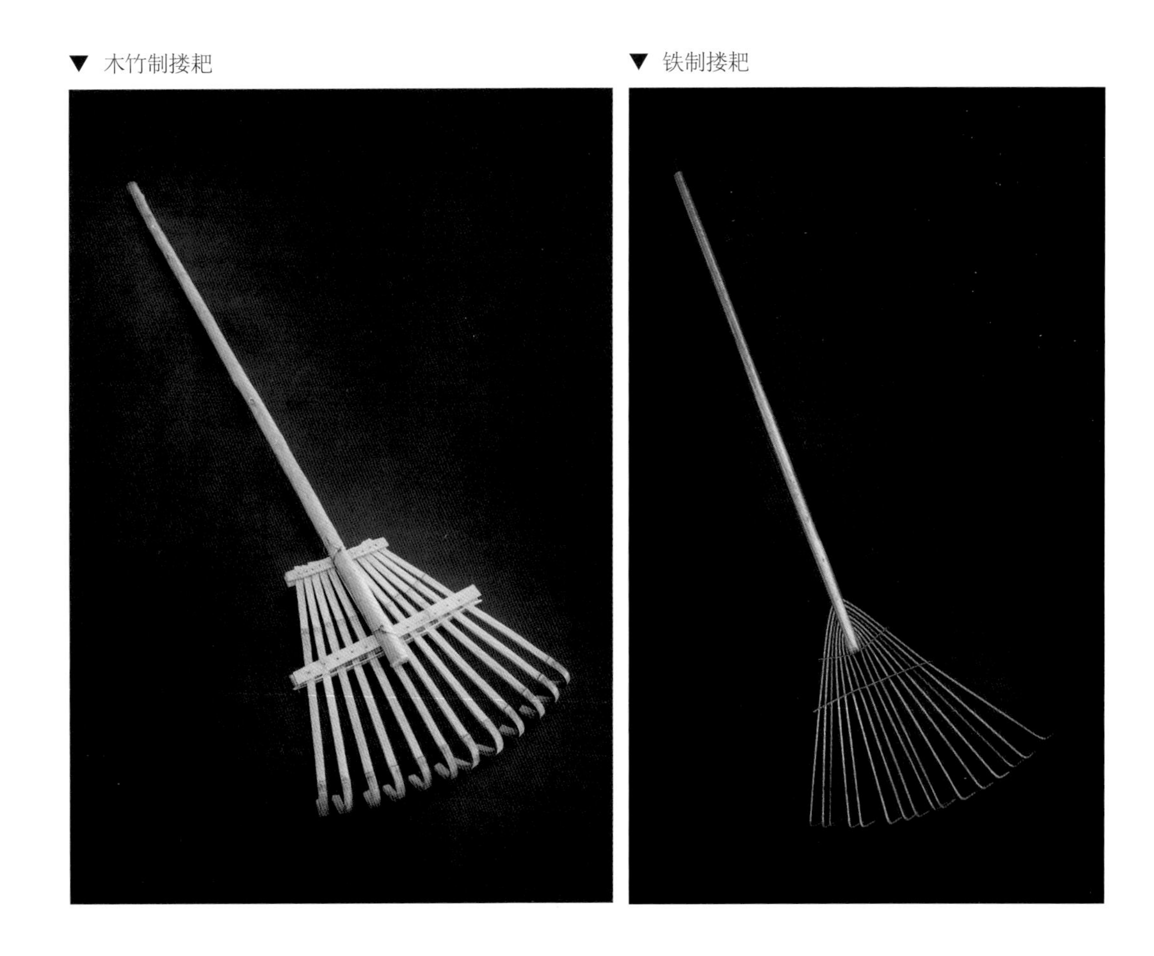

▼ 木竹制搂耙　▼ 铁制搂耙

▲ 草皮辊压机（一）

▲ 草皮辊压机（二）

草皮辊压机

大面积草皮铺成后，草皮与土壤间存在一定缝隙，很容易造成草皮的大片枯萎，辊压机是辊压草皮使其尽快还苗返青的主要机具。

▲ 肩背式割草机

◀ 行走式割草机

割草机

园林管理的常用机械，主要用于草皮打理，由汽油机做动力，有行走式和肩背式两种。

▲ 使用割草机割草场景

▼ 行走式耕耘机

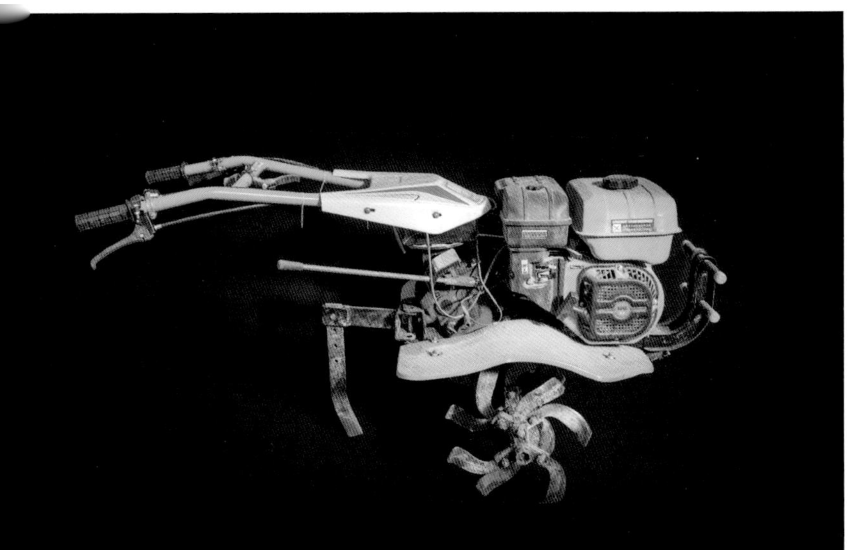

行走式耕耘机

耕耘机是用于水、旱田整地，田园管理及设施农业等耕耘作业为主的机器，适用于花卉、园艺、苗圃、草坪、绿化工程的植被种植。

液压平板车

液压平板车用于运输大型盆栽植物。

▲ 液压平板车

双轮车

双轮车是施工现场人力运输土方、苗木等材料的工具。

▲ 双轮车

三轮运输车

三轮运输车是园林绿化管理与养护过程中常用的运输工具。

▲ 三轮运输车

▲ 双轮搬运车

双轮搬运车

双轮搬运车具有载重量较大、轻便灵活、操作简单等特点，在园林绿化管理中是材料搬运的常用工具。

液压搬运车

手动液压搬运车是一种小巧方便、使用灵活、载重量大、结实耐用的货物搬运工具，俗称“地牛”。搬运车除了具有托运货物的功能外，为了方便起降货物，车底盘与轮之间带有液压装置。

▲ 液压搬运车

第七篇

门笺制作工具

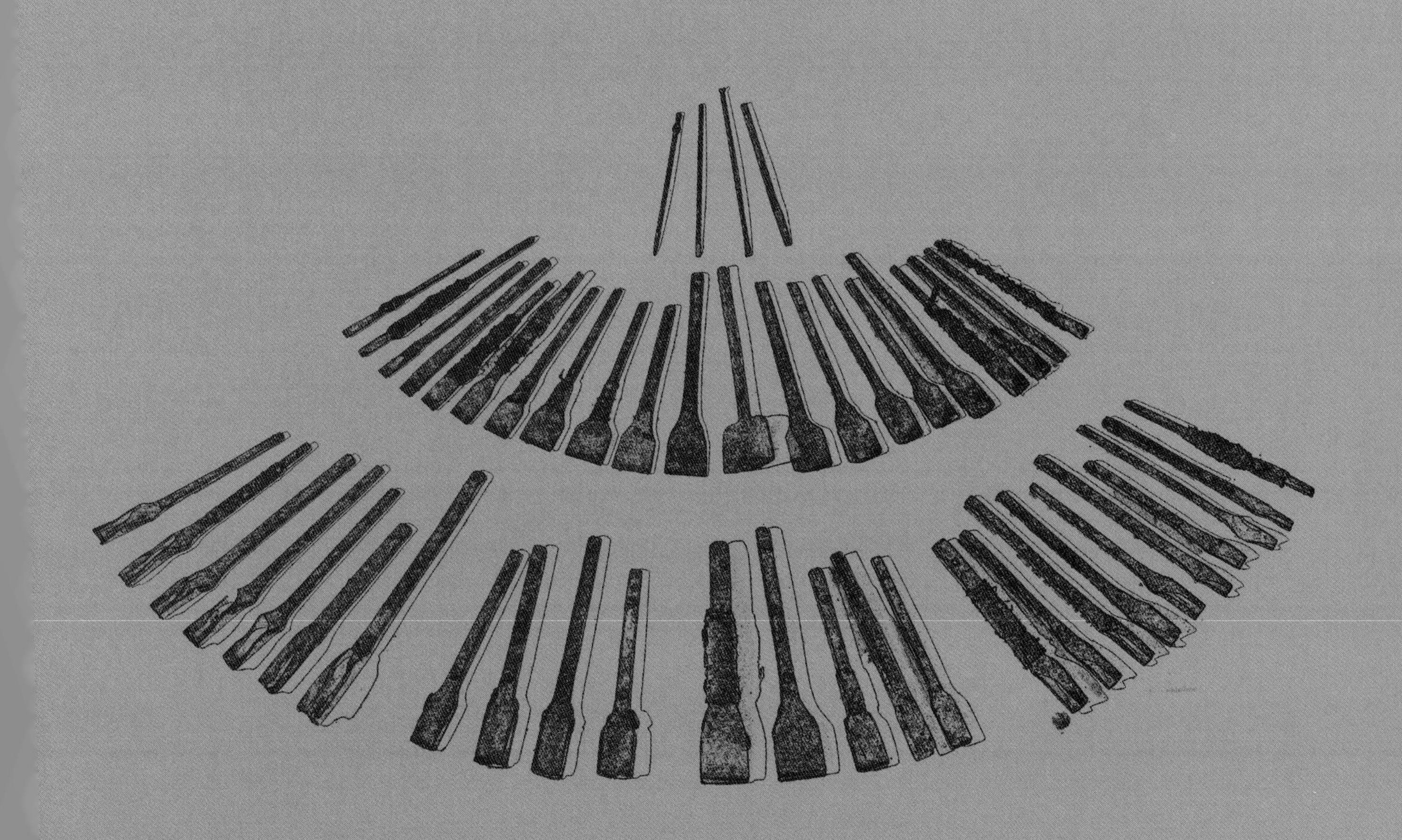

门笺制作工具

门笺，俗称“过门钱”，又称“喜笺”“门吊子”“花纸”或“光明钱”等，是我国传统春节的吉祥装饰物。过门钱在中国有着悠久的传统。中国传统新年，也叫春节，俗称“过大年”，说起年，自然就与年兽少不了关系，传说中为了抵御年兽，将各种颜色的纸剪成过门钱，并刻上寓意吉祥的话语，悬挂于门楣、门框之上，年兽见了便会望风而逃。所以“过门钱”是古人趋吉避凶、寓意吉祥的一种美好愿景。

过门钱最早出现的年代已不可考，但早在《后汉书·礼仪志》就有相关的记载。北宋时诗人梅尧臣在《嘉祐已亥岁旦呈永叔》一诗中记述：“屠苏先尚幼，彩胜又宜春”，“彩胜”是乡间妇女佩戴的彩幡，南宋已经有过年时把春幡、彩胜挂于门首的习俗。今天过门钱的样式形象在清代已经完善形成。人们把“财源滚滚”“人财两旺”“岁岁平安”“五谷丰登”“吉庆有余”“福录吉祥”“迎春接福”“喜气盈门”“万事如意”等吉祥的话语，用各种图案进行表达，寄托着人们对新一年的美好向往，是长期以来中华民族对美好生活的一种朴素观念。因此，门笺是中国传统民俗文化的组成部分。

门笺的制作并不复杂，其工具主要包括：裁纸工具，刻纸工具，透纸工具，机械刻纸工具及装订工具等。

附：过门钱的贴法

过门钱的贴法随风俗的变化而演变，各地也有地域性的差异。传统过门钱有黄、红、粉红、绿、蓝五色，黄色最富贵，粘贴时往往居门框正中，自左至右依次贴红、绿、黄、粉红、蓝色，分别代表“福禄寿喜财”。家有喜事往往全贴红，白事则头年不贴，二年全贴蓝，三年才改回常年的贴法。贴时，“灶王爷”贵为一家之主，全贴黄色，牲畜圈门贴蓝色。贴的次序，往往先贴“灶王爷”，再贴大门及其他门窗，先从街门开始，再屋门，后房门、圈门等。根据门的大小，门上楹中间贴一、三、五个不等（一般不贴双数）。鲁东地区有“窗顶上忌贴，否则穷闺女家”的习俗。

◀ 过门钱

如今随着时代的变迁，过门钱在形式上、贴法上也发生了诸多变化。许多地方人们更倾向于满贴红色以示喜庆；电脑设计、机械生产的发展，为人们带来了大尺寸、套色（烫金）过门钱，同时过门钱还出现了多种材料上的变化，深受大众的喜爱。

附：图案纹样

过门钱的吉祥图案有多少种？即使从事了一辈子加工制作的老艺人，也数不清。

传统过门钱上的图案烙着深深的中国文化印迹。铜钱、风车象征着财源滚滚；蝙蝠、梅花鹿寓意着福禄双全；荷花象征着家和万事兴；花瓶寓意着平安；葫芦象征着福禄；大大的福字、喜字、寿字、财字更直接讲述着“福禄寿喜财”；元宝预示着财源广进，八方来财；双鱼寓意年年有余；“团和”更是一团和气，恩爱和睦。一张张小小的过门钱却承载着中国人对美好生活的各种愿望。不仅如此，中国梦、飞天的航天员、美丽村居、和谐社会等，时代大潮里的中国气派同样被细心的过门钱刻纸工匠们发现，并表现得淋漓尽致。

▲ 制作精美的过门钱

▲ 八铜钱及荷花

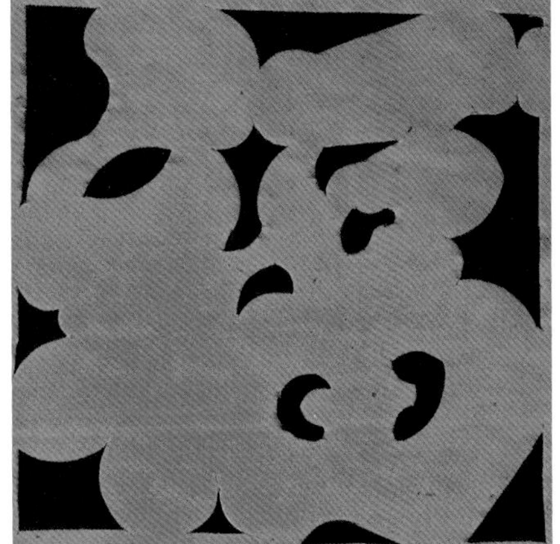

▲ 福字

▲ 蝴蝶

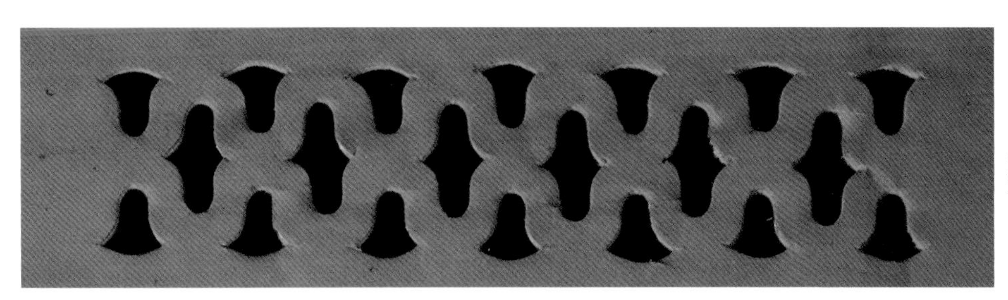

◀ 元宝

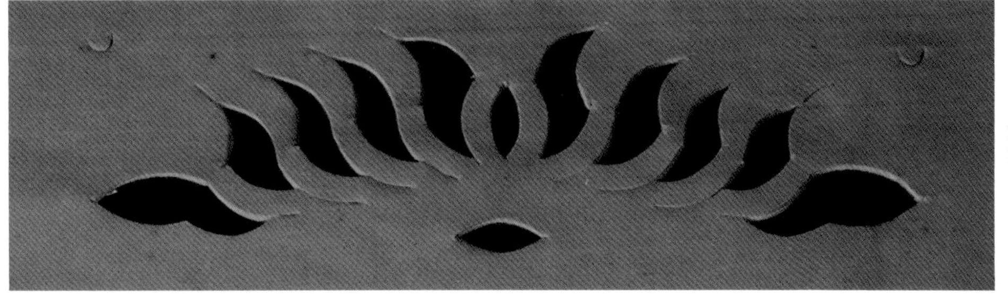

◀ 荷花

▲ 回头鹿

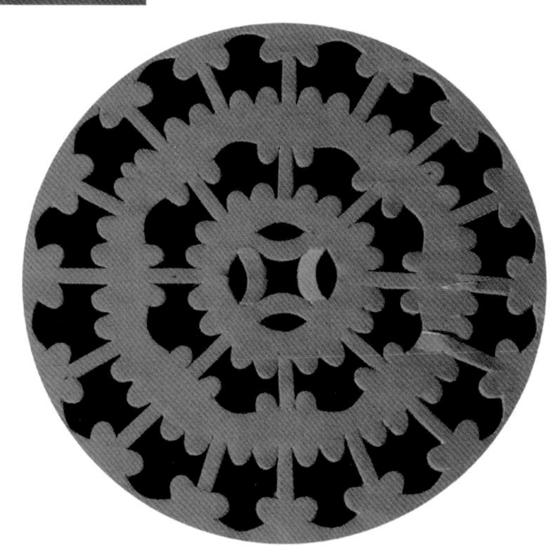

▲ 团和

过门钱的刻制往往是家族传承。其主要工序有：选纸、裁纸、刻纸、透纸、装订。

过门钱

过门钱制作现场

第二十八章　选纸

传统过门钱的选纸至关重要，纸的韧性、耐候性，是不是易脱色都非常重要。过门钱一般选用专门的“花笺纸”或者“棉纸”，传统多为五种色彩，称“五色”。考虑到成本，一般用每张22g的薄纸制作，染色一般只有单色。随着时代的发展和大众需求的变化，促使后来的用纸逐渐转变为每张35g的双面染色厚纸。

▲ 过门钱选纸

第二十九章　裁纸工具

过门钱的裁纸工具主要是裁纸刀，2000年后开始使用切纸机。传统过门钱的尺寸为35开。裁纸时，考虑到对折，一般裁110mm×430mm对折。随着时代发展，过门钱的大小逐渐加大到了20开、16开、12开，甚至8开、4开、2开。

裁纸刀

◀ 裁纸刀

裁纸刀是主要的裁纸工具，裁切纸时先将选好的纸叠整齐置于木案上，在裁切位置划线，然后进行裁切。裁切时一人双手扶裁纸刀，闪于一侧；另一人举大木槌敲击裁纸刀，左右不均匀时，往往要不断调整敲击位置，直至纸张裁好。

▼ 裁纸机现场

第三十章　刻纸工具

刻纸的主要工具有蜡盘（蜡墩子）、木槌、刻刀等，还包括工具盒、刻模、笔、橡皮、尺等辅助工具。传统刻刀都是手工制作的，往往因不同的图案，设计打造出不同的刻纸刀具。

▲ 刻纸工具组合

刻纸

刻纸是过门钱制作中最主要的工序。操作时将裁切好的纸置于蜡墩子上，蜡墩子与纸之间夹一张塑料纸（俗称“隔纸”），将设计好的纸样附于刻纸表面，选用适当的刻刀，右手执木槌，左手持刻刀，以木槌敲击刻刀，依次在纸上刻出相应图案。

刻纸重在工匠师傅的整体把控和构图思维，格局的大小、图案的对称、主次的把握、刀具的配合、下刀的位置、敲打的力度这一切都要在脑子里盘算好，刻纸师傅敲敲打打，看似风平浪静，实则精准计算，统筹全局，这个是全凭经验来完成的，没有几年、几十年的反复练习是做不来的。

▲ 刻纸现场

▲ 木槌与橡胶锤

木槌

木槌是门笺刻纸的重要工具之一，主要用于敲击刻刀，使刀刃穿透门笺纸，留下纹样。门笺用的木槌有不同规格型号，以满足不同的刻纸需求。

平头锤

平头锤过去多用金属的锤头，现在也用橡胶的，其敲击部位为平面。平头锤主要用于敲击蜡盘，使盘面保持平整。

▲ 平头锤

▲ 方头槌与小木槌

方头槌与小木槌

方头槌、小木槌多为自制工具，是用整根方木制作而成。省去了开孔、打榫等工艺，且相对轻便，易于老人、妇女、儿童使用。过去门笺制作多为家庭作坊，老人孩子齐上阵是常有的。

▲ 大木槌

▲ 传统木轮车车轮

大木槌

传统大木槌是主要的刻纸锤，多取自传统木轮车的车轮，锯成若干段制作而成，车轮的“牙”部做槌头，“辐”部做槌把，一个车轮便能锯出十几个木槌。因此，门笺制作的木槌槌头多有弧度。

蜡盘

◀ 蜡盘

蜡盘，俗称“蜡墩子”，由厚木板及木制边框制成，内填蜡心，是刻纸的工作台。门笺刻纸工作量大，且刻刀的刀刃较为锋利，以蜡填心做底可以保护刀刃，且避免“吃纸”“歪刀”。蜡多为蜂蜡，在不易取得的情况下，也多以羊油代替。

刻刀盒

▲ 刻刀盒

刻刀盒大小不一，是盛放各种刻刀的收纳盒。

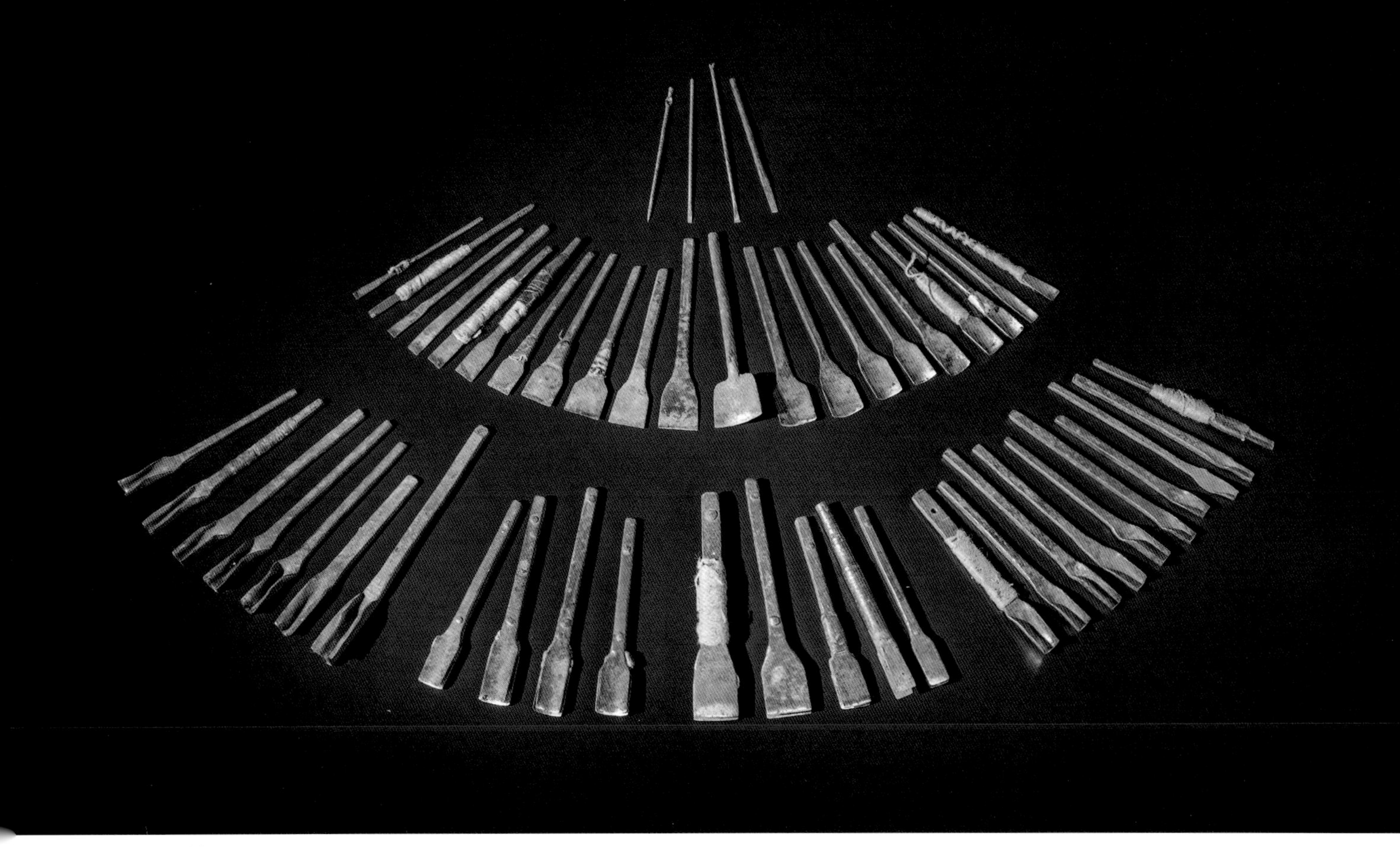

▲ 刻刀

刻刀

刻刀是门笺刻纸中的重要工具之一，不同的图案造型，往往对应使用不同形状的刻刀。刻刀通常是工匠师傅根据需要，自行设计制作的，并给它们取了各自的名称，如羊鼻子、双铲子、裁头子、双瓦刀、花羽子、大铲刀等。

▼ 羊鼻子

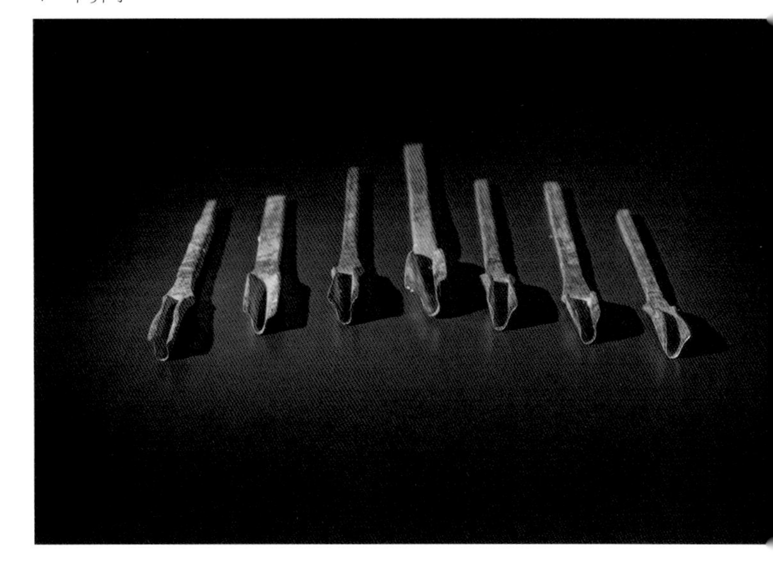

羊鼻子

羊鼻子刻刀的刀刃，形状是中间凸起，两边凹平，形似“羊鼻子”。这种刻刀多用在刻上额或下呈的“补空”图案，如“元宝”形图案。

▶ 夹欅子

夹欅子

两片刻刀刀片夹接在一起，一刀刻下去出现的是两道刻痕，类似木楔的形状，木楔在民间有“欅子”的俗称，因此这种刻刀被称为夹欅子。

裁头子

它最主要的功能是刻纸部分最后一道工序——裁头，使用时将过门钱最底部的部分取直，并用裁头子刻出规则的大花羽曲线图案。

▲ 裁头子

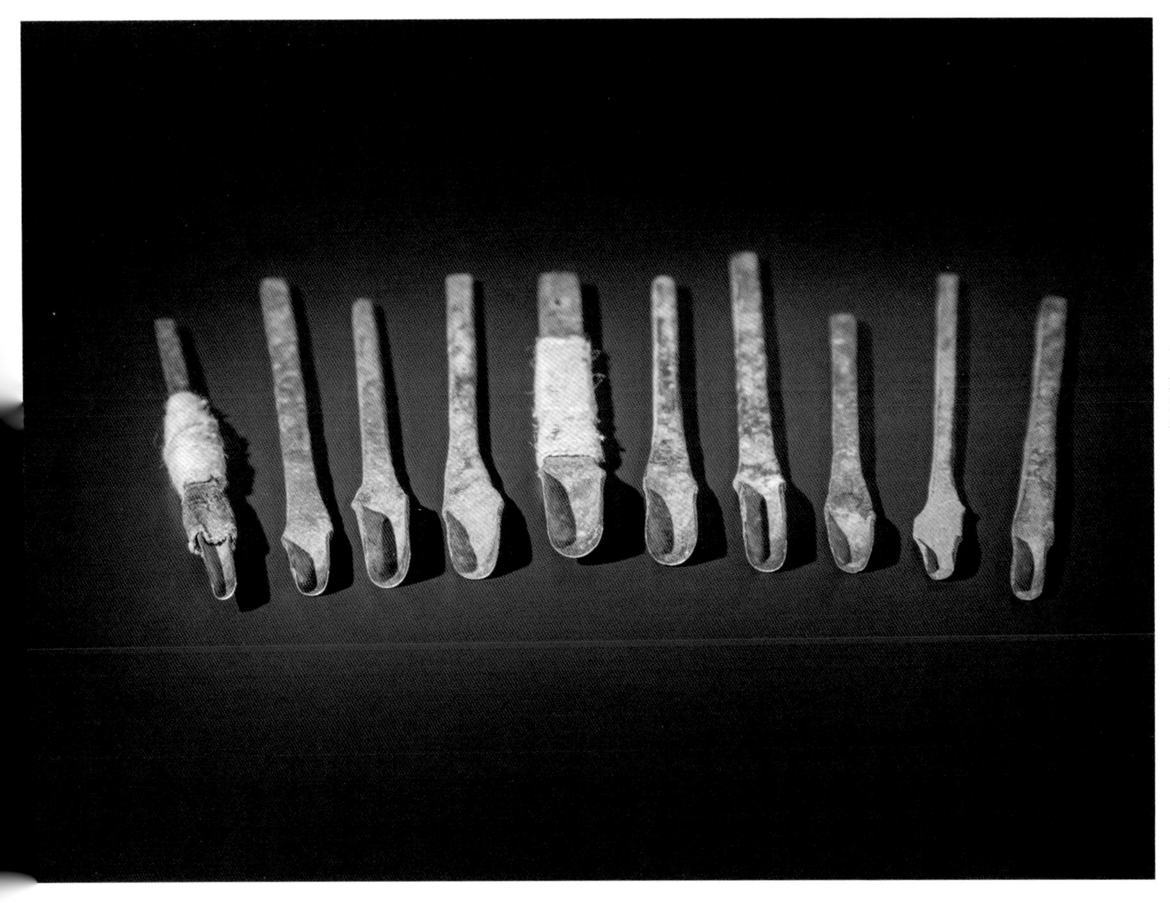

◀ 花羽子

花羽子

花羽子主要用来刻弧线，如花卉、蝙蝠、蝴蝶等图案中的弧线，有大小不同型号。门笺中的“团和”图案也要用到大小不同的花羽子。

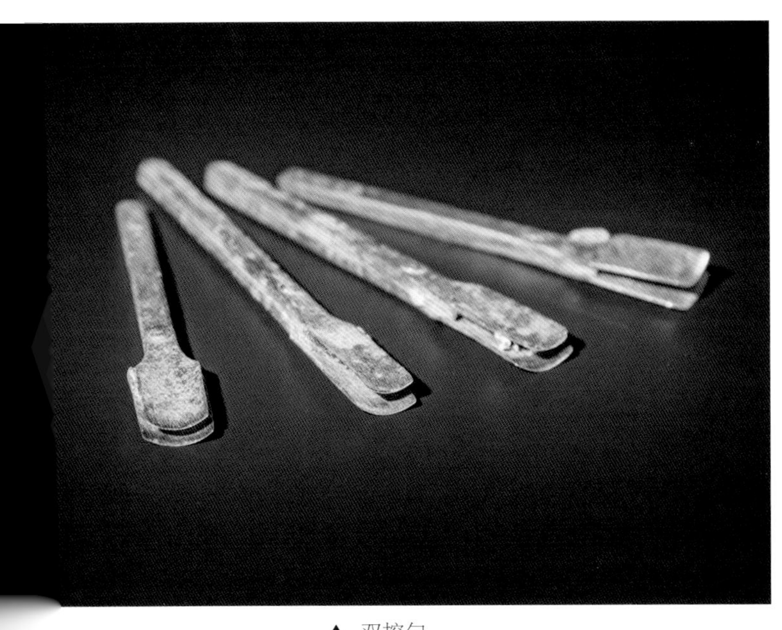

▲ 双挖勺

双挖勺

两片挖勺夹接在一起就做成一件新的刻刀，叫双挖勺，也称“双瓦勺”。双挖勺一刀下去，可以刻出两道平行弧线，主要用在诸如铜钱、荷花底瓣的刻画等。

单挖勺

▲ 单挖勺

单挖勺，刻刀韧部为弧形，因看上去像一个瓦形的勺子而得名，主要用来刻小型的弧线，如铜钱的弧形。

刻纸垫

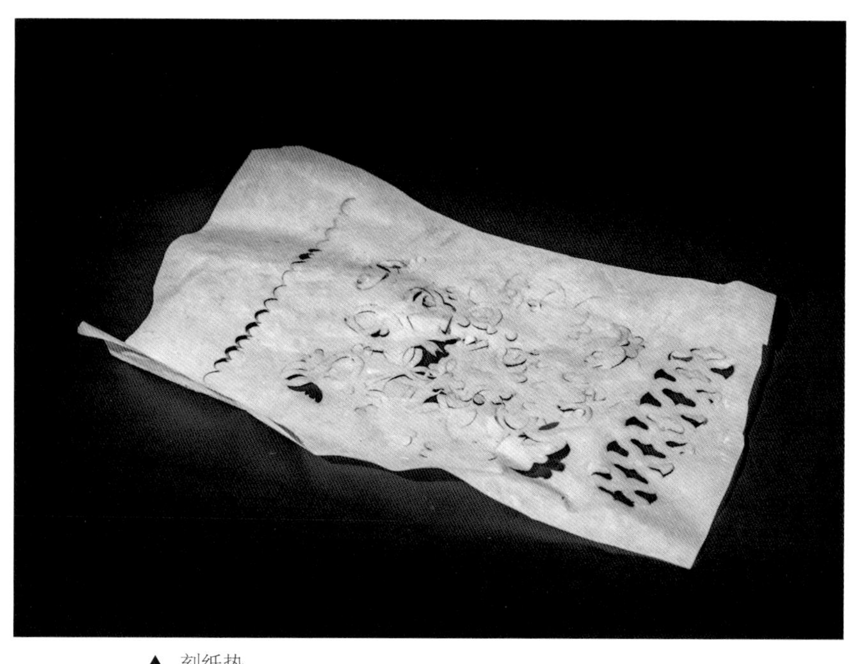

▲ 刻纸垫

刻纸垫是刻纸时垫在纸与蜡盘间的一层隔纸，主要是防止蜡心“吃纸”。刻纸垫一般用一层塑料薄膜制成。

▲ 铲刀

铲刀

铲刀主要用来刻画图案的直线部分，如拐子纹、方形边框等。最小的铲刀也叫“投刀子”。其大小有各种型号。

▶ 大铲刀

大铲刀

大铲刀主要用在刻画图案中的长直线部分。

第三十一章　透纸工具

刻完的过门钱，需要将多余的纸料去除，以达到镂空的效果，这道工序称为“透纸”，也称“投纸”。所用的工具主要是一把“投刀子”，即最小的铲刀，既可以投，将刻透的纸屑部分去掉；也可以铲，将没刻透的部分刻透、修整。

▲ 透纸

透纸刀

透纸刀，俗称“投刀子”，即为最小的小铲刀，它除了是细节刻纸的工具之外，也是透纸的主要工具。

▲ 透纸刀

第三十二章　机械刻纸工具

传统手工制作过门钱，一名熟练的刻纸匠人一冬天最多能刻17令纸（一令纸为标准一开纸500张）。一台切纸机、模切机的产量正常情况下在2800令纸左右。机械生产的能力大大超越了手工。由于图案采用电脑设计，所以机械刻纸的图案相较于手工刻纸更精细标准，但也少了手作的那份魅力。

切纸机

切纸机是一种早期的切纸机械，它以电力为驱动，由不同的部分组成。相对手工裁纸来说，效率高，产量大，裁出的纸较为规整，因此出现后被广泛采用。

▼ 切纸机

模切机

模切机又叫“裁切机”“数控冲压机”。模切机在刻过门钱时，取代了传统手工刻纸，采用雕版模轧切，一体成型，雕刻准确，使门笺达到量产。

▶ 模切机

激光刀模

▲ 激光刀模

激光刀模也称刻纸模板。它由模具架、激光刻刀、橡胶弹垫三部分组成。模具架多由胶合板制成，激光刻刀和橡胶模芯制成的过门钱图案固定在模具架上，利用机械瞬间的冲击力和激光刻刀与橡胶材质的抗压伸缩差将刀刃刻入纸中，刻出门笺产品。

第三十三章　装订工具

透纸完成的过门钱呈现了完美的图案，上市前还要进行最后一道工序——装订。传统的装订工艺是将成扎的过门钱用钢锥穿孔，拿纸捻子穿钉在一起。装订时一般一扎为100张，也就是一个匠人一次刻纸完成的数量，一般20张为一小扎，一次可以刻5小扎。

▲ 过门钱装订现场

▶纸捻子

纸捻子

纸捻子是传统过门钱装订的主要材料，用一块儿三角形的纸捻制而成。别小看这“捻”，手头上的功夫可不一样，许多师傅捻完后，捻子上满是褶皱，穿进钢锥扎的孔，不仅不好穿，稍一用力还易断。聪明的师傅，往往从纸的一个长边沿着短边一直捻到另一个长边，这样出来的捻子不仅长度长，而且表面光滑、易穿，像一个圆锥形，强度也高，不易拉断。纸捻子完成后，手指捏的部分像个钉子头，另一端逐渐变细，形成一个长纸钉。

钢锥

钢锥是传统过门钱装订的穿孔工具，过去的钢锥多为自制，或以钉子进行改制。

▼ 钢锥

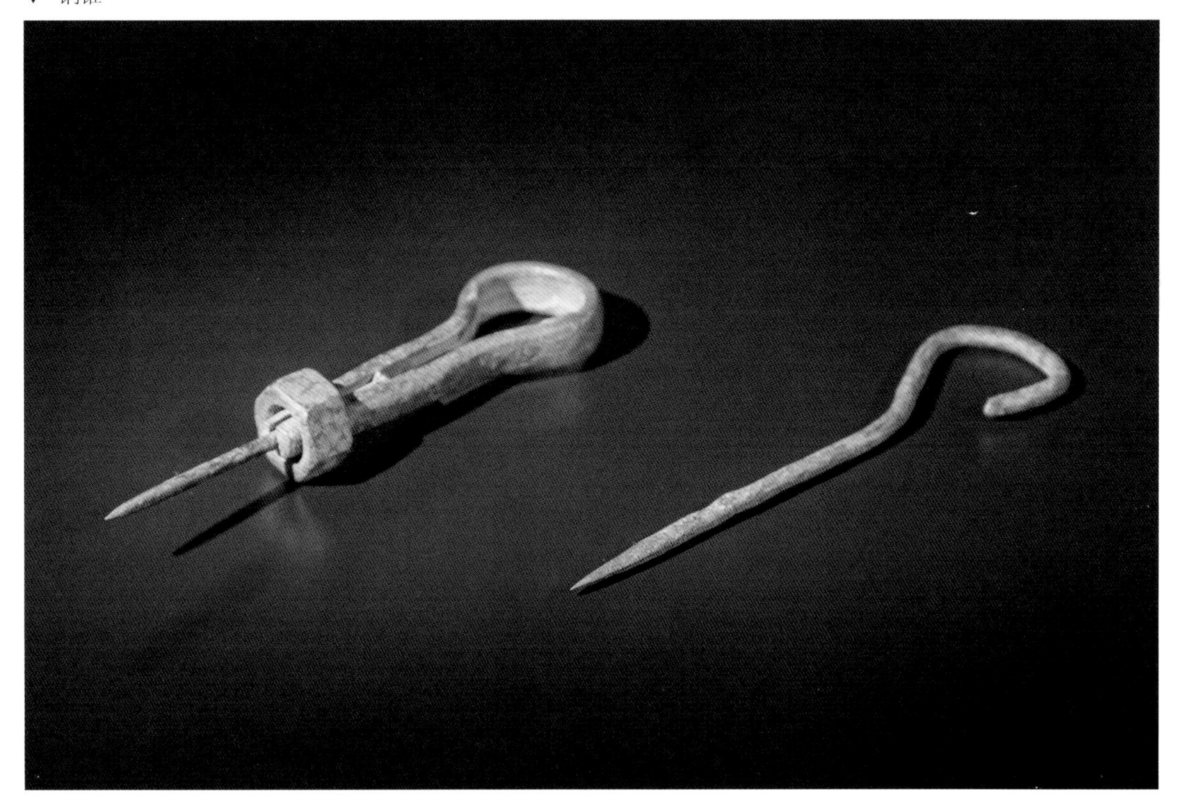

第八篇

铝合金制作安装工具

铝合金制作安装工具

与金银铜铁锡这些金属相比，人类发现和使用铝的历史要晚得多。铝发现得晚，炼铝技术成熟得更晚。铝最初发现的时候是作为一种稀有金属，主要作为首饰、奖牌、餐具等的原料，其生产成本高且产量极低。1886年，美国人霍尔与法国人埃鲁同时发明了生产廉价铝的方法，从此开启了工业铝的演进历程。

中国铝型材的发展是伴随着改革开放开始的，20世纪70年代铝合金门窗进入我国，首先使用在一些外国驻华办事大楼和涉外工程中，那时的铝型材几乎全是进口，连安装也是由外国工人完成。1982年前后我国迎来铝合金门窗在国内的发展转折点，中国的几家国企开始涉足铝合金制造行业，此后历经几十年发展，中国铝合金制造已跻身大国之列，并在多个领域向强国之列挺进。

铝合金门窗制作工序，一般分为下料、加工、组装三步，其中下料又分为下框料、扇料和角码三种；加工主要是对已经锯割完成的半成品料，进行钻孔、铣削加工；组装是将各个半成品料进行组装，如利用角码组装框料、扇料，安装玻璃、五金件、锁扣等。现在随着科学技术的提升，大多数工序都是由全自动的机械一体成型，一步到位，生产速度快，产品质量和准度也高。过去半自动时代，工序比较繁琐，不少步骤是靠人工来完成。

以铝合金门窗的生产为例，我们大致可以把铝合金制作安装工具分为：测量工具、下料工具、组装工具、安装工具和安全防护工具五类。

第三十四章　测量工具

铝合金门窗的生产加工，需要有比较精准的尺寸，现在都是全自动机械化生产，工人们只需要把数据输入电脑，设备就可以自动识别，进行下料切割。过去在半自动化生产加工时，往往需要一些测量称重的工具进行辅助。

▼ 水平尺

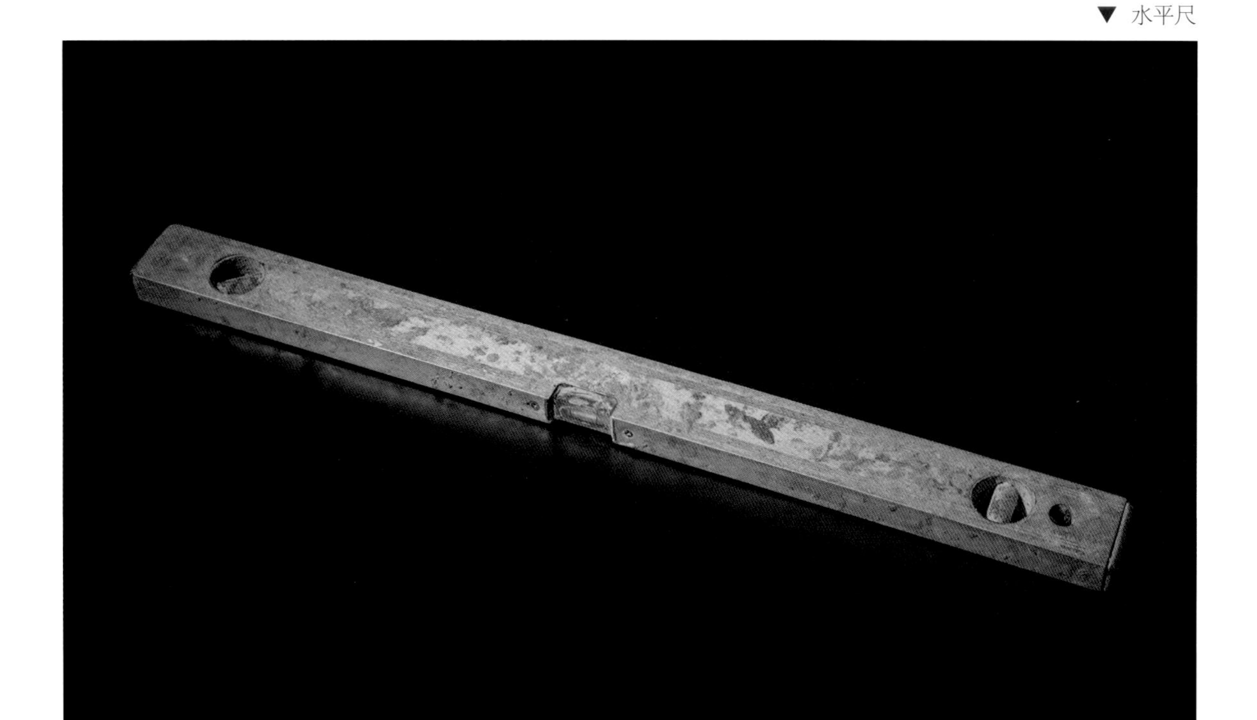

水平尺

水平尺是一种测定水平的简单工具。铝合金行业主要用来测定门窗的水平，在安装时用到的较多，前期制造门窗时也会用到。

▼ 木质三角尺

▼ 铁质三角尺

三角尺

三角尺，俗称“三角板”，是一种常用的作图工具，有木制、铁制、铝制的，可以用来测量及画线，是一种应用广泛的量具。

拐尺

拐尺，又叫“曲尺”，是一种较为传统的测量画线工具，曾广泛地应用于各种工匠门类。它结构简单、制作方便、使用灵活，因此即使在工业机械化程度较高的铝合金行业，依然会有一些工匠师傅使用。

▲ 拐尺

卷尺

卷尺是日常生产、生活中常用的量具。钢卷尺可以测量较长工件的尺寸及长度。它具有体积小、便于携带等特点。

▲ 卷尺

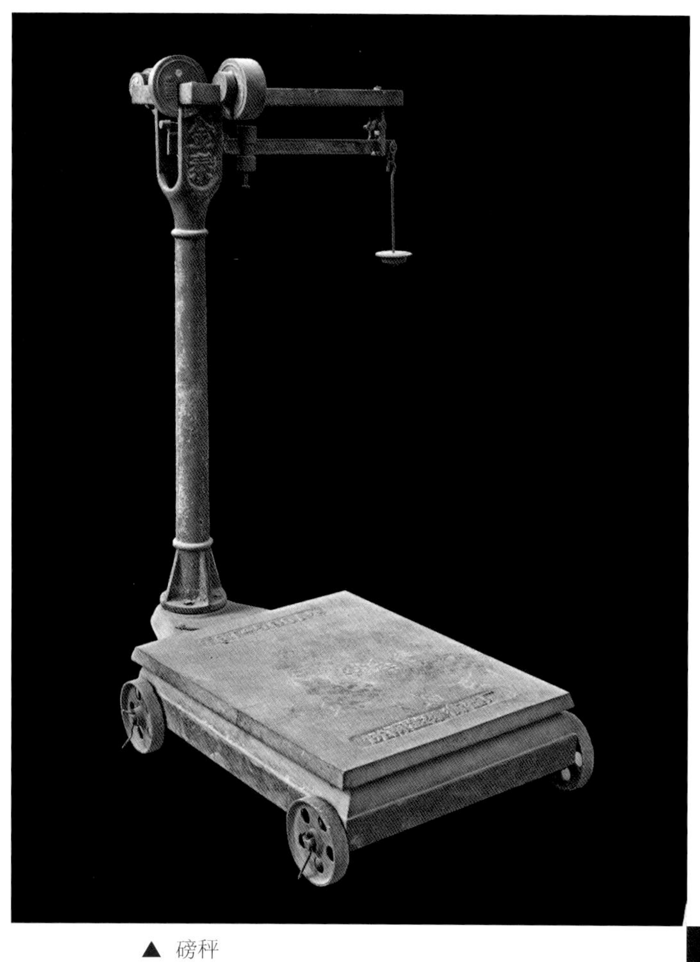

▲ 磅秤

磅秤

磅秤又称“台秤”，通常由秤体、传感器和仪表盘三部分构成。其固定的底座上有承重的托盘或金属板。铝合金制造行业主要用来过磅称料。

激光水平仪

激光水平仪主要用于门窗安装中的测定垂直与水平。

▶ 激光水平仪

第三十五章　下料工具

铝合金行业进入我国的时间比较晚，因此铝合金门窗的制造生产从进入我国之初就伴随着一些大中型的机械设备，这些设备是生产制造的“主力军”，不过适用于铝合金的现代化生产设备更新换代比较快，本篇介绍的是几种早期的下料设备和工具，而门窗制造生产中的“下料”，主要是对铝型材的切割。

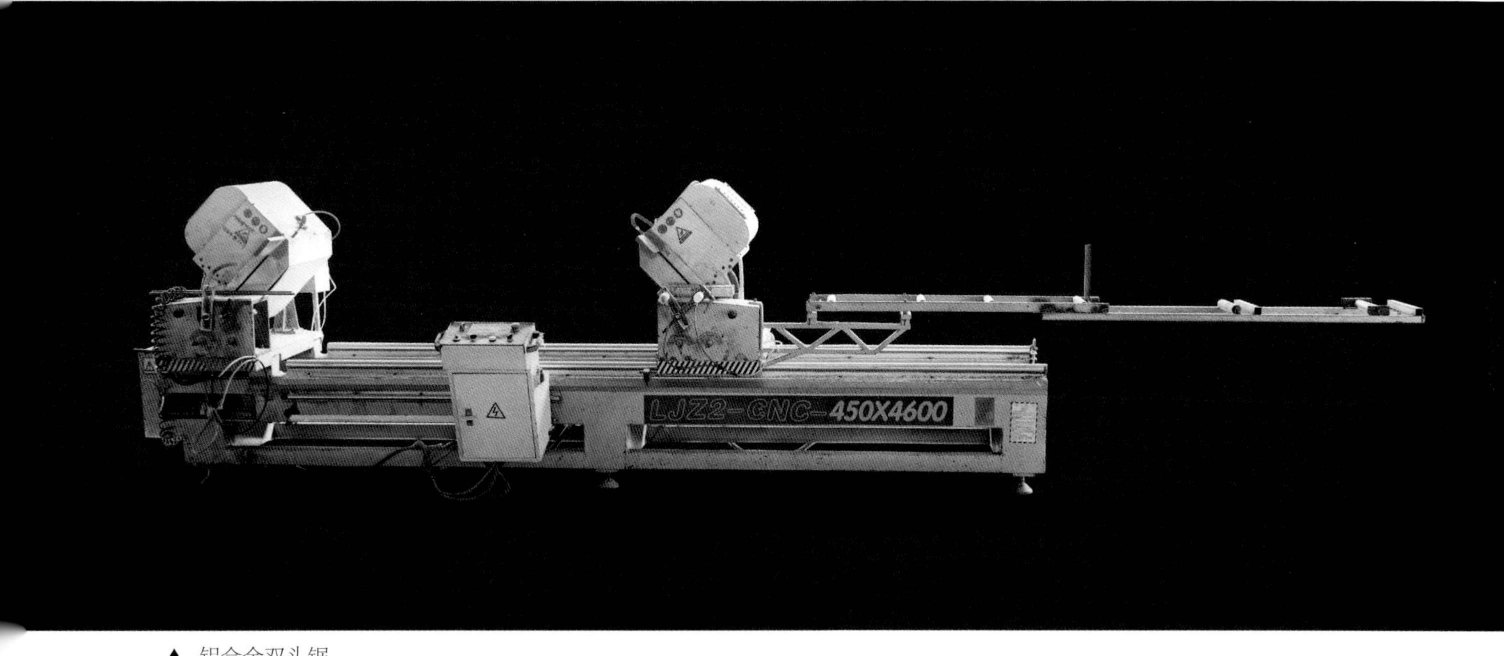

▲ 铝合金双头锯

双头锯

双头锯是门窗型材切割工具，适用于铝塑型材45°、22.5°、90°的切割加工，该锯床传动及进给均采用数控系统控制，下料尺寸精度高，操作简单，性能可靠。

▲ 角码锯

角码锯

角码锯是门窗加工企业在生产断桥铝门窗时，用来切割铝角码的设备。角码是一种铝合金的门窗组装零件。

门窗 V 形锯

门窗V形锯是只有塑钢门窗才用到的设备，用来在框料上锯出一个V字形的豁口，再把中梃的端头切割成V字形的尖端头，然后强势插入，加热焊接，塑钢窗就是这样连接的。

▲ 液压钢衬冲剪机

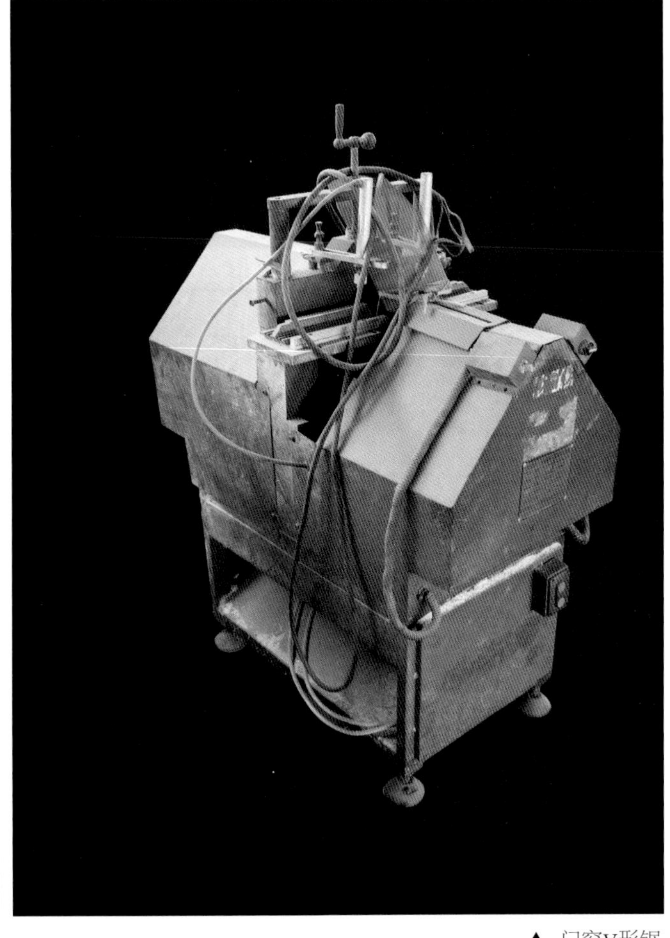

▲ 门窗V形锯

液压钢衬冲剪机

液压钢衬冲剪机是用来铣剪钢衬的设备。

塑钢门窗，通常被称为“铝塑门窗”，实际上是在塑料的内里加了一层镀锌钢，这种钢就是钢衬。钢衬的作用除了对型材进行加固，也能在安装时起到加大门窗抗风压的作用。钢衬一般安装在门窗的四角。

▶ 运料平板车

▶ 运料推车

运料车

运料车是厂区或车间内运送铝型材的简易载具。通常是自制或改装而成，铝型材比较细长，因此运料车也被制作成可以运送长料的车型。

地牛

地牛是一种俗称，又称“拖板车”“叉车”“搬运车”，主要用于运送成品或半成品门窗扇料。

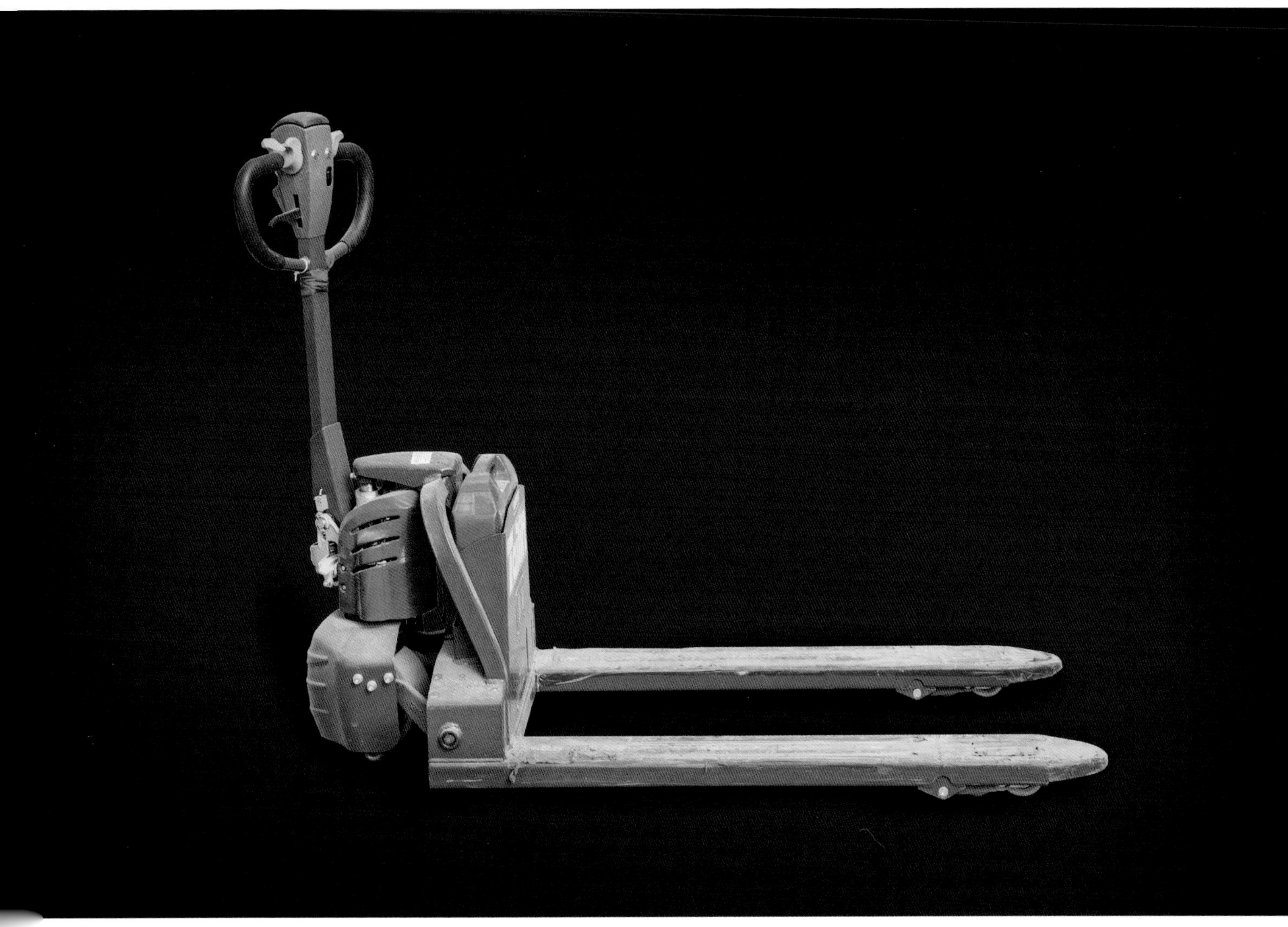

▲ 地牛

▲ 70型铝合金压床

▼ 90型平开门铝合金压床

铝合金压床是对切割完成的铝料进行冲压铣口的设备。

空气压缩机

空气压缩机是一种用以压缩气体的设备。对于铝合金门窗制造行业来说，这种空气压缩机是过去必不可少的一种设备，很多工具都需要用到它，如气动剪刀，气动的冲、剪、铣床等。

▲ 空气压缩机

气动压床

气动压床是代替手动压床的一种气动挤压设备，需要配备空气压缩机使用。与电动压床相比，气动压床噪声小、故障率低，与电脑程序配合，可以实现无人值守的加工流程。

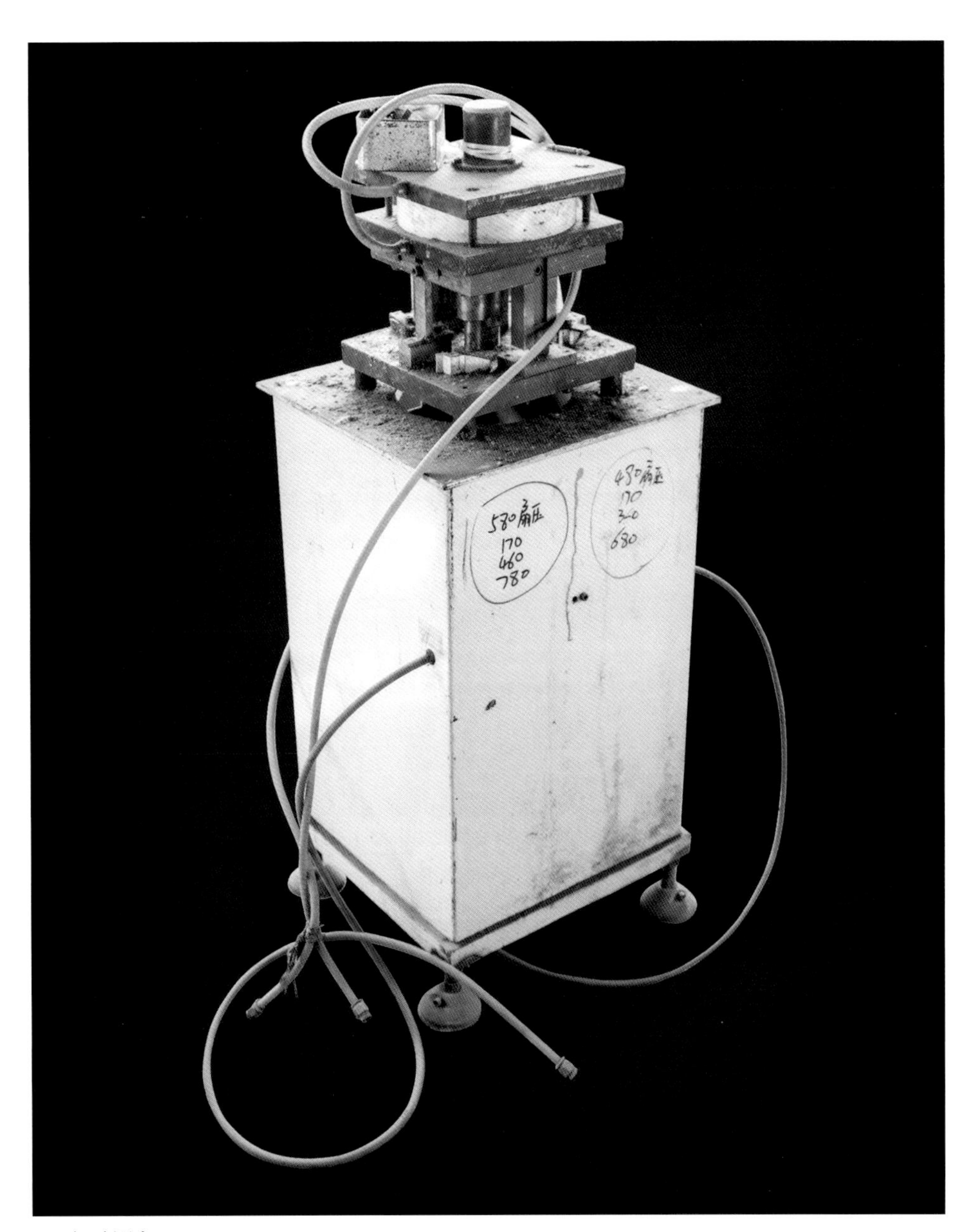

▲ 气动压床

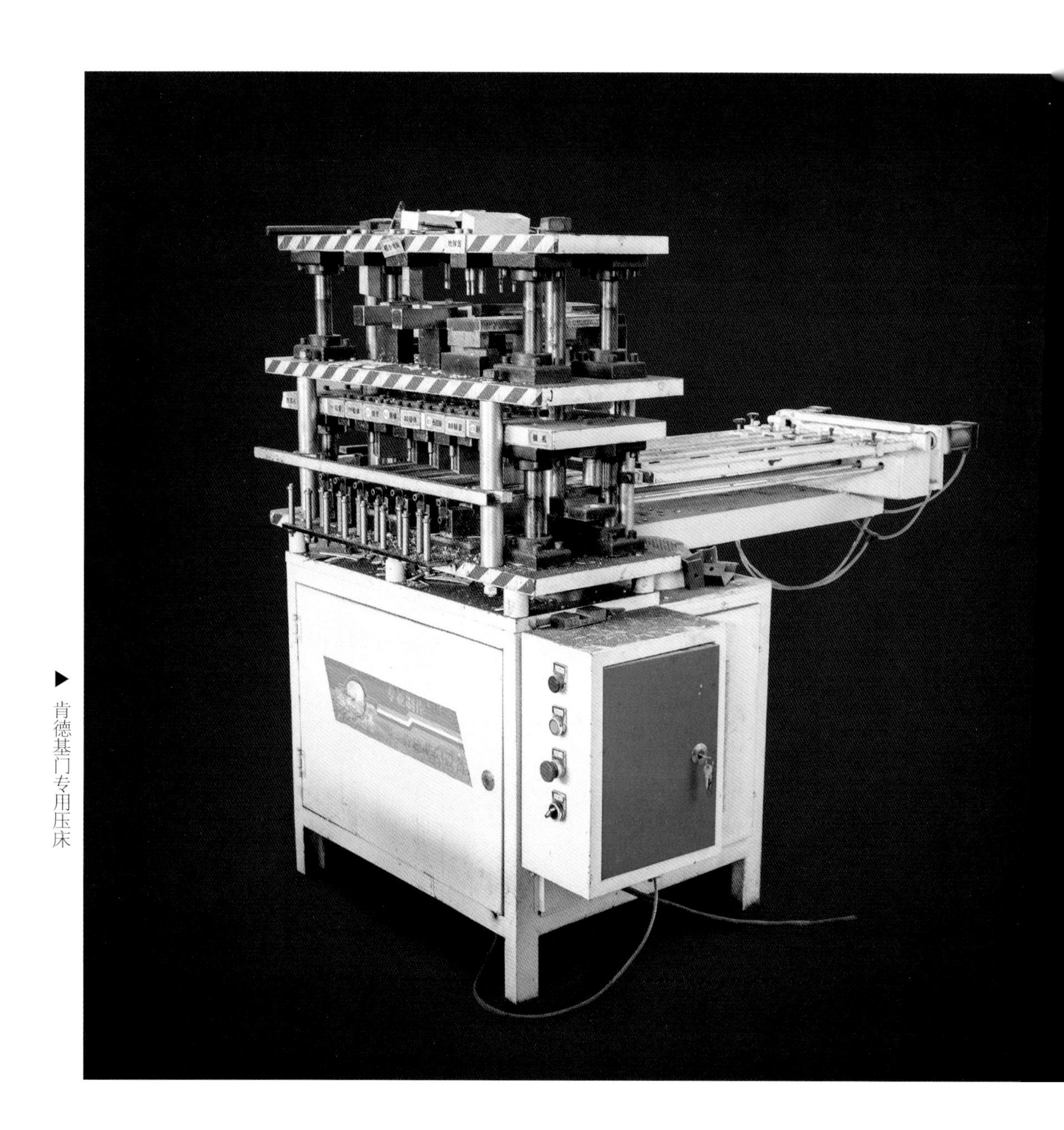

▶ 肯德基门专用压床

肯德基门专用压床

肯德基门是一种通俗叫法，主要适用于酒店、银行、门店等。这种压床主要用来对肯德基门材料进行压孔，如锁孔、闭门器的孔洞、插销孔及把手座孔等。

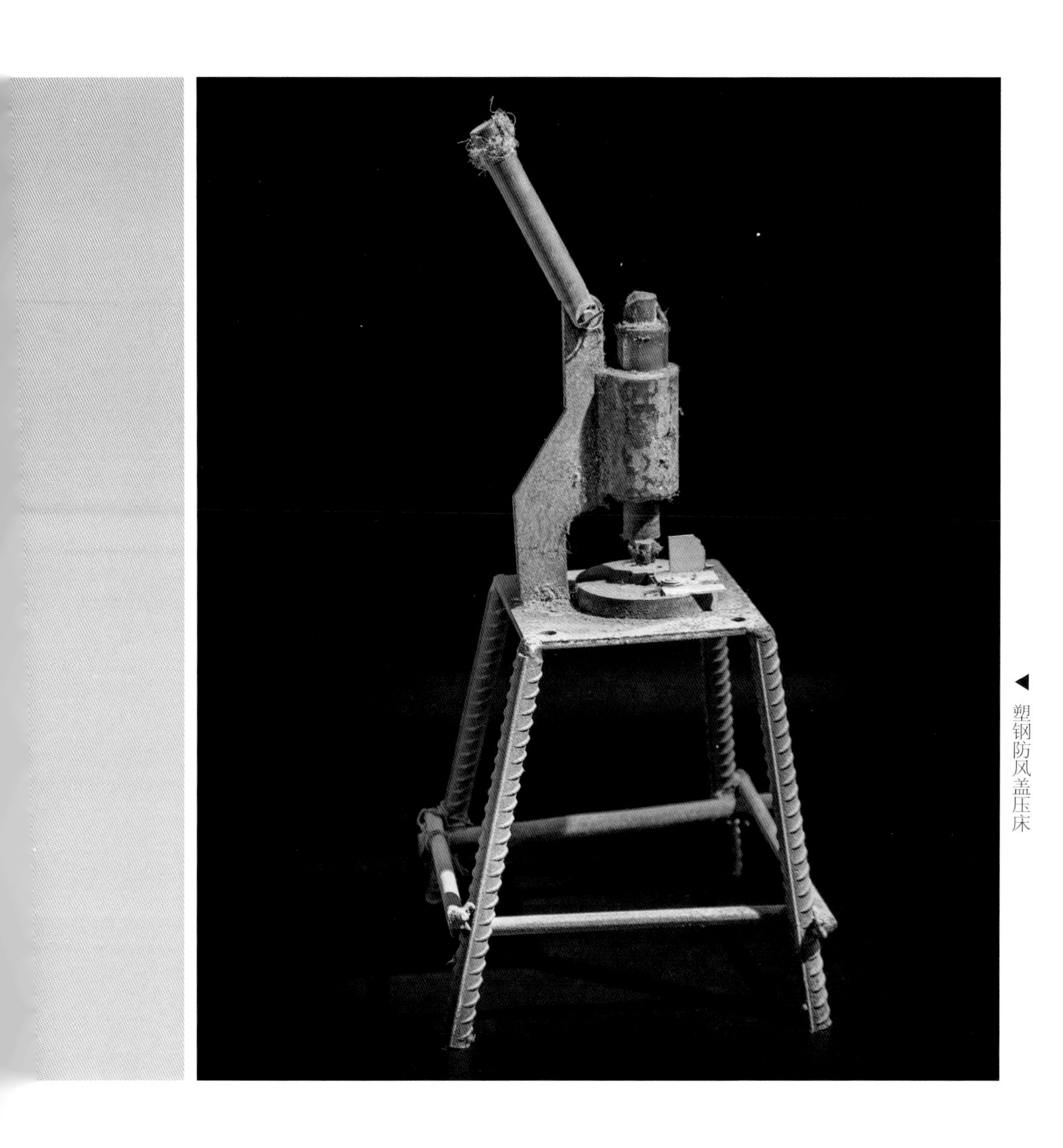

◀ 塑钢防风盖压床

塑钢防风盖压床

塑钢防风盖压床是专门制作塑钢门窗防风盖的工具。

仿形铣床

仿形铣床是指按照样板或工件的运动轨迹来进行切削加工的半自动铣床。铝合金行业主要用来制作不同的门窗锁眼。

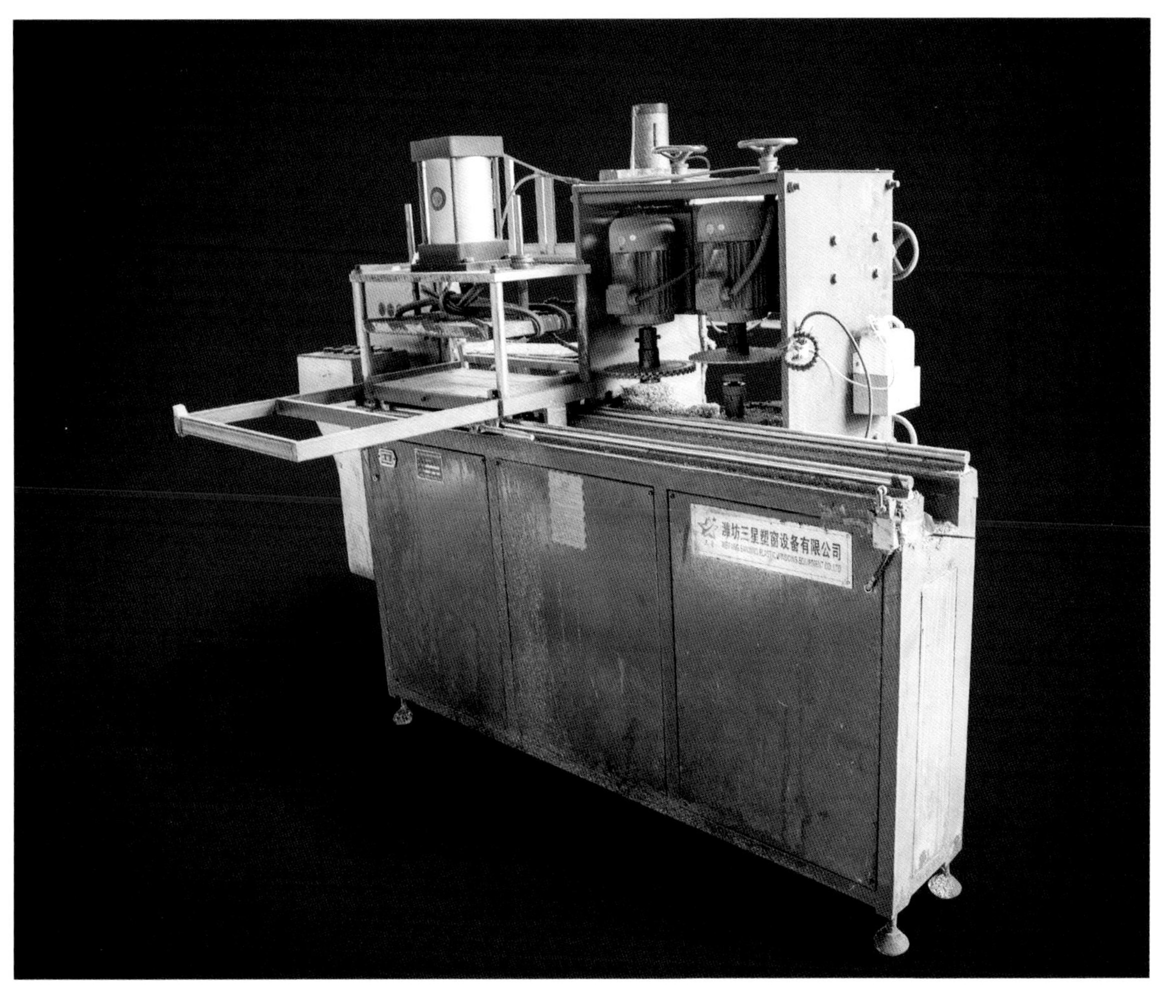

▲ 重型自动排料调刀端面铣床

重型自动排料调刀端面铣床

端面铣床适用于铸件、钢件等金属材料的端面切削，广泛应用于机械制造业，可对超长工件两端面进行铣削、钻孔、镗孔。工作台移动式端面铣床具有加工效率高并能保证加工精度等特点。

▼ 台钻

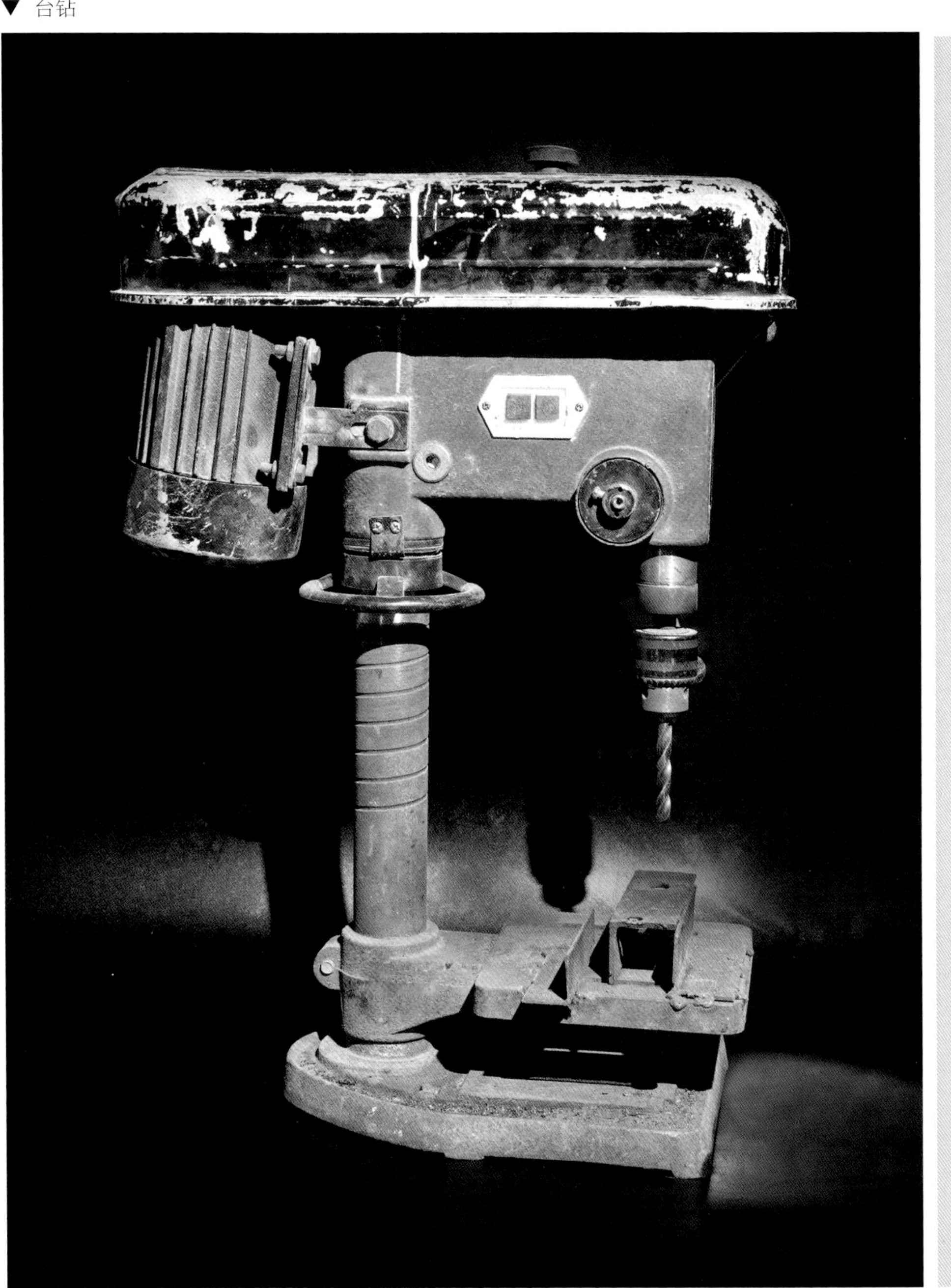

台钻

台钻是一种在工件上钻孔的机床。钻床结构简单，可钻通孔、盲孔，更换特殊刀具，可扩、锪孔、铰孔或进行攻螺纹等加工。

▼ 铝合金门窗中梃钻

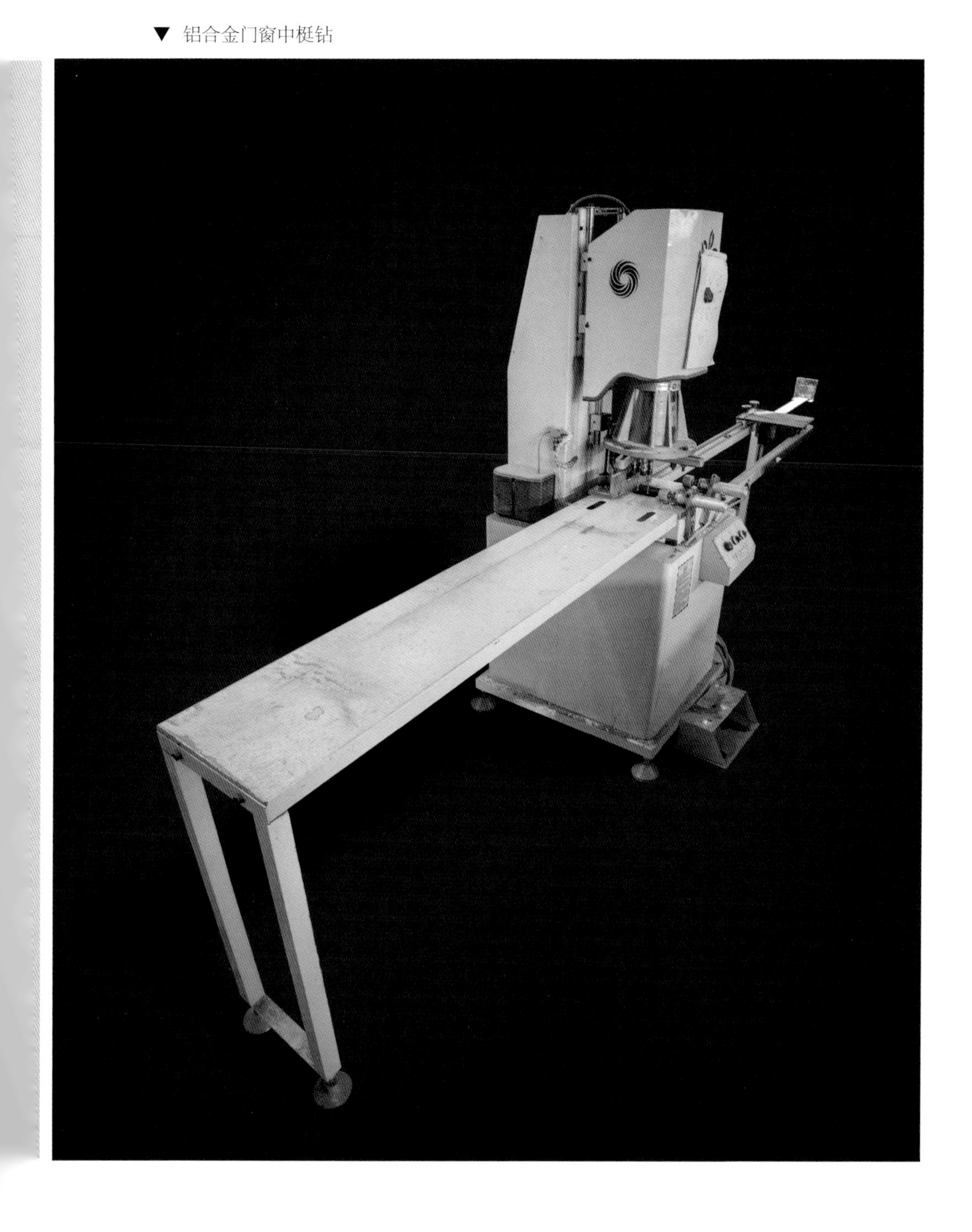

铝塑门窗中梃钻

中梃钻就是做中梃连接孔的一种设备。

双轴自动水槽铣床

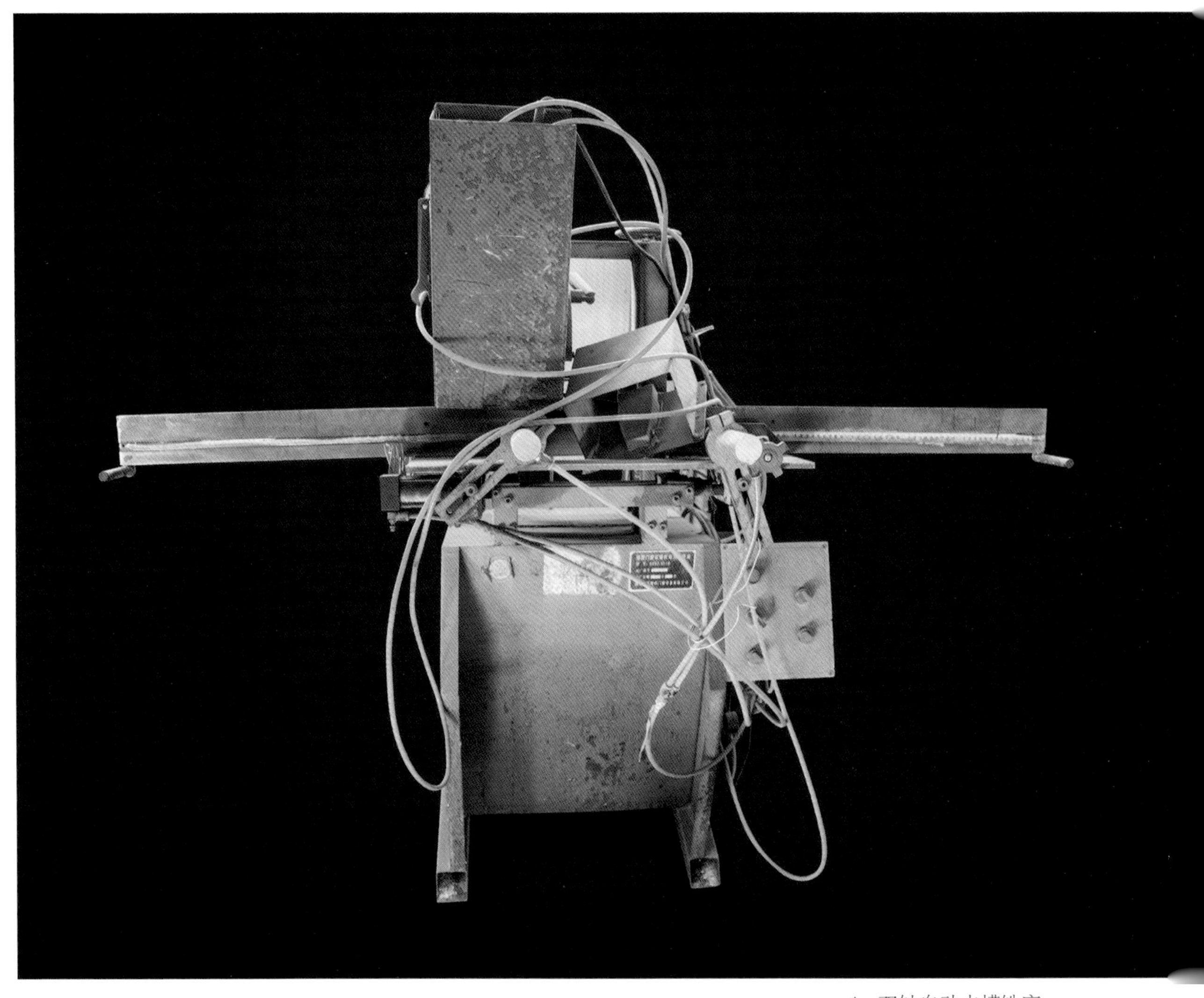

▲ 双轴自动水槽铣床

铣床是对工件进行铣削加工的机床。除能铣削平面、沟槽、轮齿、螺纹和花键轴外，还能加工比较复杂的型面。这种双轴自动水槽铣床主要用来加工塑钢材料上的排水孔。

铁皮剪主要是对铝型材的一些边角进行修剪处理。

▼ 铁皮剪

铁皮剪

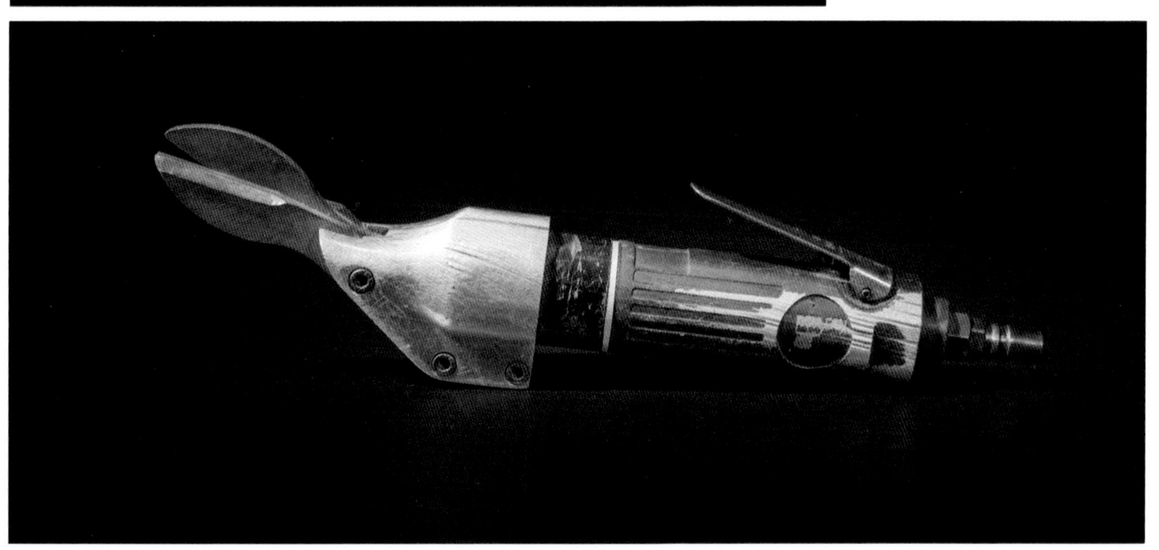

▲ 气动剪刀

气动剪刀

气动剪刀是以空气压缩为动能的一种剪刀，主要是用于各种金属板材、管材、塑料的剪切、压接。

钢锯

钢锯也称“弓锯”，由锯架和锯条两部分组成。

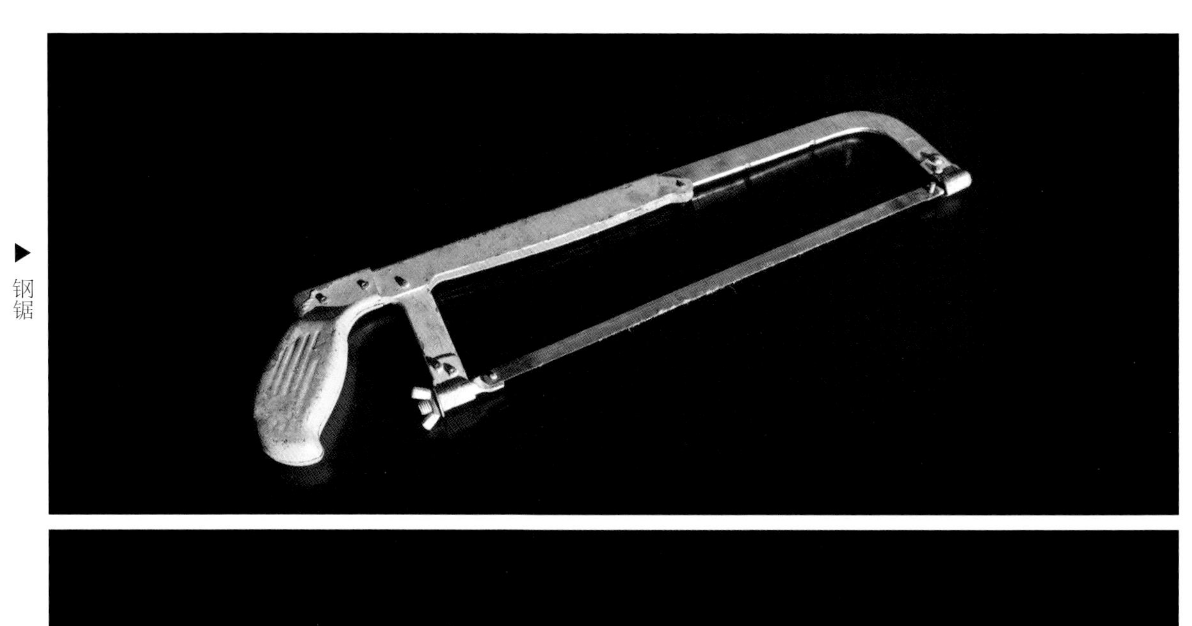

▶ 钢锯

▶ 角磨机

角磨机

角磨机又称“研磨机”或“盘磨机”，更换不同的锯片可以进行切割、打磨、研磨、抛光等作业。

手提式切割机

手提式切割机是用来切割墙砖、瓷砖、木材、板材、铝型材等的工具。

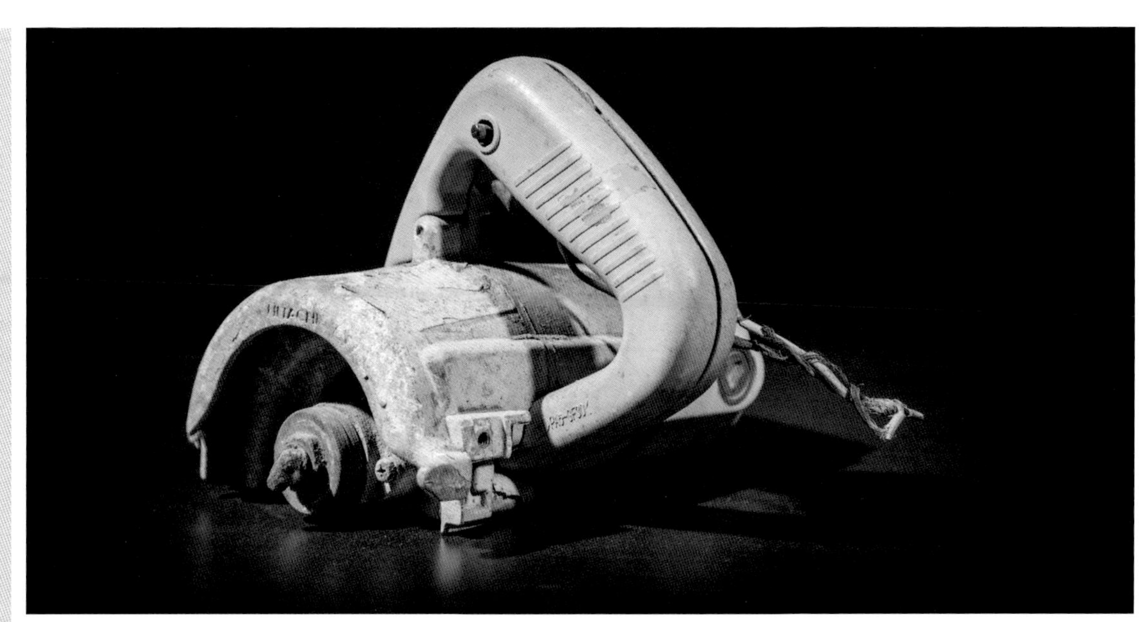

手提式切割机

锯片

锯片

锯片是用于切割固体材料的薄片圆形刀具的统称。根据工作对象的不同，锯片也有多种适用的型号规格。

第三十六章　组装工具

铝合金门窗的组装，指的是对经过切、冲、剪、铣、钻之后的型材进行组装，形成门窗成品。其中包括对框料、扇料进行组装，也包括对玻璃、窗纱及五金件的安装。

▲ 组角机

组角机

组角机是断桥铝合金门窗生产专用设备，适用于角码结构型铝门窗 90° 角的连接。有些地区也称挤角机、撞角机、边角机。

塑钢清角机

塑钢清角机是专门用于清理角缝的塑窗加工设备，它集气动、机械、数控技术为一体，是塑钢门窗大批量、多品种生产的理想设备。

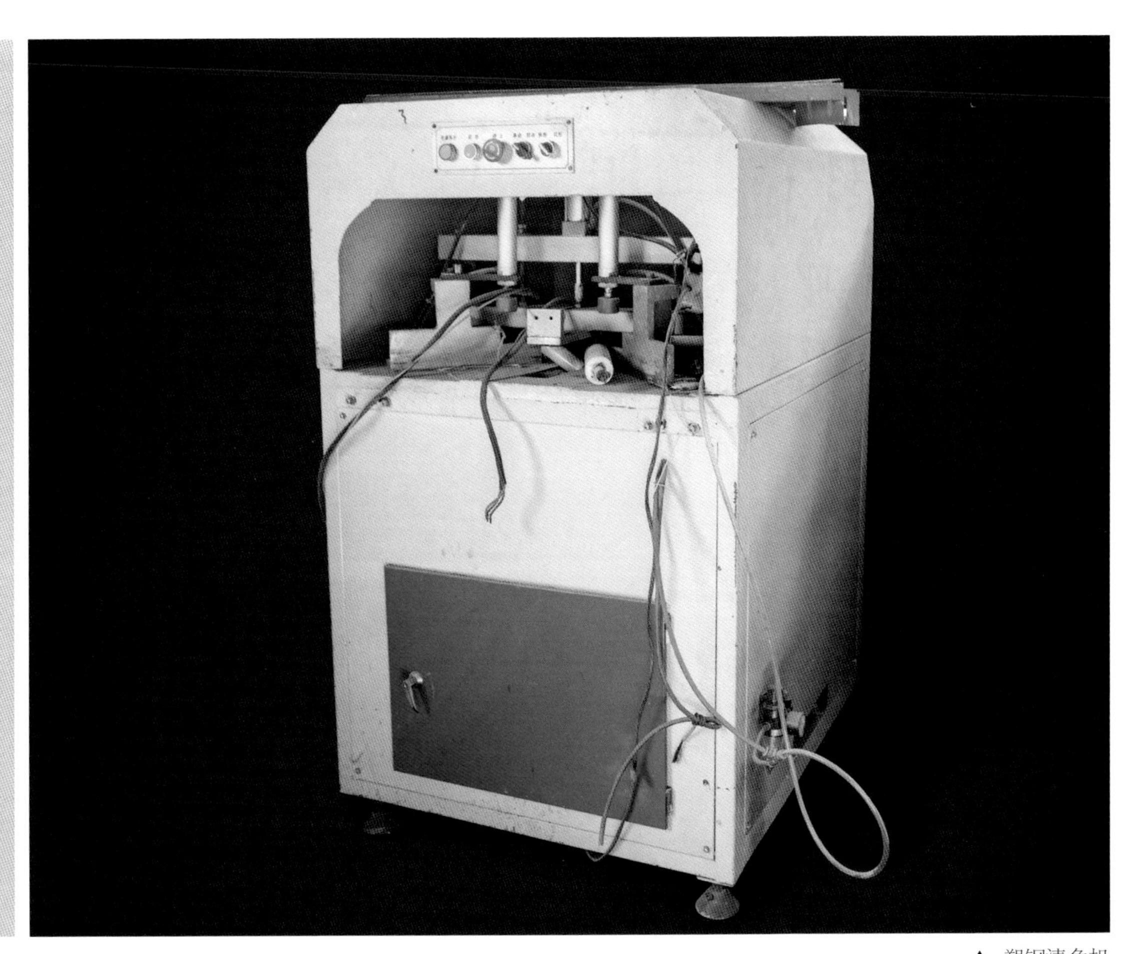

▲ 塑钢清角机

手持式塑钢清角机

塑钢门窗在生产过程中，框角焊接后焊缝处会呈现不规则的表面，清角机就是用来清理焊角的一种工具。它主要由机架、曲柄轴、刀体等部分构成。塑钢清角机分内角清角机和外角清角机。

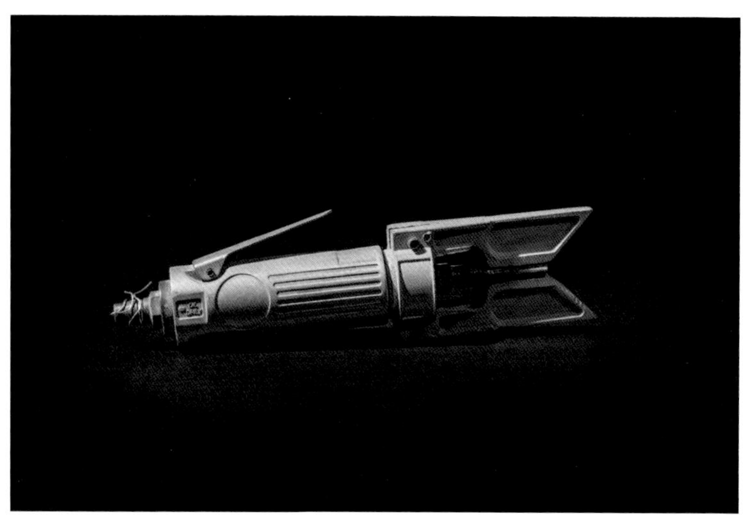

▲ 外角清角机

▼ 内角清角机

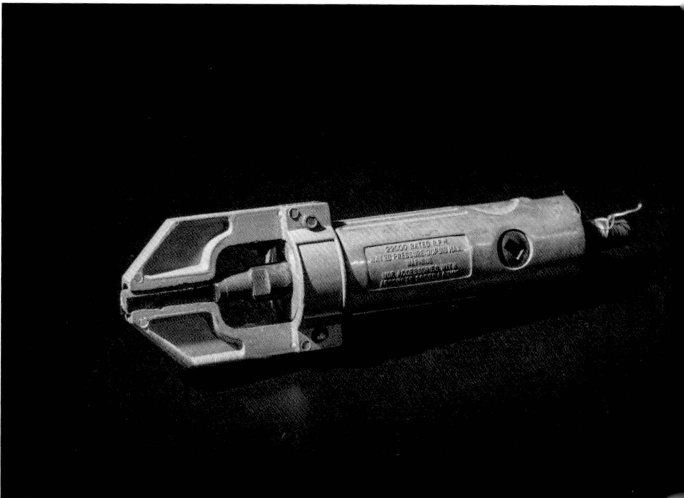

▲ V口密封胶条剪刀

V口密封胶条剪刀

铝合金门窗的密封胶条在拐角处需要作V口的拼接。此种密封胶条剪刀就是剪切胶条V口的一种工具。

铆钉枪

▲ 铆钉枪

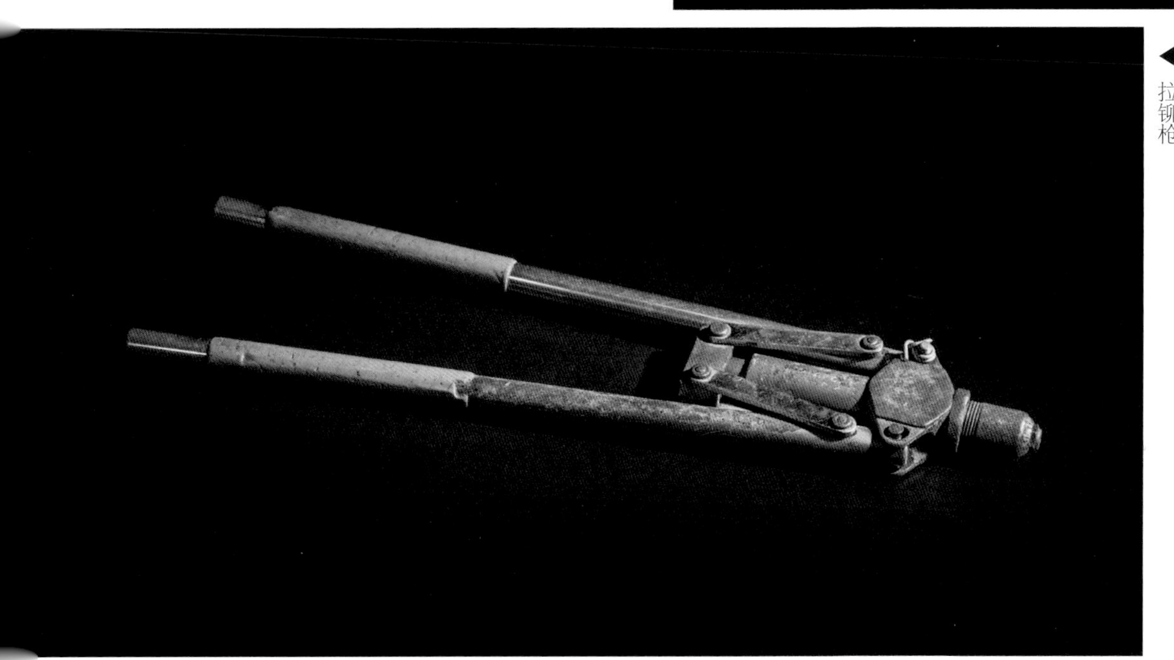

◀ 拉铆枪

铆钉枪是用于各类金属板材、管材等制造工业的紧固铆接工具，在不适用焊接及攻内螺纹时常用铆钉，在铝合金门窗制造行业中主要用来在门窗上钉铆钉，有拉铆枪和铆钉枪多种样式。

自制打孔工具

这种用钳子改造的自制打孔工具，是过去塑钢门窗用来打排水孔的手动工具。

▼ 自制打孔长钳

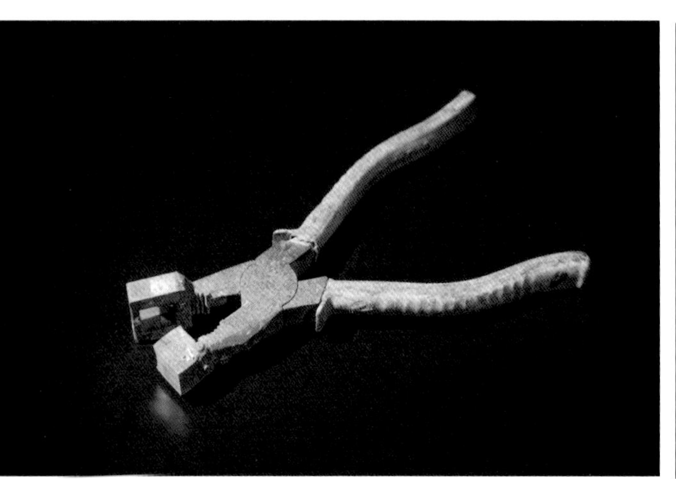

▲ 自制打孔钳子

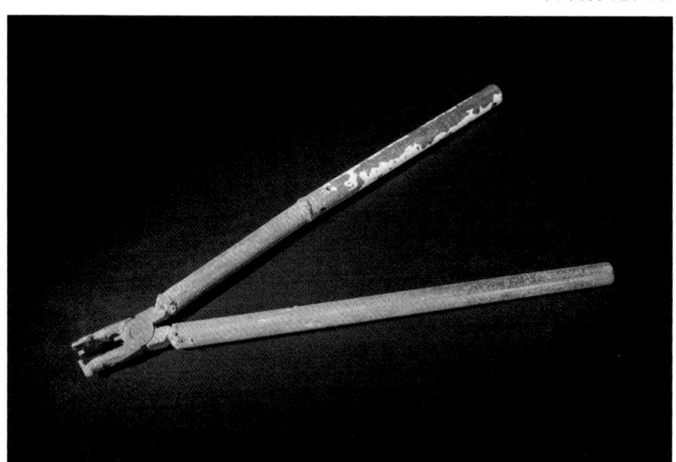

▲ 胶枪

胶枪

胶枪是一种打胶的工具，广泛用于各种行业的打胶作业。

自制拍胶铲

门窗玻璃在安装好后，需要打胶固定，常规的做法是用胶枪沿边线打胶，但实际操作中，这样打胶往往因为力道不均造成打胶不匀。所以，工人会把胶提前挤出，用这种自制的铲子，铲胶，然后沿边线拍匀。

▶ 自制拍胶铲

▲ 玻璃吸盘器

玻璃吸盘器

玻璃吸盘器是利用真空吸持原理制造的吸持工具，铝合金门窗制造中，常在搬运和安装玻璃时使用。

▲ 自制担料长凳

▲ 自制担料长凳组合

自制担料长凳

手动组装门窗时，自制担料长凳，主要用来担料、安装五金件等。

▲ 玻璃架

玻璃架

玻璃架子是存放门窗玻璃的用具。一般来说，玻璃生产厂家会根据需求的尺寸，把玻璃裁剪成型，然后运送至门窗加工厂，这种铁制玻璃架子具有一定的倾斜度，方便工人取用。

压纱轮

压纱轮是纱窗按纱时的专用工具。压门窗纱时，用压纱轮将纱压入预留的卡槽内，一体成型、操作简单。纱压入后，可将多余的部分裁剪掉。

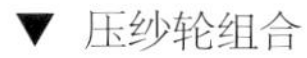

▼ 压纱轮组合

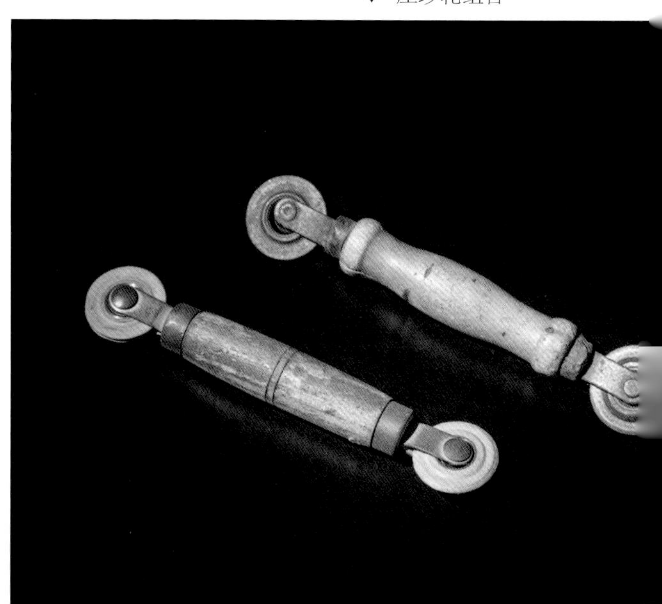

▲ 压纱轮

胶条钩子

胶条钩子，俗称“胶条起子”，也叫“钩批”，是用来起纱窗的压条或密封胶条的工具。其钩角有多种尺寸，常用的有90° 和60° 两种。

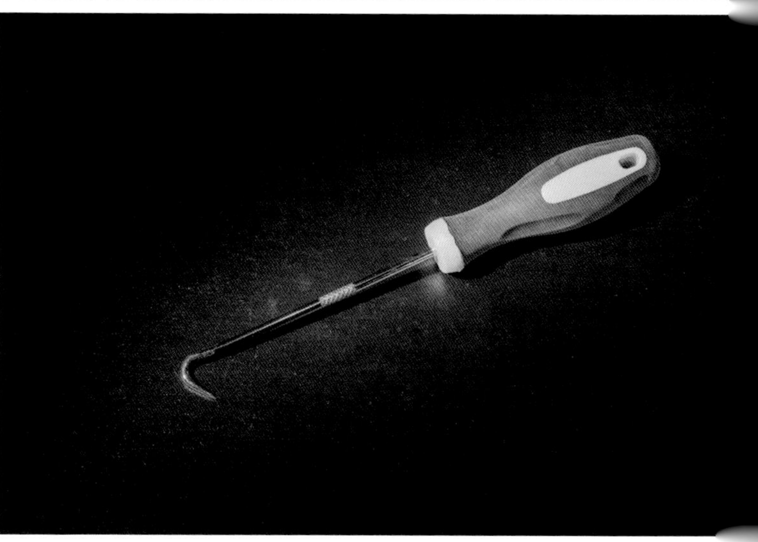

▲ 胶条钩子

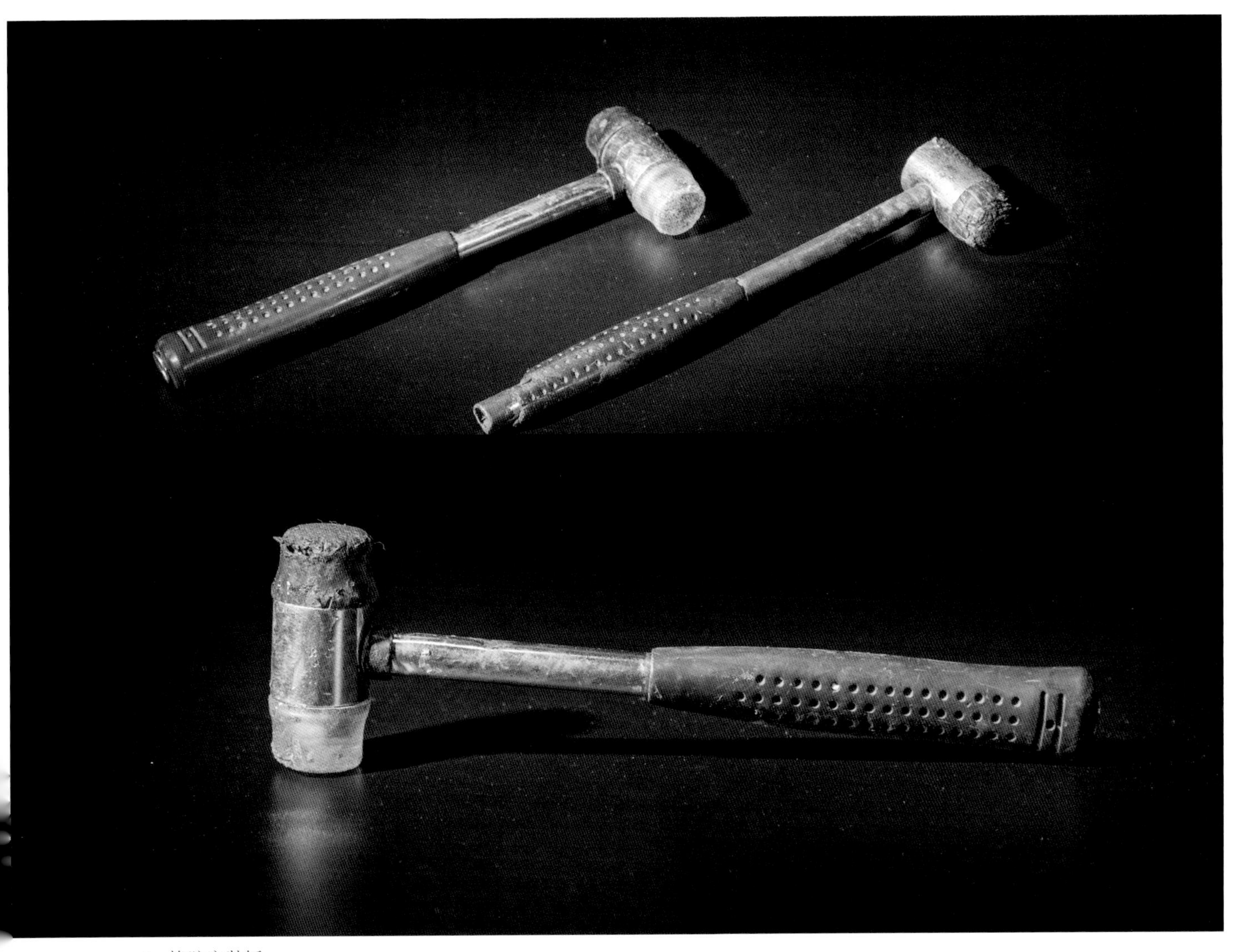

▲ 橡胶安装锤

橡胶安装锤

铝合金门窗在安装玻璃后，先在扇框内安装完压条再打胶。铝制品易变形，因此选择橡胶锤安装压条可以很好地保护产品。

第三十七章　安装工具

铝合金门窗经过组装，形成成品后，需要运送至施工地点，对门窗进行安装作业，这一步就需要用到一些安装工具。安装工具主要包括：电锤、发泡枪、射钉枪、手电钻及钻头、刮刀、自制扳手、开孔器等。

▲ 电锤

电锤

电锤俗称“电镐”，是电钻中的一类，主要用来在混凝土、楼板、砖墙和石材等比较坚固的材质上钻孔，在安装铝合金门框、窗框时经常使用。

发泡枪

发泡枪是利用发泡剂堵缝和密封的一种工具。常规的做法是窗框安装好后窗框与墙体间打发泡剂填充缝隙。

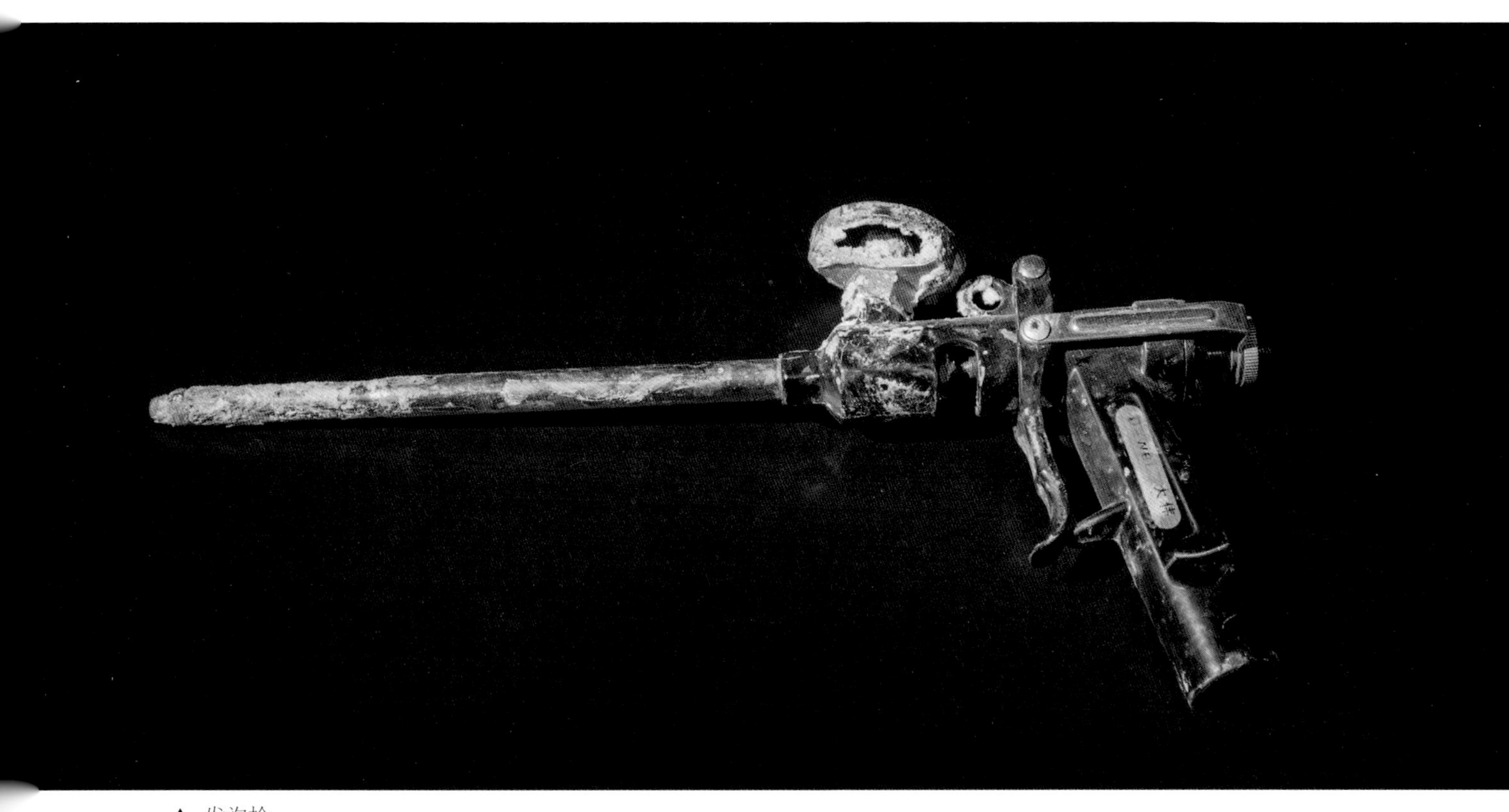

▲ 发泡枪

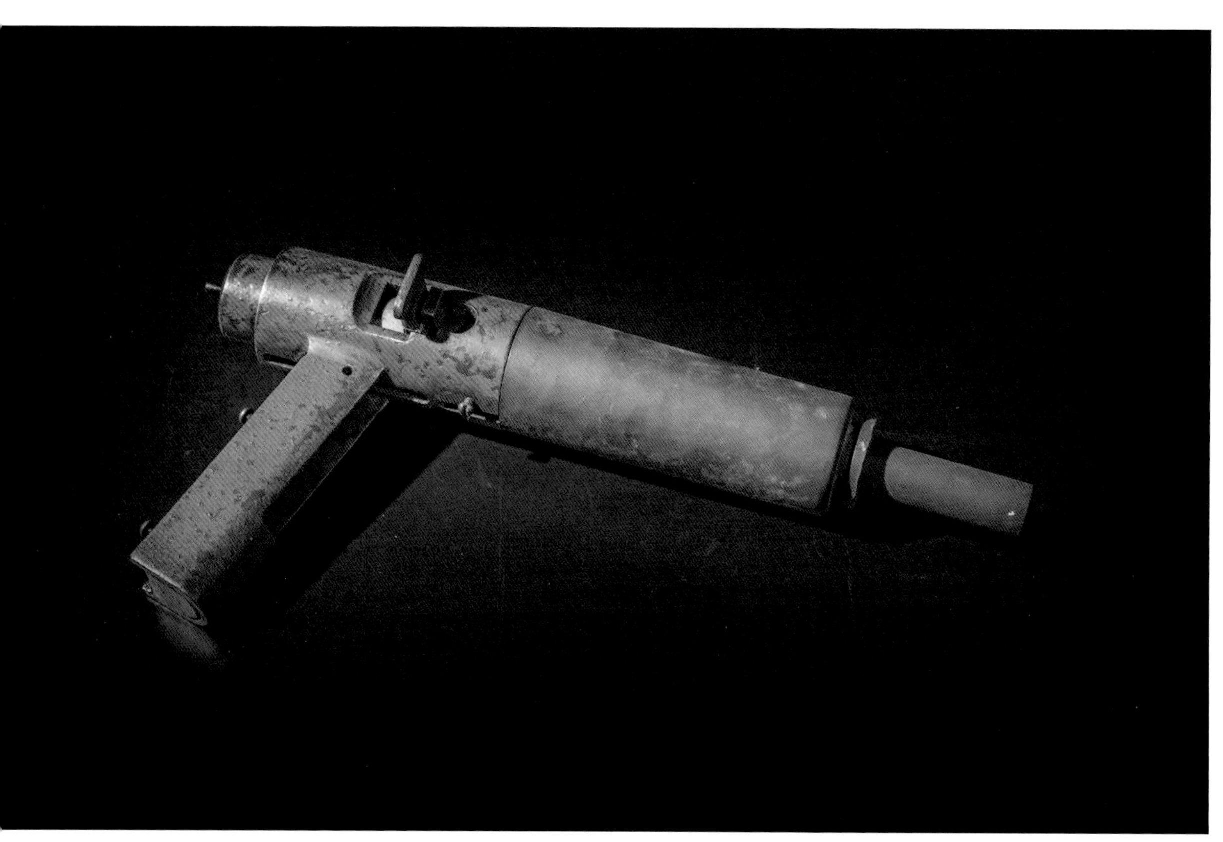

▲ 射钉枪

射钉枪

射钉枪又称“射钉器”，是利用空包弹、燃气或压缩空气作为动力，将射钉打入建筑墙体内的紧固工具。

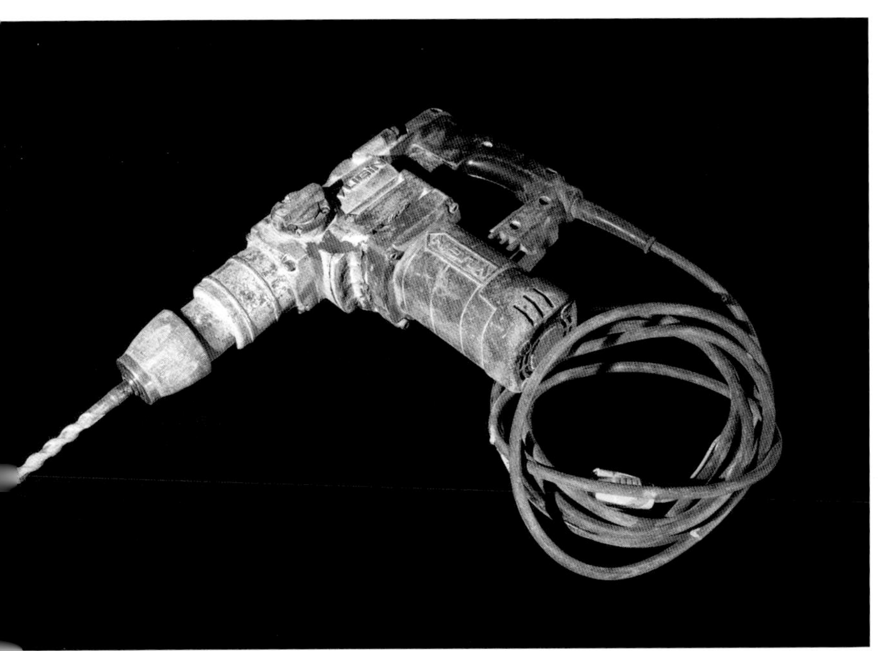

▲ 大功率手电钻

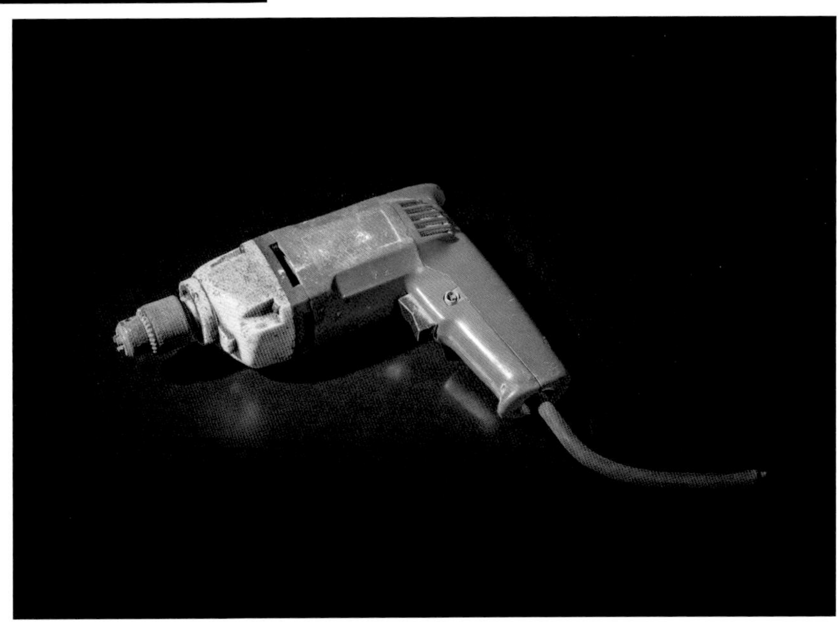

▲ 轻型手电钻

手电钻

铝合金门窗安装中，电钻主要用来在门窗上钻孔，配合其他工具安装五金件使用。

电锤钻头

钻头是电锤的重要组成部分，钻头有多种型号，适用于大小不同的钻孔。

▼ 电锤钻头（扁）

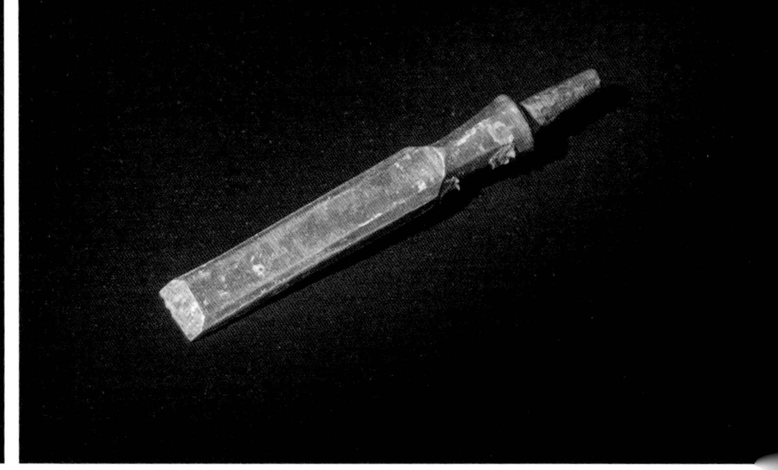

▲ 电锤钻头（尖）

刮刀

刮刀是一种装修清洁工具，铝合金门窗制造安装过程中，用来对安装完成的成品门窗进行清洁。

▼ 刮刀

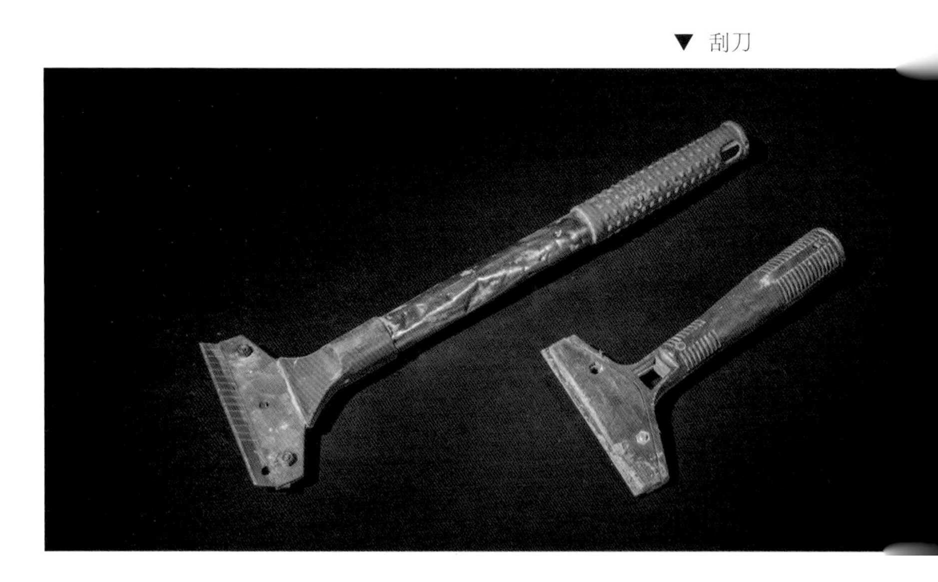

开孔器

开孔器也称为“开孔锯”或“孔锯”，是现代工业中加工圆形孔的一种锯切类特殊圆锯，需要配合各种电钻使用。开孔器根据不同大小、深浅的需求有不同的孔径和规格。

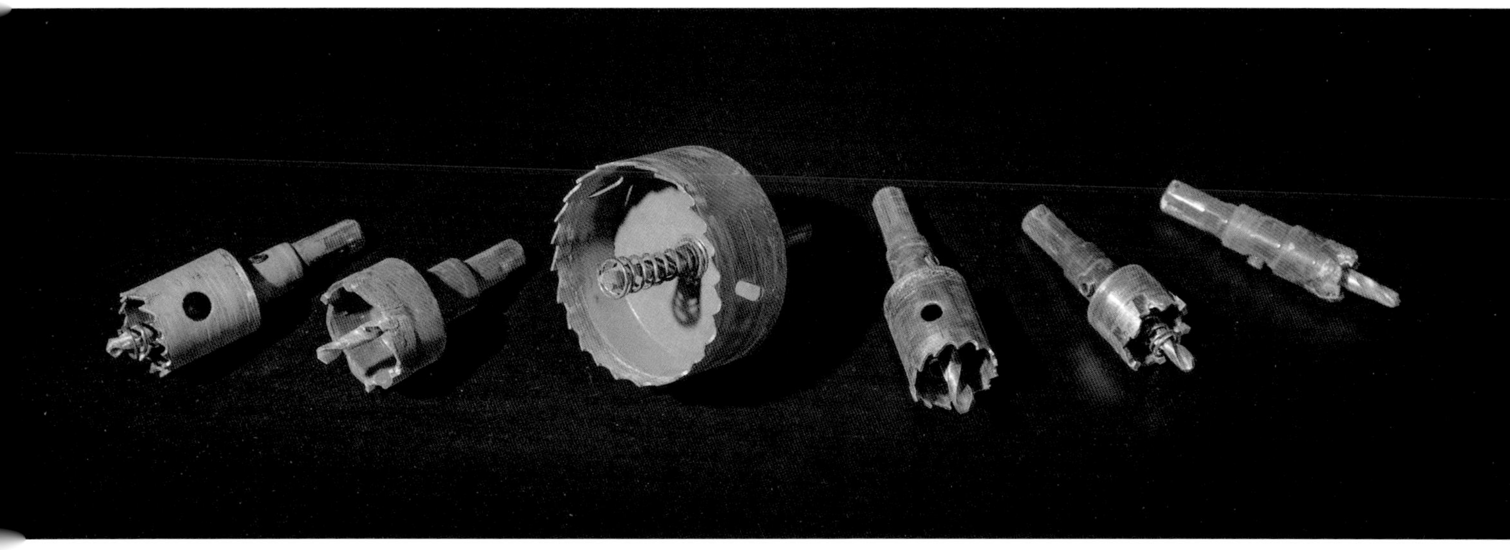

▲ 开孔器

▼ 自制扳手

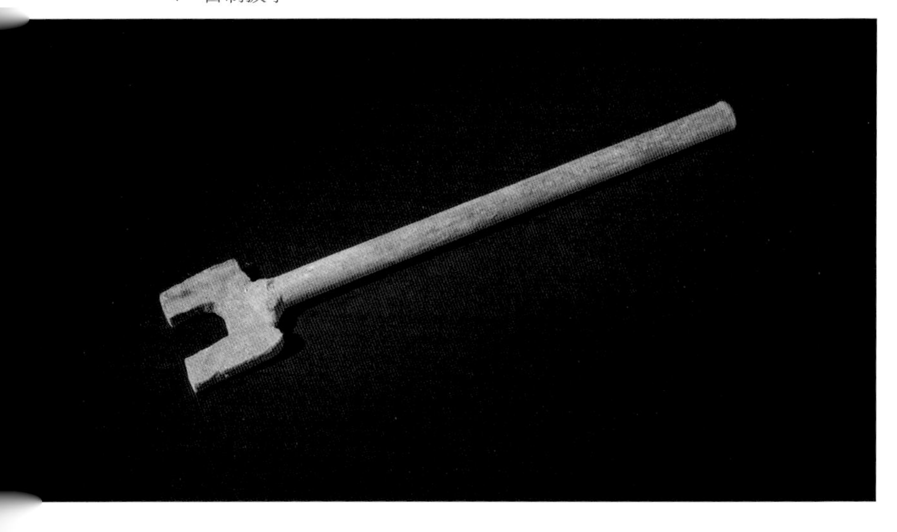

自制扳手

自制扳手是用来安装、拆卸各种铝机上的大螺栓。

第三十八章　安全防护工具

铝合金门窗的安装大多是在建筑的施工现场，因此配备穿戴安全防护工具是必不可少的，主要安全防护工具包括：安全带、安全帽、对讲机等。

▲ 安全带

安全带

安全带是高处作业必备工具。其腰带、保险带、绳有足够的强度，材质有耐磨性，卡环具有保险装置，使用时采用高挂低用。

对讲机

对讲机是施工人员远距离或隔层作业时的通信联络工具。

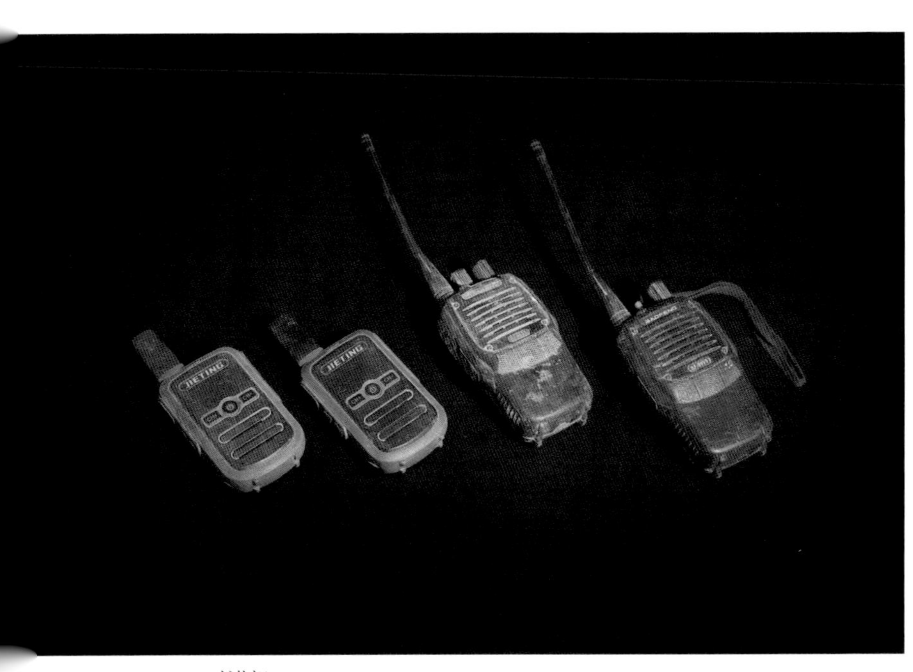

▲ 对讲机

▲ 安全帽

安全帽

安全帽是防止高处坠落物撞击的头部护具，由帽壳、帽衬、下颏带及部分配件组成，是施工现场必备的头部护具。

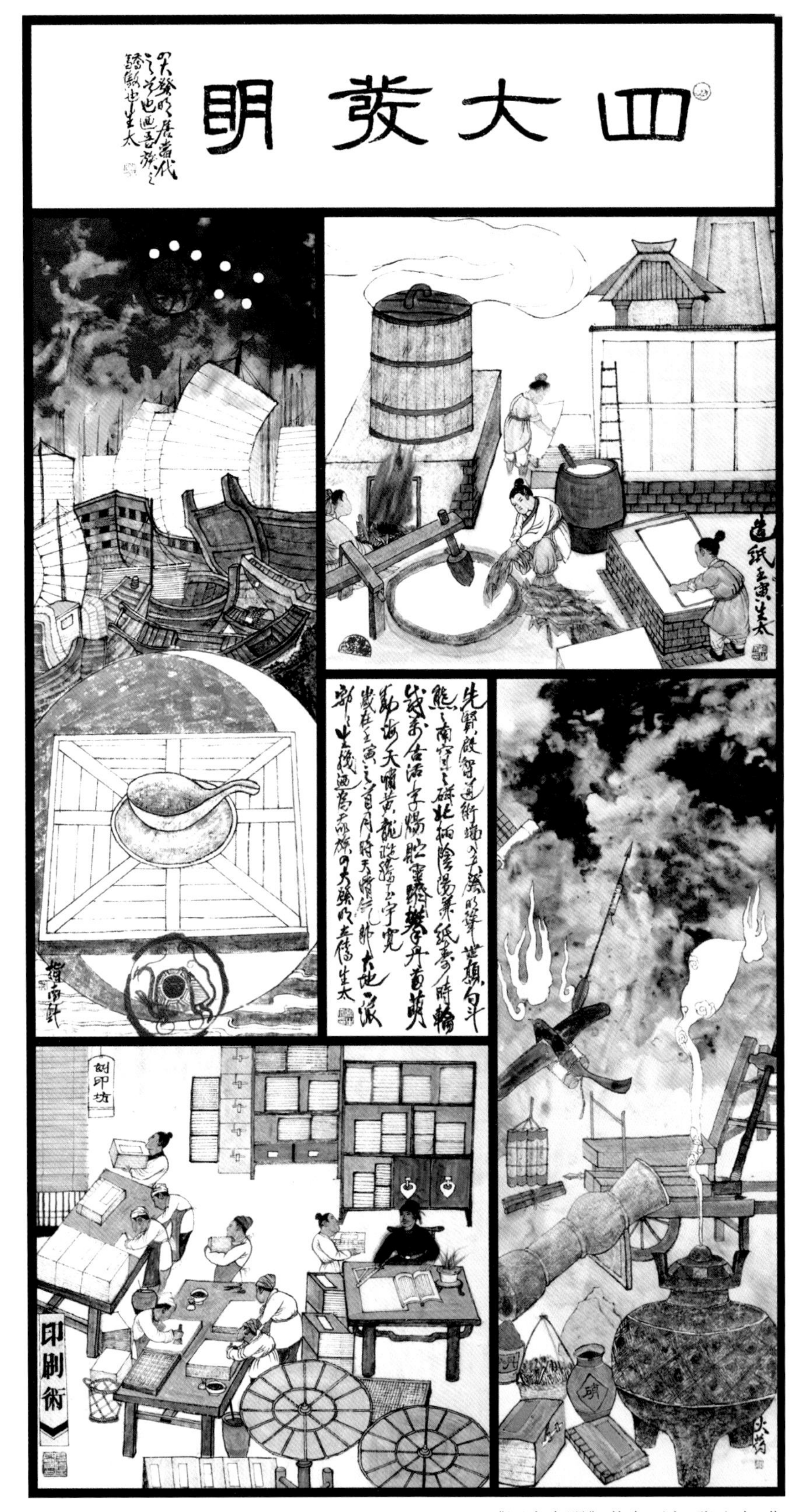

▲《四大发明》著名画家 张生太 作